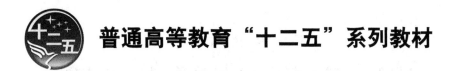

普通高等教育"十二五"系列教材

电力工程施工技术

侯学良　编

卢　梅　主审

U0248312

中国电力出版社

CHINA ELECTRIC POWER PRESS

内 容 提 要

本书是为电力系统高等院校工程管理专业的学生编写的一本专业教材。本书结合电力工程项目的特点，将电力工程项目中所涉及的常规性施工技术专业知识分为十三个章节，主要介绍了电力工程中的土方工程、爆破工程、地基工程、钢筋混凝土工程、钢结构工程、结构吊装工程、砌体工程、装饰工程及防水工程等实用性施工技术，以及电气工程中的电缆铺设工程、电缆接头、电力电缆试验及电气设备安装工程等方面的施工技术与工艺。这十三章知识既是学生今后从事电力工程项目管理需要掌握的专业基础知识，也是当前电气工程项目中最常用的施工技术。

本教材可作为电力类高等院校工程管理专业施工技术课程的专业教材，也可作为工程项目管理专业的参考教材。

图书在版编目（CIP）数据

电力工程施工技术／侯学良编．—北京：中国电力出版社，2011.12（2022.6 重印）

普通高等教育"十二五"规划教材

ISBN 978－7－5123－2458－9

Ⅰ.①电… Ⅱ.①侯… Ⅲ.①电力工程－工程施工－高等学校－教材 Ⅳ.①TM7

中国版本图书馆 CIP 数据核字（2011）第 258608 号

中国电力出版社出版、发行

（北京市东城区北京站西街 19 号 100005 http：//www.cepp.sgcc.com.cn）

北京九州迅驰传媒文化有限公司印刷

各地新华书店经售

*

2012 年 2 月第一版 2022 年 6 月北京第五次印刷

787 毫米×1092 毫米 16 开本 13.5 印张 327 千字

定价 **59.00** 元

前 言

电力工程施工技术是一门理论与实践紧密结合的专业课程，也是集材料、设备、机具、工艺、方法和管理为一体的综合性应用技术。该课程涉及内容多、应用范围广、实用性强，因而成为工程管理专业学生的必修课。学习本门课程的目的是使学生熟悉工程施工过程中所涉及的基本材料、工具、设备、管理手段和模式，了解和掌握现代工程项目实施过程中最主要、最基本的施工技术与方法，并在此基础上能够运用所学知识对工程项目进行组织与管理。

为达到这一目的，本教材基于电力工程施工技术教学大纲和学时的安排，将电力工程项目中所涉及的常规性施工技术专业知识分为十三个章节。第一章为土方工程，主要介绍了土方工程的开挖、回填与压实技术。第二章为爆破工程，简要介绍了一些常用的工程爆破方法与安全知识。第三章为地基工程，主要介绍了土基、岩基及若干特殊土质的处理方法。第四章为钢筋混凝土工程，详细介绍了钢筋混凝土施工中所涉及的模板架设、钢筋加工和混凝土浇筑等方面的施工技术。第五章为钢结构工程，主要介绍了钢结构构件的连接方法和施工技术。第六章为结构吊装工程，该章节以最常见的单层工业厂房为例，介绍了吊装工程中的常用吊装机具和若干构件的吊装方法。第七至九章分别为砌体工程、装饰工程与防水工程，简要介绍了砌体、抹灰、装饰、防水等常规实用技术在工程施工中的具体操作方法与工艺流程。第十章为电缆铺设工程，主要介绍了电气工程中的电缆铺设方法与施工技术；第十一和十二章为电缆接头与电力电缆试验，详细阐述了电缆的连接、绝缘、密封与试验方法；第十三章为电气设备安装工程，分别介绍了配电柜、变压器、熔断器、交流接触器、继电器等多种常用电器的安装方法。这十三章知识既是从事电力工程项目管理需要掌握的专业基础知识，也是当前电气工程项目中最常用的施工技术。因此，本书有助于电力工程管理专业的学生较为全面地了解和掌握电力工程的有关施工技术与方法。

在本书的编写过程中，作者参阅和借鉴了国内较多的相关教材与专著。更重要的是，本书的编写得到了华北电力大学工程管理专业在校学生的大力支持，他们以极高的热情参与了本书的编写，并通过三届学生的反复使用与教师的不断交流，从学生如何更好地了解和掌握这一专业知识的角度提出了很多宝贵建议，因此，本书可以说是一部教师与学生共同编写的专业教材。从这一视角来看，本书为今后如何使教材更好地满足学生的学习需求、更好地为学生服务提供了一个良好的范例，也为编者今后编写出更符合学生学习需求的书籍提供了宝贵的经验。值此书出版之际，对这些教材和著作的作者及参编此书的学生表示衷心的感谢。本书由西安建筑科技大学卢梅教授主审并提出了许多宝贵意见，在此表示衷心感谢。同时，鉴于本书作者水平有限，书中难免有不妥之处，敬请读者予以指正，以便在今后的再版中予以修正和完善。

编 者

2011 年 7 月

目　　录

第一章　土　方　工　程

　　工程开始时，一般先进行施工现场的"三通一平"（通水、通电、通路、平整场地）或"五通一平"工作，因此，土方工程就成为工程项目施工中最先开始的项目，也是整个工程项目实施的前提和基础。一般来讲，土方工程主要包括开挖前的场地平整、土方开挖、填筑和压实，但由于在土方工程的施工中，可能会出现许多不可预见的特殊情况，因此，在土方工程实施前，还需要了解和掌握施工场地土的性质、场地地下设施布置和场地以前的用途等情况，并据此来确定挖土方式、开挖机械、土方运输方式和地下水的排放等施工技术措施。

第一节　土方的工程性质

　　土方工程施工与工程项目的其他内容相比，一般主要有以下几个方面的特点：
　　(1) 施工面积和工程量相对较大，劳动繁重。
　　(2) 大多为露天作业，施工过程中易受地区气候条件的影响。
　　(3) 施工作业方法和效率与地质条件紧密相关。
　　(4) 不可预见情况较多。
　　(5) 所耗费用占工程的比例较大。
　　(6) 施工用时相对较长。
　　因此，为了减轻劳动强度，提高生产效率，确保工程施工安全，加快工程进度和降低工程成本，在组织土方工程施工时，应根据工程特点和周边环境，制定合理的施工方案，并尽可能采用新技术和机械化施工，为其后续工作的尽快开展提供便利。
　　在土方工程施工中，根据土方开挖难度，将开挖的土方分为8类17级，见表1-1。

表1-1　　　　　　　　　　土　方　分　类

土的分类	土的级别	土的名称	土的可松性系数		开挖方法及工具
			K_P	K_P'	
一类土（松软土）	I	砂土、粉土、冲积砂土层、疏松的种植土、淤泥（泥炭）	1.08~1.17	1.01~1.03	用锹、锄头挖掘，少许用脚蹬
二类土（普通土）	II	粉质黏土、潮湿的黄土、夹有碎石卵石的砂、粉土混卵（碎）石、种植土、填土	1.20~1.30	1.03~1.04	用锹、锄头挖掘，少许用镐翻松
三类土（坚土）	III	软及中等密实黏土、重粉质黏土、砾石土、干黄土、含有碎石卵石的黄土、粉质黏土、压实的填土	1.14~1.28	1.02~1.05	主要用镐，少许用锹、锄头挖掘，部分用撬棍

土的分类	土的级别	土的名称	土的可松性系数		开挖方法及工具
			K_P	K'_P	
四类土（砂砾坚土）	Ⅳ	坚硬密实的黏性土或黄土、含碎石、卵石的中等密实的黏性土或黄土、粗卵石、天然级配砂石、软泥灰岩	1.26～1.32（除泥灰岩、蛋白石外）	1.06～1.09（除泥灰岩、蛋白石外）	整个先用镐、撬棍，后用锹挖掘、部分用楔子及大锤
			1.33～1.37（泥灰岩、蛋白石）	1.11～1.15（泥灰岩、蛋白石）	
五类土（软石）	Ⅴ～Ⅵ	硬质黏土、中密的页岩、泥灰岩、白垩土、胶结不紧的砾岩、软石灰岩及贝壳石灰岩			用镐或撬棍、大锤挖掘，部分使用爆破方法
六类土（次坚石）	Ⅶ～Ⅸ	泥岩、砂岩、砾岩、坚实的页岩、泥灰岩、密实的石灰岩、风化花岗岩、片麻岩及正长岩	1.30～1.45	1.10～1.20	用爆破方法开挖，部分用风镐
七类土（坚石）	Ⅹ～ⅩⅢ	大理石，辉绿岩，玢岩，粗、中粒花岗岩，坚实的白云岩、砂岩、砾岩、片麻岩、石灰岩，微风化安山岩，玄武岩			用爆破方法开挖
八类土（特坚石）	ⅩⅣ～ⅩⅦ	安山岩，玄武岩，花岗片麻岩，坚实的细粒花岗岩、闪长岩、石英岩、辉长岩、辉绿岩、玢岩、角闪岩	1.45～1.50	1.20～1.30	用爆破方法开挖

在土方工程施工中，土方的工程性质对土方工程的施工方法及工程进度影响很大，因此，了解和掌握土方的工程性质非常重要。一般来讲，土方的工程性质主要有含水率、渗透性、可松性、密度和边坡坡度，其含义分别如下：

（1）土的含水率是指土中水的质量与固体颗粒质量之比，以百分率表示。土的含水率常随气候条件、季节和地下水的变化而变化，它与土方工程中的地下水降低、土方边坡的稳定性及填方的密实性直接相关。

（2）土的渗透性是指土体被水浸透后的性质。由于土体孔隙水在重力作用下会发生流动，因此当基坑开挖至地下水位以下时，地下水就会不断流入基坑。土的渗透性常用渗透系数来表示，与土的颗粒级配、密实度等因素有关，一般由实验来确定。

（3）土的可松性是指自然状态下的土经开挖后内部组织被破坏，其体积因松散而增加，以后虽经回填压实，仍不能恢复其原来的体积的性质。土的可松性可用可松性系数来表示，其值为开挖后松散状态下的体积与原来自然状态下的体积之比。

（4）土的密度是其单位体积的质量。土的密度越大，土体就越密实。

（5）边坡坡度是指土坑或土槽边坡高度与边坡宽度的比值，它可代表土体自由倾斜能力的大小。

第二节　土方工程量计算

土方工程量是土方工程施工组织设计的主要数据之一，也是采用人工挖掘时组织劳动力或采用机械施工时计算机械台班和工期的主要依据之一，因此，如何计算土方工程量就成为土方工程施工管理中的重要内容之一。

一、场地平整土方工程量计算

土方开挖前要进行必要的场地平整，是将施工现场平整为满足施工布置要求的施工场地。场地平整前，应确定场地的设计标高，计算挖填土方工程量，进行挖填土方的平衡调配。场地平整土方工程量的计算，一般采用方格网法，其计算步骤如下：

（1）在地形图上将需要平整的施工场地划分成边长为 10～40m 的方格网。

（2）计算各方格角点的自然地面标高。

（3）确定场地设计标高，并根据泄水坡度要求计算各方格角点的设计标高。

（4）确定各方格角点的挖填高度。

（5）确定零线，即挖填方的分界线。

（6）计算各方格内挖填土方工程量和场地边坡土方工程量，最后求出整个场地的挖填土方工程量。

二、基坑、基槽土方工程量计算

（1）基坑的土方工程量 V 可近似按台体体积公式计算（见图 1-1），即

$$V = (A_1 + 4A_0 + A_2) \times H/6 \tag{1-1}$$

式中：H 为基坑深度；A_1、A_2 分别为基坑上下底面积；A_0 为基坑 1/2 深处的面积。

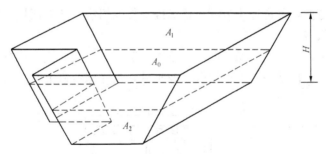

图 1-1　基坑的土方工程量计算

（2）基槽是一狭长沟槽，其土方工程量计算可沿其长度方向分段进行，然后相加求得总土方工程量。当基槽某段内横截面尺寸不变时，其土方工程量即为该段横截面的面积乘以该段基槽长度；当某段内横截面的尺寸、形状有变化时，可分段计算。

三、堤坝填筑土方工程量计算

堤坝工程为狭长形，工程中一般采用断面法计算，即每隔一定长度取一断面，每一段土方工程量用两端断面面积的平均值乘以段长即可，各段土方工程量之和即为总土方工程量。

在土方工程量的计算过程中，土方有自然方、松方、压实方等几种计量方法，其换算关系见表 1-2。

表 1-2　　　　　　　　　　　土方工程量换算关系

项　目	自然方	松　方	压实方	项　目	自然方	松　方	压实方
土方	1	1.33	0.85	砂	1	1.07	0.94
石方	1	1.53	1.31	混合料	1	1.19	0.88

第三节　土方工程开挖

一、土方工程施工前的准备

在土方工程施工前，应做好以下各项准备工作：

（1）场地清理。包括拆除施工区域内的房屋、树木、设备、管道和其他构筑物等。

（2）地面水排除。如果施工场地内有积水，则会给施工带来一定的影响，故地面水和雨水均应及时排走，使得场地内保持干燥。地面水一般多采用排水沟、截水沟和挡水坎等排除。临时排水设施应尽可能与永久性排水设施相结合。

（3）修好临时设施及供水、供电、供压缩空气等管线，并试水、试电、试气，搭设必要的临时工棚。

（4）修建运输道路。修筑场地内机械运行的道路，路面宜为双车道，宽度不小于 7m，道路两侧应设排水沟。

（5）做好设备维修准备。对进场作业的土方机械、运输车辆及各种辅助设备应进行维修检查和试运转，确保工程的正常进行。

（6）编制施工组织设计方案。主要是确定基坑（槽）的降水方案，确定挖、填土方工程量和基坑边坡处理方法，并进行土方开挖机械的选择及组织，选择回填土料和回填方法等。

二、土方开挖机械

土方开挖过程中，常用的机械一般有推土机、铲运机、装载机、挖掘机等机械。

（1）推土机。推土机是一种挖运综合作业机械，是在拖拉机上装上推土铲刀后改装而成的，如图 1-2 所示。

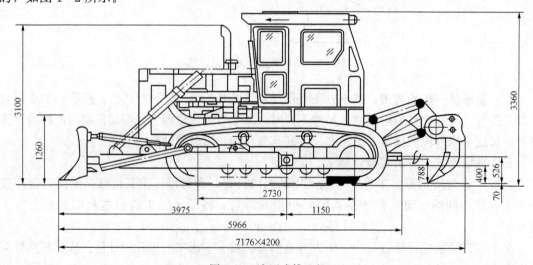

图 1-2　液压式推土机

推土机按推土板的操作方式不同，可分为索式和液压式两种。索式推土机的铲刀是借推土板自重切入土中的，切入的深度较小。液压式推土机能强制切土，推土板的切土角度可以调整，切入深度较大。因此，液压式推土机是目前工程中常用的一种推土机。

推土机构造简单，操作灵活，运转方便，所需作业面小，功率大，能爬30°左右的缓坡，适用于施工场地清理和平整，可开挖深度不超过1.5m的基坑及沟槽的回填，还可堆筑高度在1.5m以内的路基、堤坝等。若在推土机后面安装上松土装置，则可破松硬土和冻土，还可牵引无动力的土方机械（如拖式铲运机、羊脚碾等）进行其他土方作业。推土机的推运距离宜在100m以内，当推运距离在30～60m时，经济效益最好。一般来讲，提高推土机生产效率的方法有以下几种：

1）下坡推土。借推土机自重，增大铲刀的切土深度和运土数量，以提高推土能力和缩短运土时间，这种方法一般可提高效率30%～40%。

2）并列推土。对于大面积土方工程，可用2～3台推土机并列推土。推土时，两铲刀相距15～30cm，以减少土的侧向散失；倒车时，分别按先后顺序退回。平均运距不超过50～75m时，效率最高。

3）沟槽推土。当运距较远、挖土层较厚时，利用前次推土形成的槽推土，可大大减少土方散失，从而提高效率。此外，还可在推土板两侧附加侧板，增大推土板前的推土体积，以提高推土效率。

（2）铲运机。按行走机构不同，铲运机有拖式和自行式两种。拖式铲运机由拖拉机牵引，工作时靠拖拉机上的操作机构进行操作。根据操作机构不同，拖式铲运机又分为索式和液压式两种。自行式铲运机的行驶和工作都靠自身的动力设备，不需要其他机械的牵引和操作，如图1-3所示。

铲运机能独立完成铲土、运土、卸土和平土作业，对行驶道路要求低，操作灵活，运转方便，生产效率高。铲运机适用于大面积场地平整，开挖大型基坑、沟槽及填筑路基、堤坝等，最适合开挖含水量不大于27%的松土和普通土，不适合在砾石层和沼泽区工作。当铲运较坚硬的土壤时，宜用推土机先翻松0.2～0.4m，以减少机械磨损，提高效率。常用铲运机的铲斗容量为1.5～6m³，拖式铲运机的运距不宜超过800m，当运距在300m左右时，效率最高。自行式铲运机经济运距为800～1500m。

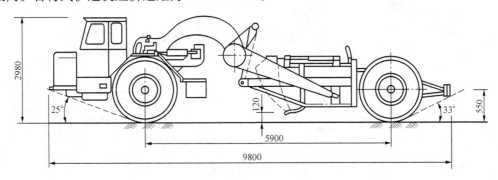

图1-3 自行式铲运机

（3）装载机。装载机是一种高效的挖运综合作业机械，主要用途是铲取散粒材料并装上车辆，可用于装运、挖掘、平整场地和牵引车辆等；更换工作装置后，可用于抓举或起重等作业，因此在工程中被广泛应用。

　　装载机按行走装置可分为轮胎式和履带式两种，按卸料方式可分为前卸式、后卸式和回转式三种，按载重量可分为小型（＜1t）、轻型（1～3t）、中型（4～8t）、重型（＞10t）四种。目前使用最多的是四轮驱动铰接转向的轮式装载机，其铲斗多为前卸式，有的兼可侧卸，如图1-4所示。

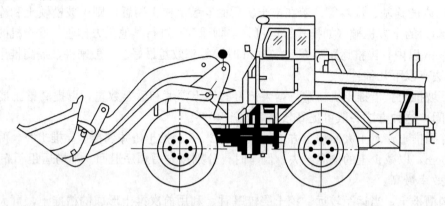

图1-4　装载机

　　（4）单斗挖掘机。单斗挖掘机是一种循环作业的施工机械，在土石方工程施工中最常见，按行走机构的不同可分为履带式和轮胎式；按传动方式不同可分为机械传动和液压传动；按工作装置不同分为正铲、反铲、拉铲和抓铲，如图1-5所示。

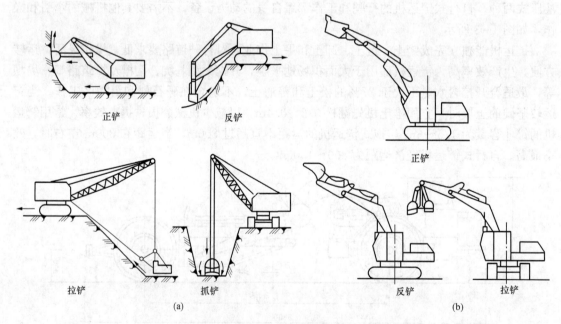

正铲　　　　　　　反铲　　　　　　　　　　　正铲

拉铲　　　　　　　抓铲　　　　　　　　反铲　　　　　拉铲

(a)　　　　　　　　　　　　　　　　　　(b)

图1-5　单斗挖掘机
(a) 机械式；(b) 液压式

三、土方运输

　　土方运输可分为有轨运输、无轨运输和皮带机运输。

（1）有轨运输。有轨运输主要是通过预先铺设的轨道来输送土方。由于这种方法前期投资较多，因此仅用于土方工程量较大的场合，土方工程量一般不少于 30 万 m^3，运距大于 1km；但由于其前期投资较多，有时有轨运输路基施工较难，效率较低，因此较少采用。

（2）无轨运输。目前无轨运输多采用自卸汽车运输。这种方法机动灵活，运输线路布置受地形影响较小，但运输效率易受气候条件的影响，燃料消耗多，维修费用高。自卸汽车运输，运距一般不宜小于 300m，重车上坡最大允许坡度为 8%～10%，转弯半径不宜小于 20m。

（3）皮带机运输。皮带机是一种连续式的运输设备。与车辆运输相比，皮带机运输具有结构简单、工作可靠、管理方便、易于实现自动控制、负荷均匀、动力装置的功率小、能耗低、运输连续、效率高等特点，如图 1-6 所示。

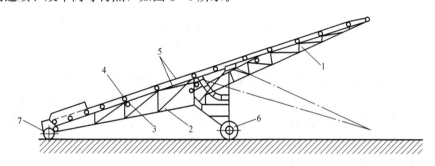

图 1-6　皮带机
1—前机架；2—后机架；3—下托辊；4—上托辊；5—皮带；6—行走轮；7—尾部导向轮

第四节　土方边坡与土壁支撑

土方开挖之前，应充分了解和掌握土体的性质，以便制定有效的开挖方式，确保开挖过程中和基础施工阶段土体的稳定。土方边坡的类型一般分为以下几种：

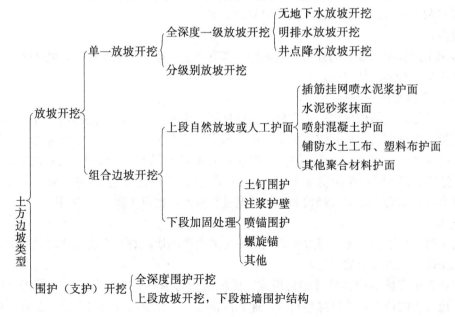

一、土方放坡形式

土方放坡的形式由场地土的类别、开挖深度、周围环境、技术经济的合理性等因素决定。常用的放坡形式有直线形、折线形、阶梯形和分级形，如图1-7所示。

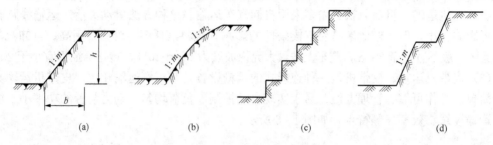

图1-7　土方放坡形式

(a) 直线形；(b) 折线形；(c) 阶梯形；(d) 分级形

当场地为一般黏性土或粉土且基坑（槽）周围有存放土料和机具，或地下水位较低或降水、放坡不会对相邻建筑物产生不利影响且具有放坡开挖条件时，可采用局部或全深度的放坡开挖方法，开挖土质均匀可放成直线形；当土质多层且差异大时，可按各层土的性质放坡成折线形、阶梯形或分级形。

二、影响土方边坡稳定的因素

土方边坡的稳定性主要取决于土体抗剪强度的大小，而土体抗剪强度是由土体内土颗粒间的摩擦力和黏结力的大小决定的。因此，土体的抗剪强度越高，土体就越稳定。但当外界因素发生变化后，土体的抗剪强度就有可能受到影响而降低，这就有可能破坏土体原有的状态，导致土体失去稳定而塌方。造成土体抗剪强度降低的主要原因常有：雨水或施工用水使土的含水量增加，水的润滑作用使土颗粒之间的摩擦力和黏结力降低而使土体失稳；或是当土体周围堆积荷载太大时，也可能会由于荷载所产生的剪应力超过土体所能承受的抗剪强度时而产生塌方。所以，在土方施工过程中，土体的放坡不仅要考虑土体自身的性质，而且还要考虑内外因素和环境条件，以保证土方工程的施工安全。

三、放坡方法

土方工程施工过程中，放坡的方法有很多种，如有直壁支撑、土壁支撑等，但在确定具体的放坡方法时应结合实际情况确定。

1. 直壁开挖不加支撑

当土质为天然湿度、结构均匀、水文地质条件良好且无地下水时，开挖的基坑可采取不放坡、不加支撑的直壁方式。但开挖深度应满足下列规定：当土质为密实、中小密的砂土和碎石土时，开挖深度应小于1m；当为硬塑、可塑的粉质黏土及粉土时，开挖深度应小于1.25m；当为坚硬的黏土时开挖深度应小于2m。对于使用时间较长的土方边坡坡度，应根据地质和山坡高度，结合当地实践经验和具体情况进行放坡，也可按表1-3选用。

2. 土壁支撑

在开挖沟槽时，为了减小土方量并保障施工安全或因受场地限制而不能放坡时，可设置土壁支撑体系来确保土方边坡的稳定。

土壁支撑体系由围护结构和撑锚结构组成。围护结构为垂直受力部分，主要承担土压力、水压力、边坡上的荷载，并将这些荷载传递到撑锚结构。撑锚结构为水平受力部分，除承受围护结构传递来的荷载外，还要承受施工荷载（施工机具、堆放的材料、堆土等）和自重，所以，支撑结构是一种空间受力结构体系。

表 1 - 3 　　　　　　　　　　　土 方 放 坡 参 照 系 数

土的类别	密实度或状态	坡度容许值（高度比）	
		坡高在 5m 以下	坡高为 5～10m
碎石土	密实	1：0.50～1：0.35	1：0.75～1：0.50
	中密	1：0.75～1：0.50	1：1.00～1：0.75
	稍密	1：1.00～1：0.75	1：1.25～1：1.00
粉质黏土	坚硬	1：0.75	—
	硬塑	1：1.25～1：1.00	
	可塑	1：1.50～1：1.25	
黏性土	坚硬	1：1.00～1：0.75	1：1.25～1：1.00
	硬塑	1：1.25～1：1.00	1：1.50～1：1.25
花岗岩残积黏性土	硬塑	1：1.10～1：0.75	—
	可塑	1：1.25～1：0.85	
杂填土	中密或密实的建筑垃圾	1：1.00～1：0.75	—
砂土	—	1：1.00（或自然休止角）	

（1）围护结构的类别。围护结构根据所用材料分有木挡墙、钢板桩挡墙、钢筋混凝土板桩挡墙、H型钢支柱挡墙、钢筋混凝桩支柱挡墙、钻孔灌注桩挡墙、旋喷桩帷幕墙、深层搅拌水泥土挡墙和地下连续墙等，如图 1 - 8 所示。

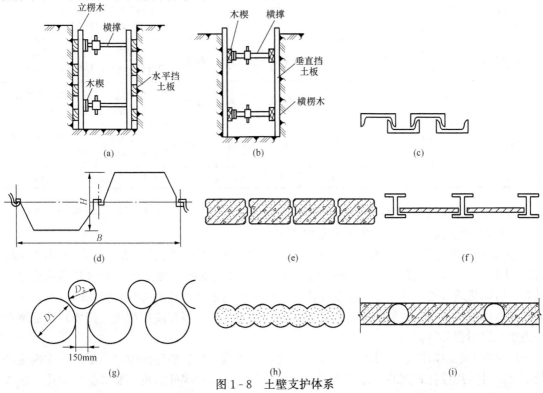

图 1 - 8　土壁支护体系

（a）水平挡墙；（b）垂直挡墙；（c）槽钢挡墙；（d）锁口钢板桩挡墙；（e）钢筋混凝土板桩挡墙；
（f）钢板挡墙；（g）灌注桩挡墙；（h）旋喷桩帷幕墙；（i）地下连续墙

　　土方围护结构一般为临时结构，待建筑物或构筑物的基础施工完毕或管道埋设完后，可拆除回收，所以常采用可回收再利用的材料如木桩、钢板桩等做防护支撑体系，也使用永久埋在地下的材料。但在确定时，尽可能采用费用较低的方法，如钢筋混凝土板桩挡墙、灌注桩挡墙、放喷桩帷幕墙、深层搅拌水泥土墙和地下连续墙。在较深的基坑中，也可采用地下连续墙或灌注桩挡墙，但由于其所受土压力、水压力较大，配筋较多，因此费用较高。为了充分发挥地下连续墙的强度、刚度、整体性与抗渗性，可将其作为地下结构的一部分，按永久构件进行设计。其他方法及围护结构类别的选取可参考表 1-4。

表 1-4　　　　　　　　　　　　　　土方围护结构类别

支挡结构形式		截面抗弯刚度	墙的整体性	防渗性能	施工速度	造价	适用条件
木板桩		差	差	差	快	省	沟槽开挖深度小于 5m，墙后地下无水
钢板桩	槽钢	差	差	差	快	省	开挖深度小于 4m，基坑面积不大，墙后无地下水
	锁口钢板	较好	好	好	快	较贵	开挖深度可达 8~10m，可适用多层支撑，适应性强，板桩可回收
钢筋混凝土板桩		较差	较差	较差	较快	省	开挖深度 3~5m，土质不宜太硬，配合井点降水使用
H 型钢桩（或钢筋混凝土）、木挡板墙		较差	差	差	较快	较省	适用于地下水渗流小（或井点降水疏干）较坚硬的土层
钻孔灌注桩挡墙		较好	较差	较差	较慢	较省	开挖深度 6~8m，可根据计算确定桩径（墙厚）和间距，适应性强
旋喷桩帷幕墙		较好	较好	较好	较慢	较省	适用于地下水渗流较大的场合，按计算确定桩径，并可加筋
深层搅拌水泥土挡墙		较好	较好	较好	较慢	较省	适用于软黏土，淤泥质土层，按计算确定墙厚，墙内可加筋
地下连续墙		好	好	好	慢	贵	按计算确定墙厚，适应性强

　　(2) 支撑体系类型。根据基坑或沟槽的开挖深度、宽度、施工方法和场地条件及有无支撑，围护结构的支撑体系可分为下列几种形式：

　　1) 悬臂式支撑结构［见图 1-9 (a)］。当基坑（槽）或管沟的开挖深度不大或邻近基坑（槽）无建筑物及地下管线时，可选用此结构。但悬臂式支撑结构易产生侧向变形或稳定性破坏，所以板墙（桩）的入土深度既要满足悬臂结构的强度、抗滑移和抗倾覆的要求，又要满足构造深度的要求。一般为了增加其整体强度和稳定性，可在围护结构（挡墙）顶部增设一道梁，以增强其整体性。

　　2) 拉锚式支撑体系［见图 1-9 (b)］。为减少护墙（桩）的侧向位移，增加支撑刚度和稳定性，可采用拉杆式挡墙，即当土方挖到一定深度时，用锚杆钻机在要求位置钻孔，放入锚杆，进行灌浆，待浆液达到设计强度后，装上锚具继续挖土。拉锚有单层和多层之分，这种支撑方法可使基坑（槽）或管沟的挖土深度达 6m 以上。但锚杆仅适宜在黏土层中使用，在砂土、淤泥质土中，其锚固力不易得到保证，因而会发生围护结构倾斜破坏。

3）内撑式支撑体系［见图1-9（c）、（d）］。当围护结构为木板桩、钢板桩、钢筋混凝土板桩等各种形式时，均可通过增加内部支撑来增加开挖深度。这种方法适用于开挖深度为3～15m的土方工程。内撑多采用钢结构形式，形成整体空间刚度。内撑根据开挖深度可设计成单层或多层。这种有内撑的支护体系，土方开挖难度较大，特别是多层支撑时，机械挖土运土都很困难。

4）简易式支撑［见图1-9（e）、（f）］。对于较浅的基坑（槽）或管沟，可采用先挖土后支撑的方法，对不稳定土体（易滑动部分）进行支护，可大大减少支护费用，但土方开挖量有所增加。

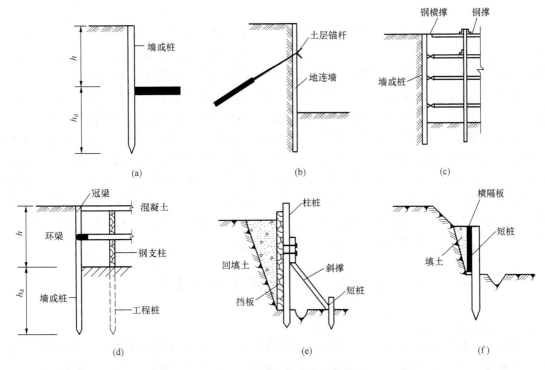

图1-9 围护结构的支撑体系
（a）悬臂式支撑结构；（b）拉锚式支撑体系；（c）内撑式支撑体系；
（d）内撑式支撑体系；（e）简易式支撑；（f）简易式支撑

四、深坑支护技术

深坑支护是为了保障地下结构施工及基坑周围安全，对基坑侧壁采取的挡护措施，常用的施工方法有墙体保护、土钉支护、放坡卸载等。

1. 墙体保护

这种方法又分很多种，如桩墙支护、重墙支护、拱墙支护等。

桩墙支护是在基坑开挖前沿基坑边缘打下成排的桩柱或地下连续墙，并使其底端嵌入到基坑底面以下。若开挖深度较大，有时还需在桩柱身上增加支柱，以确保结构的稳定。此时，结构受力为梁板状态，无支柱则为悬臂状态。悬臂结构一般应小于5m。

重墙支护是在基坑侧壁砌筑较为厚实的墙体，以抵抗土体的侧压力，但这种墙体需满足抗倾覆和抗滑移的稳定性要求，工程中常用的方法有砌石材、砌挡土墙、预制板组装等。

拱墙支护是将基坑开挖成圆形，并沿基坑侧壁分层做出钢筋混凝土拱墙，利用拱的作用将土压力转换成拱墙的切向力，以充分利用混凝土较好的承压特性；但基坑跨度一般不大于12m。

2. 土钉支护

该方法是在分层分段挖土的情况下，逐步实施土钉支护的方法。其支护机理是通过向土体内打入斜向的拉杆，拉杆再和土体表面被喷射了混凝土泥浆的钢筋网连接而确保周边土体的稳定。打入土体的拉杆有时根据锚固的需求还要注入浆液，使其和土体结合在一起，增强抗滑力矩。这种方法一般用于基坑深度不大于12m的工程。

3. 放坡卸载

放坡卸载是将基坑开挖成倒梯形，并根据土体的力学指标挖成一定的斜度，以防止在土体内力和边坡边缘外力的作用下因剪切破坏而使土体滑动。这种方法一般用于地基土质较好的场合及施工现场比较宽阔、能满足施工要求的工程。当基坑较深时，可分段放坡。

采用以上方法应注意的是，在基坑周围可能由于堆放施工材料而产生较大的压力，会使土体产生滑移，并且随着基坑开挖深度的增加，可能使支护结构的承载力降低而失效，进而发生安全事故。有时，还会由于下雨或污水排放，使土体密度加大而坍塌。更要注意在开挖过程中，地下水涌现会使原土体支护的根基失效，致使无法保护基坑。因此，在开挖土方过程中，应采取必要的保护措施，如对于土质边坡或易于软化的岩质边坡，在开挖时应采取相应的排水和坡脚、坡面保护措施，基坑及管沟周围的地面应采用水泥砂浆抹面、设排水沟等防止雨水渗入的措施，保证边坡稳定范围内无积水。已发生或将要发生滑坍失稳或变形较大的边坡，可用砂土袋堆置于坡脚或坡面，以阻挡失稳。

第五节　土方的回填与压实

一、土方压实原理

回填土的稳定性主要取决于土料的内摩擦力和凝聚力，土料的内摩擦力、凝聚力和防渗性能都随填土密实程度的增大而提高。在正常情况下，土体是三相体，即由固相的土粒、液相的水和气相的空气所组成，在没有外部压力的前提下，土粒和空气是不会被压缩的。当土体受到外部压力后，土体首先是将土粒间的水和空气挤出，使土料的空隙率减小，密实度提高，因此，土料压实的过程实际上就是在外力作用下土料三相重新组合的过程。

土工试验结果表明，黏性土的主要压实阻力是土体内的凝聚力。当铺土厚度不变时，黏性土的压实效果随含水量的增大而增大。但当土的含水量增大到某一临界值时，进一步增加土体含水量，土的密度反而会减小，此临界含水量称为土体的最优含水量。这表明，当黏性土料中的含水量超过最优含水量时，土体中的空隙体积逐步被水填充，由于水的作用抵消了一部分压实所提供的能量，因此土体的压实效果反而降低。

对于非黏性土，压实的主要阻力是颗粒间的摩擦力。由于土料颗粒较粗，单位土体的表面积比黏性土小很多，因此土体的空隙率小，可压缩性小，土体含水量对压实效果的影响也小，在外力及自重的作用下能迅速排水固结。

此外，土体颗粒级配的均匀性对压实效果也有影响。颗粒级配不均匀的砂砾料不宜压实，而级配较均匀的砂土易于压实。

根据土的这些性质，对回填土的压实主要采用静压碾压、振动碾压和夯击三种方法，如图 1-10 所示。其中，静压碾压是指作用在土体上的外力不随时间而变化，振动碾压是指作用在土体上的外力随时间做周期性的变化，夯击是指作用在土体上的外力是瞬间冲击力，其大小随时间而变化。在工程实践中，对于不同的土体应采用不同的压实方法。

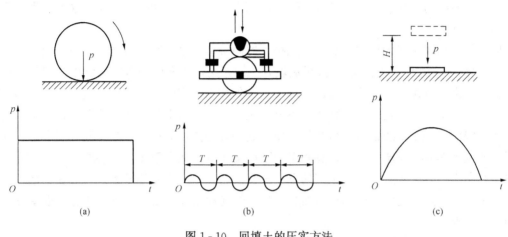

图 1-10　回填土的压实方法
（a）静压碾压；（b）振动碾压；（c）夯击

二、压实机械及其选择

1. 常用的压实机械

（1）平碾。平碾的构造如图 1-11（a）所示。平碾的铁空心滚筒侧面设有加载孔，加载大小根据设计要求而定。平碾碾压的特点是质量差，效率低，因而较少采用。

（2）肋碾。肋碾的构造如图 1-11（b）所示。肋碾一般采用钢筋混凝土预制，碾压单位面积压力比平碾大，压实效果比平碾好，多用于黏性土的碾压。

（3）羊脚碾。羊脚碾的构造如图 1-11（c）所示。羊脚碾碾压滚筒表面设有交错排列的羊脚，铁空心滚筒侧面设有加载孔，加载大小根据设计要求而定。碾压时，羊脚碾的羊脚插入土中后，不仅使羊脚底部的土体受到压实，而且使其侧向土体受到挤压，从而达到均匀压实的效果。但碾筒滚动时，其表层土体易被翻松，易使无黏性颗粒产生向上和侧向移动，降低压实效果，所以羊脚碾不适于非黏性土的压实。

（4）气胎碾。气胎碾是一种拖式碾压机械，分单轴和双轴两种。如图 1-11（d）所示，单轴气胎碾的主要构造是由装载荷载的金属车厢和装在轴上的 4～6 个充气轮胎组成。碾压时，在金属车厢内加载，同时将气胎充气至设计压力。为避免气胎损坏，停工时要用千斤顶将金属车厢顶起，并把气胎内的气体放出一些。气胎碾在压实土料上时，会随土体的变形而发生变形。开始时，土体很松，气胎的变形小。随着土体压实密度的增大，气胎的变形相应增大，气胎与土体的接触面积也增大，始终能保持较均匀的压实效果。另外，还可通过调整气胎内压来控制作用于土体上的最大应力，使其不致超过土料的极限抗压强度。增加气胎上的荷载后，由于气胎的变形调节，压实面积也相应增加，所以平均压实应力的变化并不大。因此，气胎的荷载可以增加到很大的数值。因此，气胎碾既适用于压实黏性土，又适用于压实非黏性土，压实效率高，是一种十分有效的压实机械。

（5）振动碾。振动碾是一种振动和碾压相结合的压实机械，如图1-11（e）所示。它是由柴油机带动与机身相连的轴旋转，让装在轴上的偏心块产生旋转，迫使碾产生高频振动，振动能以压力波的形式传递到土体内。

（6）蛙夯。蛙夯是利用冲击作用来压实土方，具有单位压力大、作用时间短的特点，既可用来压实黏性土，也可用来压实非黏性土，如图1-11（f）所示。蛙夯由电动机带动偏心块旋转，在离心力的作用下带动夯头上下跳动而夯击土层，多用于施工场地狭窄、碾压机械难以施工的部位。

以上碾压机械压实土料的方法常有三种，即圈转套压法、套压夯实法和进退错距法，如图1-12所示。圈转套压法是碾压机械从填方一侧开始，转弯后沿压实区域中心线另一侧返回，逐圈错距，以螺旋形线路移动进行压实。这种方法适用于碾压工作面大的情况，多台碾具同时碾压，生产效率较高；但转弯处重复碾压过多，容易引起土体的超压剪切破坏。进退错距法是碾压机械沿直线错距进行往复碾压，这种方法操作简单，容易控制碾压参数，便于组织分段流水作业，漏压重压少，有利于保证压实质量，适用于工作面狭窄的情况。套压夯实法是在完成一处压实后，进行压实的下一压实点与上一压实点局部重合，以避免漏压；但也由于中间压实点重复压实面积过多而易产生土体受剪破坏。因此，这种方法需要有良好的现场控制措施。

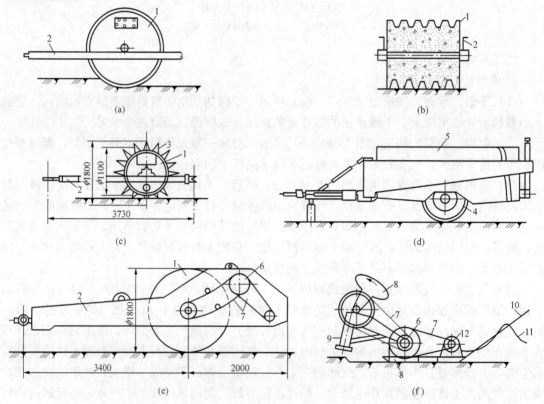

图1-11　压实机械

（a）平碾；（b）肋碾；（c）羊脚碾；（d）气胎碾；（e）振动碾；（f）蛙夯

1—碾滚；2—机架；3—羊脚；4—充气轮胎；5—压重箱；6—主动轮；7—传动皮带；

8—偏心块；9—夯头；10—扶手；11—电缆；12—电动机

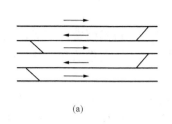
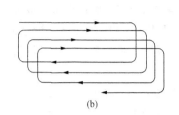
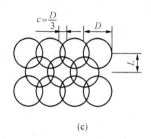

图 1-12　碾压机械压实土料的方法

(a) 进退错距法；(b) 圈转套压法；(c) 套压夯实法

2. 压实机械的选择

根据以上压实机械压实土体的特点，在土方压实过程中，压实机械的选择应考虑以下几方面因素：

(1) 要适应土方材料的特性。黏性土应优先选用气胎碾、羊脚碾、蛙夯，而堆石与含有特大粒径的砂卵石宜用振动碾。

(2) 应与土料含水量、原状土的结构状态和设计压实标准相适应。对含水量高于最优含水量 1%～2% 的土料，宜用气胎碾压实；当黏土的含水量低于最优含水量时，原状土天然密度高并接近设计标准，宜用重型羊脚碾、蛙夯；当含水量很高且要求的压实标准较低时，对黏性土的压实也可选用轻型的平碾。

(3) 应与施工强度大小、工作面宽窄和施工季节相适应。气胎碾、振动碾适用于生产强度要求高和抢时间的雨季作业；夯击机械宜用于坝体与岸坡或刚性建筑物的接触带、边角和沟槽等狭窄地带。冬季作业应选择大功率、高效能的机械。

三、回填土料的选择

土壤是由矿物颗粒、水、气体组成的三相体系，其特点是分散性较大，颗粒间没有稳定的连接，水容易浸入，在外力作用下会发生变形。因此，若要保证回填土的强度和稳定性，就必须对回填土进行正确的选择。如设计无要求，回填土应符合下列规定：

(1) 碎石类土、砂土和爆破石渣（粒径不大于每层铺厚的 2/3）可用于表层下填土。

(2) 含水量符合要求的黏性土可以使用。

(3) 碎块草皮或有机质含量大于 8% 的土仅用于无压实要求的填土。

(4) 水溶性硫酸盐含量大于 5% 的土不能用作填料，因为在地下水的作用下，硫酸盐会逐渐溶解流失，形成孔洞，影响土的密实性。

(5) 淤泥和淤泥质土、冻土、膨胀土等不应作回填土。

四、回填土压实的一般要求

对回填土进行回填压实施工时，在正确选择回填土和压实机械之后，还应遵循以下规定：

(1) 回填土应从最低处开始分层进行，每层厚度应根据所采用的压实机具和回填的土类确定。

(2) 同一填方工程应尽量采用同类土填筑，如采用不同土填筑，必须按类分层填筑，并应将透水性大的土层置于透水性小的土层之下，不能将各种土混杂在一起填筑。

(3) 在地形起伏之处，应做好接槎，修筑 1∶2 阶梯形边坡，每台阶可取高 50cm、宽

100cm。分段填筑时，每段接槎处应做成大于 1∶1.5 的斜坡，碾压重叠 0.5～1.0m，上下层错缝不应小于 1.0m，不得在墙角、柱墩等重要部位接缝。

（4）填方应预留一定的下沉高度，以备在行车、堆重或干湿交替等自然因素作用下，土体逐渐沉落密实。预留沉降量应根据工程性质、填方高度、填料种类、压实系数和地基情况等因素确定。

（5）填土层如有地下水或滞水时，应在四周设置排水沟和集水井将水位降低；已填好的土如遭水浸，应把稀泥铲除后，方能进行下一道工序。填区应保持一定横坡，或中间稍高两边稍低，以利于排水。

（6）当天填土应在当天压实，避免填土干燥或被雨水浸泡。

五、压实参数与影响因素

1. 压实参数的确定

当初步选择了压实机械类型后，还应进一步确定机械所能达到的、具有最佳技术经济效果的各种压实参数。为了使土料达到设计要求的压实效果，且技术经济效果最佳，有时需要在施工现场进行压实试验，以确定碾重、铺土厚度、压实遍数及土料的最优含水量等标准。

2. 影响填方压实效果的主要因素

影响填土压实效果的因素有很多，但从总体来看，主要有以下几个方面：

（1）含水率。土体含水率对压实效果有显著的影响。当含水率较小时，由于颗粒间引力使土保持着比较疏松的状态或凝聚结构，土中孔隙都互相连接，水少而气多，在一定外部压力作用下，显然孔隙中气体易被排出。但由于水膜润滑作用不明显，土粒相对不易移动，因此压实效果比较差。当含水率逐渐增大时，水膜变厚，引力缩小，水膜又起着润滑作用，外部压力比较容易使土粒移动，压实效果较好；当土中的含水量增加到一定程度后，在外部压实功的作用下，土的压实效果就容易达到最佳，此时土中的含水量为最佳含水量。因此在最佳含水量的情况下，土的密实度最大。

（2）压实功能。压实功能是指压实机具的作用力、碾压遍数、锤落高度及作用时间等对压实效果的影响。它是除含水率以外的另一个主要因素。当土偏干时，增加压实功能对提高土的密度影响较大，偏湿时则收效甚微，故对偏湿的土试图用加大压实功能的办法来提高土的密实度是不经济的。若土的含水量过大，此时增大压实功能就会出现弹簧现象。另外，当压实功能大到一定程度后，对土密实度的提高也不明显，所以，施工中应根据土的性质和不同的压实机械来决定压实的遍数。此外，松土不宜用重型碾压机直接滚压，应先用轻碾压实，再用重碾就会取得较好效果，否则土层会有强烈的起伏现象，效率不高。

（3）铺土厚度的影响。铺土厚度对土的压实效果有明显影响。在相同压实条件下（土质、湿度与功能不变），密实度随深度递减。在碾压过程中，如果铺土过厚，下部土体所受压实作用力小于土体本身的黏结力和摩擦力。土颗粒不能相互移动，无论碾压多少遍，填土也不能被压实；如果铺土过薄，下层土体会因为压实次数过多而发生受剪破坏，所以，最优铺土厚度应能使填方压实而机械的功耗又最小。

第二章 爆 破 工 程

第一节 爆破的概念与分类

一、爆破的概念

爆破是炸药爆炸作用于周围介质的结果。埋在介质内的炸药引爆后,在极短的时间内由固态转变为气态,体积增加数百倍至几千倍,伴随产生极大的压力和冲击力,同时还产生很高的温度,使周围介质受到各种不同程度的破坏,称为爆破。爆破工程中有较多的专业术语,常用的术语主要有:

1. 爆破作用圈

当具有一定质量的药包在介质内部爆炸时,药包中心区域的介质由于受到的作用力有所不同,因此产生不同程度的破坏或振动现象,整个被影响的范围就叫做爆破作用圈。这种现象随着与爆破中心距离的增大而逐渐消失,按照对介质的作用程度,爆破作用圈可分为压缩圈、抛掷圈、松动圈和振动圈 4 个作用圈,如图 2-1 所示。

图 2-1 中 R_1 表示压缩圈半径。在这个作用圈范围内,介质直接承受了药包爆炸而产生的极其巨大的作用力。如果介质是可塑性的土壤,便会遭到压缩形成孔腔;如果是坚硬的脆性岩石便会被粉碎,所以,R_1 这个球形地带被叫做压缩圈或破碎圈。

围绕在压缩圈范围以外至 R_2 的地带是抛掷圈,其受到的爆破作用力虽比压缩圈范围内小,但介质原有的结构受到破坏,分裂成为各种尺寸和形状的碎块,而且爆破作用力尚有余力,足以使这些碎块获得能量。如果这个地带的某一部分处在临空的自由面条件

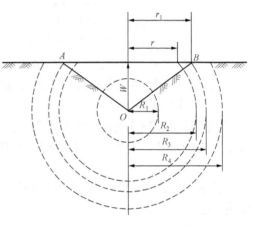

图 2-1 爆破作用圈

下,破坏了的介质碎块便会产生抛掷现象,因而叫做抛掷圈。

松动圈又称破坏圈,是在抛掷圈以外至 R_3 的地带,爆破作用力更弱,除能使介质结构受到不同程度的破坏外,没有余力可以使破坏了的碎块产生抛掷运动,因而叫做破坏圈。

在破坏圈范围以外,微弱的爆破作用力甚至不能使介质产生破坏,这些介质只能在应力波的作用下产生振动现象,因而也叫振动圈。振动圈以外爆破作用能量完全消失。

2. 爆破漏斗

在有限介质中爆破时,当药包埋设较浅,爆破后将形成以药包中心为顶点的倒圆锥形爆破坑,称为爆破漏斗,如图 2-2 所示。爆破漏斗的形状多种多样,随着岩土性质、炸药的品种、性能和药包大小及药包埋置深度等不同而变化。

3. 最小抵抗线

由药包中心至自由面的最短距离,为最小抵抗线,如图 2-1 和图 2-2 中的 W。

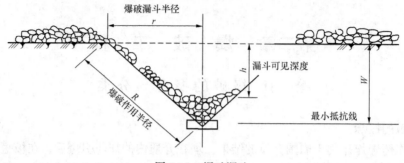

图 2-2　爆破漏斗

4. 爆破漏斗半径

爆破漏斗半径是指在介质自由面上的爆破漏斗半径，如图 2-2 中的 r。

5. 爆破作用指数

爆破作用指数 n 是指爆破漏斗半径 r 与最小抵抗线 W 的比值。根据爆破作用指数的大小，可判断爆破作用性质及岩石抛掷的远近程度，它也是计算药包量、决定漏斗大小和药包距离的重要参数。一般根据 n 的大小可区分不同的爆破漏斗和划分爆破类型。

当 $n=1$ 时，称为标准抛掷爆破。

当 $n>1$ 时，称为加强抛掷爆破。

当 $0.75<n<1$ 时，称为减弱抛掷爆破。

当 $0.33<n<0.75$ 时，称为松动爆破。

当 $n<0.33$ 时，称为裸露爆破或药壶爆破。

6. 可见漏斗深度

经过爆破后所形成的坑槽深度称为可见漏斗深度，如图 2-2 中的 h。它与爆破作用指数大小、炸药的性质、药包的数量、爆破介质的物理性质和地面坡度有关。

7. 自由面

自由面又称临空面，是指被爆破介质与空气或水的接触面。临空面越多，炸药用量越少，爆破效果越好。

8. 二次爆破

二次爆破是指大块岩石的二次破碎爆破。

9. 破碎度

破碎度是指爆破岩石的块度或块度分布。

10. 单位耗药量

单位耗药量是指爆破单位体积岩石的炸药消耗量。

11. 炸药换算系数

炸药换算系数 e 是指某炸药的爆炸力与标准炸药爆炸力之比（目前以 2 号岩石铵梯炸药为标准炸药）。

二、药包及爆破药量计算

药包是一定数量的炸药聚集在一起的可易于搬用的物体，它常作为爆破物质而被安放在被爆破物体内。

爆破工程中的炸药用量计算是一个十分复杂的问题，影响因素较多。实践证明，一般情况下，炸药的用量与被破碎的介质体积成正比，并与被破碎介质的硬度有关。目前，由于还不能较精确地计算出各种复杂情况下的相应用药量，因此一般都是根据现场试验方法，大致得出爆破单位体积介质所需的用药量，然后再按照爆破漏斗体积，计算出每个药包的装药量。

药包装药量 Q 的基本计算公式为

$$Q = KW^3 \tag{2-1}$$

式中：K 为爆破单位体积岩石的耗药量，简称单位耗药量，kg/m^3；W 为最小抵抗线。

单位耗药量 K 值的确定，应考虑多方面的因素，经综合分析后定出。常见岩土的标准单位耗药量见表 2-1。

表 2-1　　　　　　　　　　　　常见岩土的标准单位耗药量

岩石种类	K （kg/m^3）	岩石种类	K （kg/m^3）
黏土	1.0～1.1	砾岩	1.4～1.8
坚实黏土、黄土	1.1～1.25	片麻岩	1.4～1.8
泥灰岩	1.2～1.4	花岗岩	1.4～2.0
页岩、板岩、凝灰岩	1.2～1.5	石英砂岩	1.5～1.8
石灰岩	1.2～1.7	闪长岩	1.5～2.1
石英斑岩	1.3～1.4	辉长岩	1.6～1.9
砂岩	1.3～1.6	安山岩、玄武岩	1.6～2.1
流纹岩	1.4～1.6	辉绿岩	1.7～1.9
白云岩	1.4～1.7	石英岩	1.7～2.0

式（2-1）中的 K 值是指爆破体只有一个自由面的情况，但当爆破面超过一个时，应按自由面的数量可参考表 2-2 适当减少爆破药量。

表 2-2　　　　　　　　　　　　自由面数与用药量的关系

自由面数	减少药量百分数（%）	自由面数	减少药量百分数（%）
2	20	4	40
3	30	5	50

注　表中自由面的数目是按方向（上、下、东、南、西、北）确定的，不是按被爆破体的几何形体确定的。

三、爆破的分类

爆破可按爆破规模、凿岩情况、爆破要求等不同进行分类，按爆破规模可分为小爆破、中爆破和大爆破；按爆破要求分为松动爆破、减弱抛掷爆破、标准抛掷爆破、加强抛掷爆破、定向爆破、光面爆破、顶裂爆破和特殊物爆破；按凿岩情况可分为裸露爆破、浅孔爆破、深孔爆破、药壶爆破和洞室爆破。

下面介绍按凿岩情况划分的几种爆破方法：

1. 裸露爆破法

裸露爆破又称表面爆破，是将药包直接放置于岩石的表面进行的爆破。采用这种方法爆破时，药包放在块石或孤石的中部凹槽或裂隙部位，当块石的体积大于 $1m^3$ 时，药包可分数处放置，或在块石上打浅孔或浅穴破碎。为提高爆破效果，表面药包底部可做成集中爆力穴，药包上护以草皮或泥土砂子，其厚度应大于药包高度或以粉状炸药敷 30cm 厚，用电雷管或导爆索起爆。该方法不需钻孔设备，操作简单迅速，但炸药消耗量比炮孔法多 3～5 倍，破碎岩石飞散较远，适于地面上大块岩石、大孤石的二次破碎及树根、水下岩石与改建工程的爆破。

2. 浅孔爆破法

浅孔爆破法是在岩石上钻直径 25～50mm、深 0.5～5m 的圆柱形炮孔，装延长药包进行爆破。炮孔直径常用 35、42、45、50mm 四种。为了有较多的临空面，常按阶梯形爆破使炮孔方向尽量与临空面成 30°～45°。对于坚硬岩石，炮孔深度 $L=(1.1～1.5)H$（H 为爆破层厚度）；对于中硬岩石，炮孔深度 $L=H$；对于松软岩石，炮孔深度 $L=(0.85～0.95)H$，炮孔间距 a 为 $(1.4～2.0)W$，炮孔排距 $b=(0.8～1.2)W$。炮孔布置为交错梅花形（见图 2-3），依次逐排起爆。同时起爆多个炮孔，应采用电力起爆或导爆索起爆。由于浅孔爆破法不需复杂钻孔设备，施工操作简单，容易掌握，炸药消耗量少，飞石距离较近，岩石破碎均匀，便于控制开挖面的形状和尺寸，可在各种复杂条件下施工，因此在爆破作业中被广泛采用；但该方法爆破量较小，效率低，钻孔工作量大。

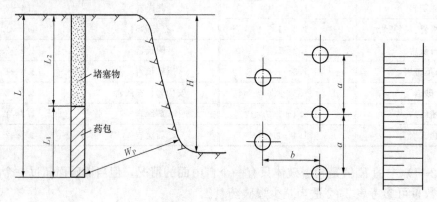

图 2-3　浅孔爆破法
L_1—装药深度；L_2—堵塞深度；L—炮孔深度

3. 深孔爆破法

深孔爆破法是将药包放在直径 75～270mm、深 5～30m 的圆柱形深孔中爆破（见图 2-4）。爆破前宜先将地面爆成倾角大于 55°的阶梯形，做垂直、水平或倾斜的炮孔。钻孔用轻、中型露天潜孔钻。$h=(0.1～0.15)H$，$a=(0.8～1.2)W$，$b=(0.7～1.0)W$。爆破时，边排先起爆，后排依次起爆。

与浅孔爆破法相比，深孔爆破法单位岩石体积的钻孔量少，耗药量少，生产效率高。一次爆落石方量多；但爆的岩石不够均匀，有 10%～25% 的大块石需二次破碎，钻孔设备复杂，费用较高。该法适用于料场、深基坑的松爆和场地整平及高阶梯中型爆破。

4. 药壶爆破法

药壶爆破法又称葫芦炮、坛子炮，是在炮孔底先放入少量的炸药，经过一次至数次爆破后，扩大成近似球形的药壶，如图 2-5 所示，然后装入一定数量的炸药进行爆破。爆破前，地形宜先造成较多的临空面，最好是立崖和台阶，一般来说，W 为 $(0.5～0.8)H$。

药壶爆破法一般宜采用电力起爆，并应敷设两套爆破路线，当药壶深为 3～6m 时，应设两个火雷管同时点爆。采用该方法可减少钻孔工作量，炮孔较深时，将延长药包变为集中药包，大大提高爆破效果；但扩大药壶时间较长，操作较复杂，破碎的岩石块度不够均匀，对坚硬岩石扩大药壶较困难。因此，该方法适用于露天爆破阶梯高度为3~8m的软岩石和中等坚硬岩层，坚硬或节理发育的岩层不宜采用。

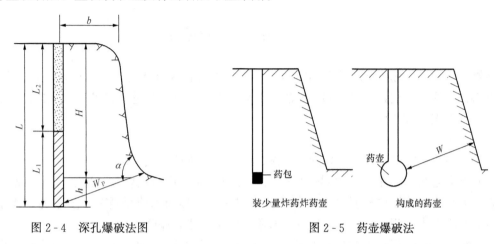

图2-4 深孔爆破法图   图2-5 药壶爆破法

5. 洞室爆破法

洞室爆破法又称竖井法、蛇穴法，是在岩石内部开挖横洞或竖井和药室进行爆破。导洞截面一般为1m×1.5m（横洞），或1m×1.2m或直径为1.2m（竖井），设有单药室或双药室，药室应选择在最小抵抗线W比较大的地方或整体岩层内，并离边坡1.5m左右。洞长度一般为5~7m，其间距为洞深的1.2~1.5倍，竖井深度一般为(0.8~1.0)H，药室应在离底0.3~0.7m处，如图2-6所示。导洞及药室用人力或机械打炮孔爆破方法进行，横洞用小平板车出渣，竖井用卷扬机、绞车或桅杆吊斗出渣。横洞堵塞长度不应小于洞高的3倍，堵塞材料采用碎石和黏土或砂的混合物，靠近药室处宜用黏土或砂土堵塞密实。

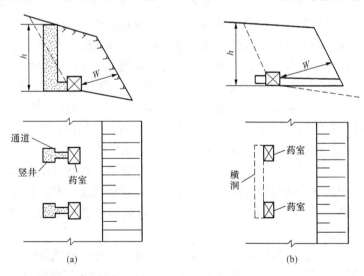

图2-6 洞室爆破法

(a) 竖井爆破；(b) 平洞爆破

洞室爆破法操作简单，爆破效果比炮孔法好，节约劳力，凿孔工作量少，技术要求不高，同时不受炸药品种限制；但开洞工作量大，较费时，排水堵洞较困难，速度慢，比药壶法费工稍多，工效稍低。因此，该方法主要适用于六类以上较大量的坚硬石方爆破或超过6m 的软质岩石或有夹层的岩石松爆。

第二节　爆破材料与起爆方法

在爆破工程中，爆破能否达到预期的目的不仅与爆破材料有关，而且与起爆方法有关。爆破材料包括炸药和起爆材料。起爆方法主要分为电力起爆、非电力起爆和无线起爆，工程实际中，常根据具体情况确定。

一、炸药

炸药的基本性能包括爆力、猛度、殉爆、感度、安定性、氧平衡。

(1) 爆力是指炸药在介质内部爆炸时，对其周围介质产生的整体压缩、破坏和抛移能力。它的大小与炸药爆炸时释放出的能量大小成正比，炸药的药量越高，生成的气体量越多，爆力也就越大。测定炸药爆力的方法常用铅柱扩孔法和爆破漏斗法。

(2) 猛度是指炸药在爆炸瞬间对与药包相邻的介质所产生的局部压缩、粉碎和击穿能力。炸药爆速越高，密度越大，其猛度也越大。测量炸药猛度的方法是铅柱压缩法。

(3) 炸药爆炸时引起与它不相接触的邻近炸药爆炸的现象叫殉爆。殉爆反映了炸药对冲击波的感度。主发药包的爆炸引爆被发药包爆炸的最大距离称为殉爆距离，影响殉爆的因素有装药密度、药量、直径、药卷约束条件和药卷放置方向等。

(4) 炸药在外能作用下起爆的难易程度称为炸药的感度。不同的炸药在同一外能作用下起爆的难易程度是不同的，起爆某炸药所需的外能小，则该炸药的感度高；起爆某炸药所需的外能大，则该炸药的感度低。炸药的感度对于炸药的制造加工、运输、贮存和使用的安全十分重要。感度过高的炸药容易发生爆炸事故，而感度过低的炸药又给起爆带来困难。工业上大量使用的炸药一般对热能、撞击和摩擦作用的感度都较低，通常要靠起爆能来起爆。根据起爆能的不同，炸药的感度可分为热感度、撞击感度、摩擦感度和爆炸冲击感度。

(5) 安定性是指炸药在长期贮存过程中，保持原有物理化学性质的能力，有物理安定性与化学安定性之分。物理安定性主要是指炸药的吸湿性、挥发性、可塑性、机械强度、结块、老化、冻结、收缩等一系列物理性质。物理安定性的大小取决于炸药的物理性质。例如，硝化甘油类炸药存放时，由于炸药挥发、收缩、渗油、老化和冻结等，因此易导致炸药变质，严重影响炸药的使用安全性及爆炸性能。又如，铵油炸药和矿岩石硝铵炸药易吸湿、结块，若存放管理不当，极易导致炸药变质，影响使用效果。炸药化学安定性的大小取决于炸药的化学性质及常温下炸药化学分解速度的大小，特别是取决于贮存温度的高低。有的炸药要求贮存条件较高，例如 5 号浆状炸药要求不会导致硝酸铵重结晶的库房温度是 20～30℃，而且要求通风良好。

(6) 氧平衡是指炸药在爆炸分解时的氧化情况。如果炸药中的氧量恰好等于其中可燃物完全氧化所需的氧量，即产生二氧化碳和水，没有剩余的氧称为零氧平衡；若含氧量不足，可燃物不能完全氧化且产生一氧化碳，此时称为负氧平衡；若含氧量过多，将炸药所放出的氮也被氧化成有害气体，则称为正氧平衡。

二、工程炸药的种类

按炸药的作用特点和应用范围，一般工程爆破使用的炸药可分为起爆药、猛炸药和发射药三种类型，见表2-3。

表2-3   工程炸药的种类

分类	特点	品种	应用范围
起爆药	感度高，加热、摩擦或撞击易引起爆炸	主要有二硝基重氮酚、雷汞、迭氮化铅等	用于制作起爆器材，如火雷管、电雷管
猛炸药（单质猛炸药和混合猛炸药）	爆炸威力大，破碎岩石效果好；与起爆药相比，猛炸药感度较低，使用时需用起爆药起爆	单质猛炸药有梯恩梯、黑索金、泰安、硝化甘油等；混合猛炸药有硝铵炸药、铵油炸药、铵沥蜡炸药、铵松蜡炸药、浆状炸药、水胶炸药、乳胶炸药、高威力炸药等	混合猛炸药是工业爆破工程中用量最大、最基本的一类炸药；单质猛炸药是制造某种品种混合猛炸药的主要成分；黑索金、泰安又常用作导爆索的药芯，黑索金也常用作雷管副起爆药
发射药	对火焰的感度极高，余火能迅速燃烧，在密闭条件下可转为爆炸	常用黑火药	用作导火索的药芯

工程中常用的炸药主要有TNT、硝铵类炸药、黑火药、胶质炸药等，其主要性能和用途见表2-4。

表2-4   工程常用炸药的主要性能和用途

名称	主要性能及特性	用途
TNT（三硝基甲苯）	淡黄色或黄褐色，味苦，有毒，爆烟也有毒。安定性好，对冲击和摩擦的敏感性不大。块状时不易受潮，威力大	（1）作雷管副起爆药； （2）适于露天及水下爆破，不宜用于通风不良的隧洞爆破和地下爆破
硝铵类炸药	是以硝酸铵为主要成分的混合炸药，常用的有铵梯炸药（又分露天铵梯炸药、岩石铵梯炸药、煤矿安全铵梯炸药）、铵油炸药、铵沥蜡炸药、浆状炸药、水胶炸药、乳化炸药等。炸药有毒，但爆烟毒气少，对热和机械作用敏感度不大，撞击摩擦不爆炸，不易点燃。易受潮，受潮后威力降低或不爆炸，长期存放易结块，雷管插入药包不得超过一昼夜	应用较广。用于一般岩石爆破，也可用于地下工程爆破
黑火药	由硝石（75%）、硫黄（15%）、木炭（10%）混合而成。带深蓝黑色，颗粒坚硬明亮，对摩擦、火花、撞击均较敏感，爆速低，威力小，易受潮，但制作简便，起爆容易（不用雷管）	常用于小型水利工程中的小型岩石爆破，不能用于水下工程
胶质炸药（硝化甘油）	由硝化棉吸收硝化甘油而制成，为淡黄色半透明体的胶状物，不溶于水，可在水中爆炸，威力大，敏感度高，有毒性。受撞击摩擦或折断药包均可引起爆炸，可点燃	主要用于水下爆破

目前，工程中常用静态破碎剂来破碎工程中的大型物。静态破碎剂是一种新型的破碎材料，它主要由氧化钙和无机化合物组成，其中氧化钙为主要膨胀源，它与水反应生成氢氧化

钙固体，体积增大后对炮孔壁施加压力，从而达到破碎的作用。静态破碎剂使用方便，破碎介质没有响声、飞石、振动、空气冲击波和毒气，而且破裂方向可以控制，块度能满足要求，能有效地保护保留部分不受破坏。常用静态破碎剂的型号及技术性能见表2-5。

表2-5　　　　　　　　　　　　　　常用静态破碎剂的型号及技术性能

牌　号	型　号	使用季节	使用温度（℃）	膨胀压力（MPa）	开裂时间（h）	用　途
无声破碎剂	SCA—Ⅰ	夏季	20~25	3~5	10~50	用于砖、石、混凝土和钢筋混凝土建筑物、构筑物的拆除；破碎各种岩石；切割花岗岩、大理石等
	SCA—Ⅱ	春秋	10~25			
	SCA—Ⅲ	冬季	5~15			
	SCA—Ⅳ	寒冬	-5~8			
静态破碎剂	JC—1—Ⅰ	夏季	25	3~5	4~10	
	JC—1—Ⅱ	春秋	10~25			
	JC—1—Ⅲ	冬季	0~10			
	JC—1—Ⅳ	寒冬	0			
石灰静态破碎剂	YJ—Ⅰ	冬季	-5~15	3~3.5	0.7~6	
	YJ—Ⅱ	春秋	15~20			
	YJ—Ⅲ	夏季	25~45			
静态破碎（南京型）	Ⅰ	春秋	10~25		3~8	
	Ⅱ	冬季	5~15			
	Ⅲ	寒冬	-5~10			
	Ⅳ	夏季	25~35			

三、起爆材料

起爆材料主要包括雷管、导火索和导爆管等。

1. 雷管

雷管由管壳、正副起爆药和加强帽三部分组成。管壳材料有铜、铝、纸、塑料等，上端开口，中段设加强帽，中有小孔，副起爆药压于管底，正起爆药压在上部。在管壳开口一端插入导火索，引爆后，火焰使正起爆药爆炸，最后引起副起爆药爆炸。雷管具有结构简单，生产效率高，使用方便、灵活，不受各种杂电、静电及感应电的干扰等优点。

2. 导火索

导火索是用来起爆火雷管和黑火药的起爆材料，可用于一般爆破工程，不宜用于有瓦斯或矿尘等危险作业环境。它用黑火药做芯药，用麻、棉纱和纸做包皮，外面涂有沥青、油脂等防潮剂。导火索的燃烧速度有两种，正常燃烧速度为100~120m/s，缓燃速度为180~210m/s；喷火强度不低于50mm；耐水性一般不低于2h，直径为5~6mm。

3. 导爆管

导爆管是一种半透明的，具有一定强度、韧性、耐温、不透水的塑料管起爆材料，它具有抗火、抗电、抗冲击、抗水及导爆安全等特性，其技术指标为：外径3mm，爆速1650~1950m/s，抗拉力在25℃时不低于70N；50℃时不低于50N，在-50~-40℃时也可起爆且传爆可靠。导爆管主要用于无瓦斯、无矿尘的露天、井下、深水、杂散电流大和一次起爆多数炮孔的微差爆破作业中，或上述条件下的瞬发爆破或秒延期爆破。

四、起爆方法

常用的起爆方法可分为电力起爆法、非电力起爆法和无线起爆法三类。

1. 电力起爆法

电力起爆法是利用电能引爆电雷管进而引爆炸药的起爆方法，它所需的起爆器材有电雷管、导线和起爆电源。电力起爆网路主要由电源、电线、电雷管等组成。这种方法可以同时起爆多个药包，可间隔延期起爆且安全可靠；但操作较复杂，准备工作量大，需较多电线及一定检查仪表和电路设备。该法适用于大中型重要的爆破工程。

(1) 起爆电源。电力起爆的电源可用普通照明电源或动力电源，最好是使用专线。当缺乏电源而爆破规模又较小、起爆的雷管数量不多时，也可以用干电池或蓄电池组合使用。另外，还可以使用电容式起爆电源，即用发爆器起爆。

(2) 电线。电力起爆网路中的导线一般采用绝缘良好的铜线和铝线。在大型电力起爆网路中，常用的导线按其位置和作用划分为端线、连接线、区域线和主线。端线是用来加长电雷管脚线，使之能引出孔口或洞室之外，它常采用断面为 $0.2\sim0.4mm^2$ 的铜芯塑料皮软线。连接线是用来连接相邻炮孔或药室的导线，通常采用断面为 $1\sim4mm^2$ 的铜芯或铝芯线。主线是连接区域与电源的导线，常用断面为 $16\sim150mm^2$ 的铜芯或铝芯线。

(3) 电雷管。电雷管主要参数有最高安全电流、最低准爆电流和电雷管电阻。

最高安全电流是指给电雷管通以恒定的直流电，在较长时间（一般为 5min）内不致使受发电雷管引火头发火的最大电流。按规定，国产电雷管通 50mA 的电流且持续 5min 不爆的为合格产品。

最低准爆电流是指给电雷管通一恒定的直流电，保证在 1min 内必定能使任何一发电雷管都能起爆的最小电流。国产电雷管的准爆电流为 0.7A。

电雷管电阻是指电阻与脚线电阻之和，又称电雷管安全电阻。电雷管在使用前应测定每个电雷管的电阻值（只准使用规定的专用仪表），在同一爆破网路中使用的电雷管应为同厂同型号产品。

电力起爆网路的连接方式可以采用串联、并联、并串联、串并联等方式，如图 2 - 7 所示。

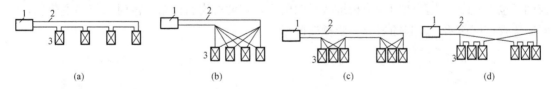

图 2 - 7　电力起爆网路的连接方式
(a) 串联；(b) 并联；(c) 并串联；(d) 串并联
1—电源；2—输电线；3—药包

2. 非电力起爆法

非电力起爆法是指通过雷管、导爆索等其他起爆物来引爆的方法。

雷管起爆法是用导火索燃烧的雷管引爆雷管进而起爆炸药的起爆方法。雷管起爆法所用的材料有火雷管、导火索及点燃导火索的点火材料等。雷管起爆法的优点是操作简单，准备工作少，成本较低；缺点是操作人员所处的操作地点不够安全。该法目前主要用于浅孔和裸露药包的爆破，不适用于有水或水下爆破环境。

导爆索起爆法是用导爆索爆炸产生的能量直接引爆药包的起爆方法。这种起爆方法所用的起爆器材有雷管、导爆索、继爆管等。导爆索起爆法的优点是导爆速度高，可同时起爆多个药包，准爆性好，连接形式简单，无复杂的操作技术，在药包中不需要放雷管，故装药、堵塞时都比较安全；缺点是成本高，不能用仪表来检查爆破线路的好坏。该法适用于瞬时起爆多个药包，危险性较大。

3. 无线起爆法

无线起爆法是通过无线遥控装置来实现起爆的方法，该法通过遥控预先与雷管安装在一起的点火装置来引爆雷管，然后引爆炸药。该法的特点是安全性高，可分区引爆；但线路连接复杂，一旦发生问题不易查找。

第三节　控　制　爆　破

控制爆破是为达到一定预期目的的爆破，如控制爆破方向、表面平整度、爆破间距等。控制爆破可分为定向爆破、预裂爆破、光面爆破、岩塞爆破、微差控制爆破、拆除爆破、静态爆破、燃烧剂爆破等。

一、定向爆破

定向爆破是一种加强抛掷爆破的技术，它利用炸药爆炸能量的作用，在一定条件下，将一定数量的岩土经破碎后，按预定的方向抛掷到预定地点，形成具有一定质量和形状的物态或形成一定断面的渠道。特别是在水利水电工程建设中，可以用定向爆破技术修筑土石坝、围堰、截流域堤及开挖渠道、溢洪道等。在一定条件下，采用定向爆破方法比用常规方法可缩短施工工期、节约劳力和资金。

定向爆破主要是使抛掷爆破最小抵抗线方向符合预定的抛掷方向，并且在最小抵抗线方向事先造成定向坑，利用空穴聚能效应，集中抛掷，这是保证定向的主要手段。图 2-8 （a）所示为用定向爆破堆筑石坝的示例。药包设在坝顶高程以上的岸坡上，根据地形情况，可从一岸爆破或两岸爆破。图 2-8 （b）所示定向爆破开挖渠道，在渠底埋设辅助药包和主药包。辅助药包先起爆，主药包的最小抵抗线指向两边，在两边岩石尚未下落时，起爆主药包，中间岩体就连同原两边爆起的岩石一起抛向两岸。

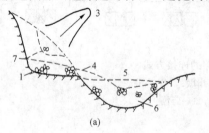
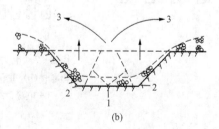

(a)　　　　　　　　　　　　　　　(b)

图 2-8　定向爆破

(a) 筑坝；(b) 挖渠

1—主药包；2—边行药包；3—抛掷方向；4—堆积体；5—筑坝；6—河床；7—辅助药包

二、预裂爆破

进行石方开挖时，在主爆区爆破之前沿设计轮廓线先爆出一条具有一定宽度的贯穿裂缝，以缓冲、反射开挖爆破的振动波，控制其对保留岩体的破坏影响，使之获得较平整的开挖轮廓，此种爆破技术为预裂爆破，如图 2-9 所示。

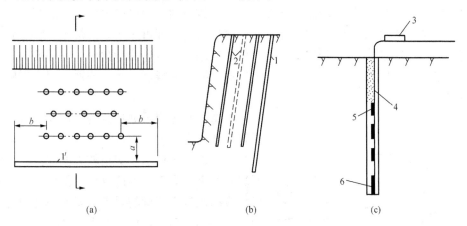

(a)　　　　　　　　　　　(b)　　　　　　　　　　　(c)

图 2-9　预裂爆破

(a) 平面图；(b) 剖面图；(c) 爆破孔安置炸药方式

1—预裂缝；2—爆破孔；3—雷管；4—导爆索；5—药包；6—底部加强药包

特别是在水利水电工程施工中，预裂爆破不仅在垂直、倾斜开挖壁面上得到广泛应用，在规则的曲面、扭曲面及水平建基面等上也可采用预裂爆破，以避免超挖。预裂爆破的一般性要求主要有：

(1) 预裂缝要贯通且在地表有一定开裂宽度。对于中等坚硬岩石，缝宽不宜小于 1cm；坚硬岩石缝宽应达到 0.5cm 左右。

(2) 预裂面开挖后的不平整度不宜大于 15cm。预裂面不平整度通常是指预裂孔所形成的预裂面的凹凸程度，它是衡量钻孔和爆破参数合理性的重要指标，可依此验证、调整爆破设计数据。

(3) 预裂面上的炮孔痕迹保留率应不低于 80%，炮孔附近岩石不出现严重的爆破裂隙。

采用预裂爆破时，要求炮孔直径一般为 50～200cm，炮孔间距宜为孔径的 8～12 倍，装药密度一般取 250～400g/m，装药时距孔口 1m 左右的深度内不要装药，可用粗砂填塞，不必捣实。

三、光面爆破

光面爆破也是控制开挖轮廓的爆破方法之一，如图 2-10 所示，它与预裂爆破的不同之处在于光面爆孔的爆破顺序是在主爆孔的药包爆破之后进行。光面爆破可以使爆裂面光滑平顺，能近似形成设计轮廓的要求爆破。光面爆破一般多用于地下工程的开挖，露天开挖工程中用得比较少，只

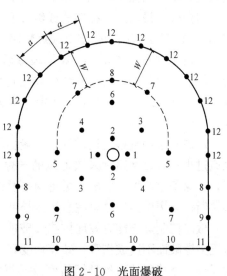

图 2-10　光面爆破

是在一些有特殊要求的地方使用。

光面爆破的要领是孔径小、孔距密、装药少、同时爆，炮孔直径宜在 50mm 以下，最小抵抗线 W 通常采用 1～3m，炮孔间距为 (0.6～0.8)W。

四、岩塞爆破

岩塞爆破是一种水下控制爆破，当在已成水库或天然湖泊内取水发电、灌溉、供水或泄洪时，为修建隧洞的取水工程，避免在深水中建造围堰，即可采用岩塞爆破。它的施工特点是先从引水隧洞出口开挖，直到掌子面到达库底或湖底邻近，然后预留一定厚度的岩塞，待隧洞和进口控制闸门井全部建完后，一次将岩塞炸除，使隧洞和水库连通。岩塞爆破布置如图 2-11 所示。

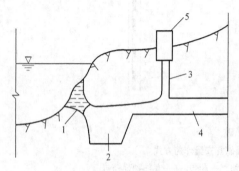

图 2-11　岩塞爆破布置
1—岩塞；2—集渣坑；3—闸门井；
4—引水隧洞；5—操纵室

岩塞的布置应根据隧洞的使用要求、地形、地质等因素确定。岩塞宜选择在覆盖层薄、岩石坚硬完整且层面与进口中线交角较大的部位，特别应避开岩石节理、裂隙、构造发育的部位。岩塞的开口尺寸应满足进水流量的要求。岩塞厚度应为开口直径的 1～1.5 倍，太厚则难以一次爆通，太薄则不安全。

计算水下岩塞爆破装药量时，应考虑岩塞上静水压力的阻抗，用药量应比常规抛掷爆破药量增大 20%～30%。为了控制进口形状，岩塞周边可采用预裂爆破。

五、微差控制爆破

微差控制爆破是一种应用特制的毫秒延期雷管，以毫秒级时差顺序起爆各个（组）药包的爆破技术。其原理是把普通齐发爆破的总炸药能量分割为多数较小的能量，采取合理的装药结构、最佳的微差间隔时间和起爆顺序，为每个药包创造多面临空条件，将齐发大量药包产生的地震波变成一长串小幅值的地震波，同时各药包产生的地震波相互干涉，从而降低地震效应，把爆破振动控制在给定水平之下。爆破布孔和起爆顺序有成排顺序式、排内间隔式、对角式、波浪式、径向式或组合变换形式，其中以对角式效果最好，成排顺序式最差，如图 2-12 所示（图中数字为起爆顺序）。采用对角式时，应使实际孔距与抵抗线比大于 2.5以上，对于软石可取 6～8。相同段爆破孔数根据现场情况和一次起爆的允许炸药量确定装药结构，一般采用空气间隔装药或孔底留空气柱的方式，所留空气间隔的长度通常为药柱长度的 20%～35%。间隔装药可用导爆索或电雷管齐发或孔内微差引爆，后者能更有效降震。

爆破多采用毫秒延迟雷管，一般相邻两炮孔爆破时间间隔宜控制在 20～30ms，不宜过大或过小；爆破网路宜采取可靠的导爆索与继爆管相结合的爆破网路，每孔至少一根导爆索，确保安全起爆。非电力爆管网路要设复线，孔内线脚要设有保护措施，避免装填时把线脚拉断；导爆网路连接要注意搭接长度、拐弯角度、接头方向，并捆扎牢固，不得松动。

微差控制爆破能有效地控制爆破冲击波、振动、噪声和飞石，操作简单、安全、迅速，可近火爆破而不造成伤害，破碎程度好，可提高爆破效率和技术经济效益。但该网路设计较为复杂，需特殊的毫秒延期雷管及导爆材料。微差控制爆破适用于开挖岩石地基、挖掘沟渠、拆除建筑物和基础及用于工程量与爆破面积较大，对截面形状、规格、减振、飞石、边坡后面有严格要求的控制爆破工程。

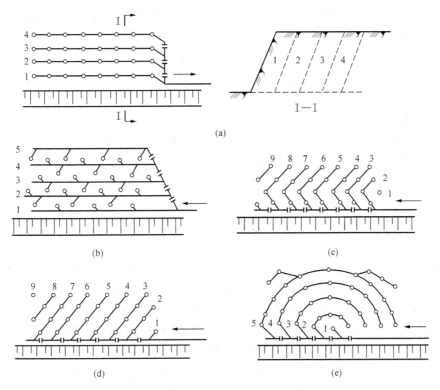

图 2-12 爆破布孔和起爆顺序
(a) 成排顺序式；(b) 排内间隔式；(c) 波浪式；(d) 对角式；(e) 径向式

第四节 爆破施工安全技术

爆破工作的安全工作极为重要，从爆破材料的运输、贮存、加工到施工中的装填、起爆和销毁均应严格遵守各项爆破安全技术规程。

一、爆破材料的贮存

爆破材料应贮存在干燥、通风良好、相对湿度不大于 65% 的仓库内，库内温度应保持在 18～30℃，爆破材料周围 5m 内的范围，需清除一切树木和草皮。库房应有避雷装置，接地电阻不大于 10Ω，库内应有消防设施。

爆破材料仓库与民房、工厂、铁路、公路等应有一定的安全距离。炸药与雷管需分开贮存，两库房的安全距离不应小于有关规定。同一库房内不同性质、批号的炸药应分开存放，要严防虫鼠等啃咬。

炸药与雷管成箱（盒）堆放要平稳、整齐。成箱炸药宜放在木板上，堆摆高度不得超过 1.7m，宽度不超过 2m，堆与堆之间应留有不小于 1.3m 的通道，药堆与墙壁间的距离不应小于 0.3m。

施工现场临时仓库内爆破材料要严格控制贮存数量，炸药不得超过 3t，雷管应放在专用的木箱内，距离炸药不小于 2m。

二、爆破材料的装卸、运输与管理

爆破材料的装卸均应轻拿轻放，不得受到摩擦、振动、撞击和抛掷等影响。堆放时，要摆放平稳，不得散装、改装或倒放。

爆破材料应使用专车运输，炸药与起爆材料、硝铵炸药与黑火药均不得在同一车辆、车厢装运。用汽车运输时，装载不得超过允许载重量的 2/3，行驶速度不应超过 20km/h，车顶部需遮盖。

三、爆破操作安全要求

装填炸药应按照设计规定的炸药品种、数量和位置进行。装药要分次装入，用竹棍轻轻压实，不得用铁棒压入炮孔内，不得用铁棒在药包上钻孔安设雷管或导爆索，必须用木棒或竹棒进行。当孔深较大时，药包要用绳子吊下，或用木制炮棍护送，不允许直接往孔内丢药包。

起爆药卷（雷管）应设置在装药全长的 1/3～1/2 位置上（从炮孔口算起），聚能穴应指向孔底，导爆索只许用锋利刀一次切割好。

遇有暴风雨或闪电打雷等恶劣天气时，应禁止装药、安设电雷管和连接电线等操作。

在潮湿条件下进行的爆破，药包及导火索表面应涂防潮剂加以保护，以防受潮失效。

爆破孔洞的堵塞应保证要求的堵塞长度，充填密实不漏气。填充直孔可用细砂土、砂子、黏土或水泥等惰性材料。最好用 1∶2 的黏土和粗砂混合物，含水量控制在 20%，分层轻轻压实，不得用力挤压。水平炮孔和斜孔宜用 2∶1 土砂混合物，做成直径比炮孔小 5～8mm、长 100～150mm 的圆柱形炮泥棒填塞密实。填塞长度应大于最小抵抗线长度的 10%～15%，堵塞时应注意勿捣坏导火索和雷管的线脚。

导火索长度应根据爆破员完成全部炮眼和进入安全地点所需的时间来确定，最短长度不得小于 1m。

四、爆破安全距离

爆破时应划出警戒范围，立好标志，现场人员应到安全区域，以防爆破飞石、爆破地震冲击波及爆破毒气对人身造成伤害。

爆破前，应对爆破飞石、空气冲击波、爆破毒气对人身及爆破振动对建筑物所产生的影响进行预先控制。

爆破地震安全距离可采用的经验公式为

$$v = k\left(\frac{\sqrt[3]{Q}}{R}\right)^a \tag{2-2}$$

式中：v 为爆破地震对建筑物或构筑物产生的质点垂直振动速度，当 $v=10～12$cm/s 时，一般砖木结构的建筑物便可能破坏；k 为与岩土性质、地形和爆破条件有关的系数，当在土中爆破时 $k=150～200$，在岩石中爆破时 $k=100～150$；Q 为同时起爆的总装药量；R 为药包中心到某一建筑物的距离；a 为爆破地震随距离的衰减系数，可按 1.5～2.0 考虑。

爆破空气冲击波安全距离的计算方法为

$$R = k\sqrt{Q} \tag{2-3}$$

式中：R 为爆破冲击波的危害半径；k 为影响系数，对于人 k 为 5～10，建筑物要求安全无损时，裸露药包 k 为 50～150，埋入药包 k 为 10～50；Q 为同时起爆的最大一次总装药量。

飞石安全距离的计算方法为

$$R = 20WN^2 \qquad (2-4)$$

式中：R 为距离；W 为最小抵抗线；N 为最大药包的爆破作用指数。

实际采用的飞石安全距离不得小于下列数值：裸露药包为 300m，浅孔或深孔爆破为 200m，洞室爆破为 400m。

爆破毒气危害范围的计算方法为

$$R = k\sqrt[3]{Q} \qquad (2-5)$$

式中：R 为有毒气体扩散安全距离；k 为系数，平均值为 160；Q 为总药量。

需要特别注意的是，对于顺风向的安全距离应增大一倍。

五、爆破防护覆盖方法

基础或地面以上构筑物爆破时，可在爆破部位上铺盖湿草垫或草袋，内装少量砂土作头道防线，再在其上铺放胶垫，外面以帆布棚覆盖，用绳索拉住捆紧，以阻挡爆破碎块，降低声响。

在离建筑物较近或在附近有重要设备的地下设备基础进行爆破时，应采用橡胶防护垫，即可用废汽车轮胎编织成排或环索连接在一起的粗圆木、铁丝网、脚手板等护盖其上防护。

对于破碎爆破中的飞石，可用韧性好的铁丝爆破防护网、布垫、帆布、胶垫、旧布垫、荆笆、草垫、草袋或竹帘等做防护覆盖。

对于平面结构如钢筋混凝土板或墙面的爆破，可在板或墙面上架设可拆卸的钢管架子，上盖铁丝网，再铺上内装少量砂土的草包形成一个防护罩防护。

爆破时，为保护周围建筑物及设备不被破坏，可在其周围用厚 5cm 的木板加以掩护，并用铁丝捆牢。

六、瞎炮的处理方法

引爆而未能爆炸的药包叫瞎炮，处理之前应仔细检查，主要的处理方法有重爆法、诱爆法和掏炮法。

1. 重爆法

瞎炮若是由于炮孔外的电线电阻、导火索或电力起爆网路不符合要求而造成的，经检查可燃性和导电性能完好，则可以重新接线起爆。

2. 诱爆法

当炮孔不深（50cm 以内）时，可用裸露爆破法炸毁；当炮孔较深时，距炮孔近旁 60cm 处，钻一与原炮孔平行的新炮孔，再重新装药起爆，将原瞎炮销毁。钻平行炮孔时，应将瞎炮的堵塞物掏出，插入一木棍，作为钻孔的导向标志。

3. 掏炮法

可用木制或竹制工具，小心地将炮孔上部的堵塞物掏出。如是硝铵类炸药，可用低压水浸泡并冲洗出整个药包，或以压缩空气和水混合物把炸药冲出来，将拒爆的雷管销毁，或将上部炸药掏出部分后，再重新装入起爆药包起爆。

在处理瞎炮时，严禁把带有雷管的药包从炮孔内拉出来，或拉动电雷管上的导火索或雷管脚线。

第三章 地 基 工 程

工程项目在完成土方开挖工程之后，应按照设计要求，对地基进行处理，并在完成地基处理之后进行建筑物或构筑物的基础施工。建筑物或构筑物能否在建成之后正常使用，将与地基是否得到有效处理直接相关。因此，地基处理在工程施工技术中占有极其重要的地位。

地基按地质类别可分为两大类：一类是岩基，另一类是土基。处理地基时，不仅需要考虑建筑物对地基的特殊要求，还需考虑开挖条件、场地环境、机械设备、工期、费用及其他客观条件等方面的限制和约束。因此，地基工程是一项较为复杂的工程。

第一节 土 基 处 理 的 方 法

土基是工程建设中最常见的地基，土基处理通常是为了达到两个目的：①为了提高地基承载能力；②为了改善地基的防渗性能。提高地基承载能力的方法称为土基加固，常见的处理方法有换土、预压、打桩、置换、复合等；改善地基防渗性能的方法称为截渗处理，常见的处理方法有防渗墙、帷幕灌浆、深层搅拌等。

一、换土垫层法

换土垫层法属于置换类的一种。当建筑物荷载较小而基础下的局部持力层比较软弱，不能满足上部荷载对地基的承载要求时，可采用换土垫层法来处理软弱地基。换土垫层法就是将地基中一定范围内的软弱土层挖掉，然后回填强度较高、压缩性较低并且没有侵蚀性的材料，如中粗砂、碎石或卵石、灰土、素土、矿渣等，在分层夯实后作为地基的持力层。

换土垫层常用的回填材料主要有灰土、砂和碎（砂）石。其中，灰土垫层是将按一定体积比配合的石灰和黏性土拌和后，在最优含水量时对土进行分层夯实碾压而形成的持力层，它适用于地下水位较低、基槽经常处于较干燥状态下的一般性地基加固。砂垫层和砂石垫层是将基础下面一定厚度的软弱土层挖除，然后用强度较高的砂或碎石回填，并经分层夯实至密实，作为地基的持力层，以起到提高地基承载力、减少沉降、加速软弱土层排水固结、防止土体冻胀和消除膨胀土的胀缩等目的。

二、重锤夯实法

重锤夯实法是用起重机械将夯锤提升到一定高度，利用自由下落的冲击能重复夯打土层表面，使其形成一层比较密实的硬壳层，从而使地基得到加固。重锤夯实使用的起重设备常为卷扬机，夯锤形状为一锥体，锤重一般不小于 1.5t，底面直径一般为 1.5m 左右，落距一般为 4.5m，夯打遍数一般取为 6~8 遍。随着夯实遍数的增加，夯沉量逐渐减少。

与此较为相似的是强夯法，它是用起重机械将重锤（一般为 10~40t）吊起，从高处（一般在 30m 以下）自由落下，对地基反复强夯的地基处理方法。强夯所产生的振动和噪声很大，对周围建筑物和其他设施有一定的影响，在城市中心不宜采用。

三、复合地基

复合地基是在地基中通过加入别的材料，如灰土、砂石、粉煤灰、水泥、有机树脂成分等，来增强土体的密实度并达到提高基础承载力的方法。它利用振动、冲击或水冲等方式，在软弱地基中成孔后，再将砂或砂卵石（或砾石、碎石）挤压到土孔中，形成大直径的由砂或砂卵（碎）石所构成的密实体，以起到挤密周围土层、增加地基承载力的作用；或将管道伸入地下预定的深度后将配置好的水泥浆液或有机树脂压入周围土体，使土体内部的组成成分发生变化，变成较为坚密的实体，以达到提高地基承载力的目的。例如，当采用水泥浆做固化剂时，可用深层搅拌机在地基深部将软土和固化剂充分拌和，利用固化剂和软土发生一系列物理、化学反应，使之凝结成整体性强、水稳性较好和强度较高的水泥加固体。水泥加固体可以作为竖向荷载的复合地基和基坑中的围护挡墙等，主要施工机具有深层搅拌机、起重机、灰浆搅拌机等。

作为固化剂的水泥掺入量一般为加固土重的 7%～15%，每加固 $1m^3$ 土体需掺入 110～160kg 水泥，水灰比为 1:1～1:1.2。施工时，先将深层搅拌机用钢丝绳吊挂在起重机上，在输浆胶管与储料罐、灰浆泵连接后，开动电动机，借设备自重，以 0.3～0.75m/min 的速度沉至要求的加固深度；与此同时，开动灰浆泵，再以 0.3m/min 的均匀速度提起搅拌机，将水泥浆从深层搅拌机中心不断压入土中，由搅拌叶片将水泥浆与深层处的软土搅拌，边搅拌边喷浆，直至提到要求高度即完成填充。每次搅拌的孔间距不宜大于 200mm。

四、桩基础

桩基础简称桩基，是提高地基承载能力有效的方法之一。桩基础的作用是将上部结构的荷载传递到深部较坚硬的、压缩性较小的土层或岩层上。按桩的传力方式不同，桩基础可分为端承桩和摩擦桩。端承桩就是穿过软弱土层并将建筑物的荷载直接传递到坚硬层的桩，摩擦桩是通过桩身侧面与土之间的摩擦力来承受上部荷载的桩，如图 3-1 所示。

按桩的施工方法不同，桩可分为预制桩和灌注桩两类。预制桩是在工厂或施工现场用不同的建筑材料制成的各种形状的桩，如钢桩、木桩、钢筋混凝土桩。桩的形状一般为方形或圆形。施工时，用打桩设备将预制好的桩打入地基土中。打桩的方法有锤击沉桩、静力压桩、振动沉桩等。灌注桩是在设计桩位先成孔，然后放入钢筋骨架，再浇注混凝土或其他材料而成的桩。灌注桩按成孔的方法不同可分为泥浆护壁成孔灌注桩、干作业成孔灌注桩、套管成孔灌注桩、爆扩成孔灌注桩等。

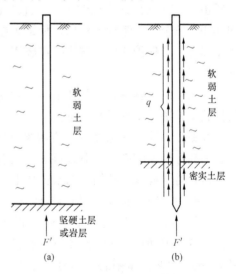

图 3-1　端承桩和摩擦桩
(a) 端承桩；(b) 摩擦桩

1. 钢筋混凝土灌注桩

钢筋混凝土灌注桩是直接在桩位上成孔，然后将混凝土灌注而成的桩。与预制桩相比，其优点是施工方便，节约材料，成本低；缺点是操作要求高，容易发生缩颈、断桩现象，技术间隔时间较长，不能立即承受荷载等。根据桩直径的大小，钢筋混凝土灌注桩可分为小孔径桩（$d < 250mm$）、中等直径桩（$250mm < d < 800mm$）和大孔径桩（$d > 800mm$）。根据施工工艺，钢筋混凝土灌注桩又有多种施工方法。下面介绍钻孔灌注桩、挖孔灌注桩、打拔管灌注桩的施工工艺和施工方法。

（1）钻孔灌注桩。钻孔灌注桩是先在桩位上用螺旋钻机、潜水电钻、冲孔机等钻孔设备进行钻孔，然后灌注混凝土而制成的桩。钻孔灌注桩施工过程如图 3-2 所示。

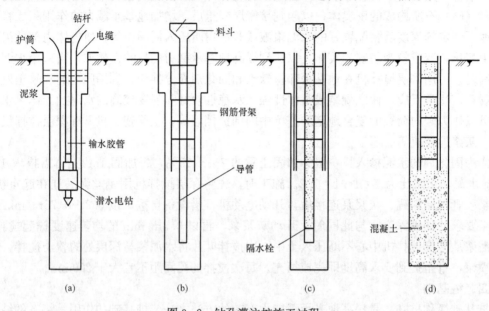

图 3-2　钻孔灌注桩施工过程
（a）成孔；（b）插入钢筋笼和导管；（c）灌筑水下混凝土；（d）成桩

在有地下水、流砂、砂夹层及淤泥等土层中钻孔时，要先在测定桩位上埋设护筒，护筒一般由 3～5mm 厚的钢板做成，其直径比钻头直径大 10～20mm，以便钻头提升操作。护筒的作用有三个：①起导向作用，使钻头能沿着桩位的垂直方向工作；②提高孔内泥浆水头，防止塌孔；③保护孔口，防止孔口破坏。护筒定位应准确，埋置应牢固密实，防止护筒与孔壁间漏水。

在钻孔的过程中，常常要灌入密度为 1.1～1.3g/cm³ 的黏土泥浆或膨润土泥浆，用以衬护孔壁，避免出现塌孔现象。

在钻孔到达设计深度后，应用探测器检查桩孔直径、深度和孔底情况，并及时进行清孔。清孔可用压缩空气喷翻泥浆，同时注入清水，被稀释的泥浆便夹杂着沉渣逐渐流出孔外。清孔时，应保持护筒中的水位高出地下水位 1.5m，防止塌孔。

清孔后，应及时放入钢筋骨架，进行水下混凝土浇筑。水下混凝土强度等级不应低于 C20，骨料粒径不应大于 300mm，混凝土坍落度为 16～22mm。为了改善混凝土的和易性，可掺入减水剂和粉煤灰等掺和料。水泥强度等级不低于 32.5 号，每立方米混凝土中水泥用量不少于 350kg。钻孔灌注桩在施工中常出现的问题有以下几个方面：

1）孔壁坍塌。在钻孔过程中，如发现在排出的泥浆中不断冒出气泡或护筒内的水位突然下降，可能都是塌孔的迹象，这是由于土质松散、泥浆护壁不好、护筒内水位不够高等造成的。处理办法是：在钻孔过程中如出现塌孔、缩颈等情况，应加大泥浆比重，并保持孔内水位，以维持孔壁稳定。缩颈、塌孔严重或泥浆突然漏失时，应立即回填黏土，待孔壁稳定后再进行钻孔。

2）钻孔偏斜。造成钻孔偏斜的主要原因是钻杆不垂直，钻头导向部分太短，导向性差，土质软硬不一或遇上孤石等。处理办法是：减慢钻速，提起钻头，上下往复扫钻几次，以便削去硬层，再正常钻进。如在离孔口不深处遇孤石，可用炸药炸除。

3）护筒冒水。护筒周围如若出现冒水，原因可能是在埋设护筒时周围填土不密实，或由于起落钻头时碰动了护筒。如不及时处理，会造成护筒倾斜和位移、桩孔偏斜，甚至无法施工。处理的方法是：若发现护筒刚开始冒水，可用黏土在护筒四周填实加密；如护筒严重下沉或移位，则应返工重埋。

（2）挖孔灌注桩。随着建筑物荷载的增大，小直径单桩在承受大荷载或满足沉降要求等方面已受到一定的限制，其直径一般为1～3m，桩深20～40m，最深可达60～80m，每根桩的承载力可达10 000～40 000kN的大直径灌柱桩已得到广泛应用。大直径灌注桩可采用机械挖孔灌注和人工挖孔灌注，其中，人工挖孔灌注桩使用更为广泛。

人工挖孔灌注桩是指在桩位上用人工挖直孔，每挖一段即支护一段，如此反复向下挖至设计深度，然后放下钢筋笼，浇筑混凝土而成桩。人工挖孔灌注桩的优点是设备简单，对施工现场原有建筑物影响小；挖孔时，可直接观察土层变化情况，清除沉渣彻底，可同时开挖若干个桩孔，施工成本低。

人工挖灌注桩时，由一人在孔内用镐头、铁锹、土筐等挖土，在地面用电动葫芦或手动卷扬机、三脚架提土，用潜水泵抽出孔中积水。桩的直径除应满足设计承载力要求外，还应满足人工在下面操作的要求，故桩径不得小于800mm，一般都在1200mm以上。

在人工挖孔灌注桩施工中，主要应注意孔壁坍塌、施工排水、流砂和管涌等问题。为此，要事先根据地质水文资料，拟定合理的衬圈护壁和施工排水、降水方案。常用护壁方法有混凝土护圈、沉井护圈和钢套管护圈三种，如图3-3所示。

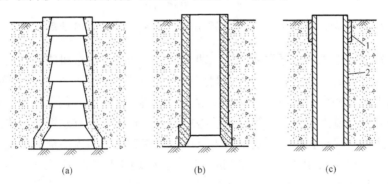

图 3-3 灌注桩护壁方法
（a）混凝土护圈挖孔桩；（b）沉井护圈挖孔桩；（c）钢套管护圈挖孔桩
1—井圈；2—钢套管

混凝土护圈挖孔桩的施工方法为分段开挖、分段浇筑护圈混凝土，到设计高程后，再将桩的钢筋骨架放入护圈井筒内，然后浇筑井筒桩基混凝土。

沉井护圈挖孔桩是先在桩位上制作钢筋混凝土井筒，然后在井筒内挖土，井筒靠自重或附加荷载来克服筒壁与土壤之间的摩擦力，使其下沉至设计高程，再在筒内浇筑桩基混凝土。

钢套管护圈挖孔桩是先在桩位处打入钢套管，直至设计高程，然后再将套管内的土挖出后浇筑桩基混凝土，待桩基混凝土浇筑完毕后，随即将套管拔出移至另一桩位使用。钢套管由 12～16mm 厚的钢板焊接加工成型，其长度根据设计要求而定。当地质构造有流砂或承压含水层时采用这种方法施工，可避免产生流砂和管涌现象，能确保施工安全。

挖孔桩施工时应注意井内排水，孔底施工人员必须戴安全帽，孔上必须有人监督防护，护壁应高出地面 200～300mm，以防杂物掉入孔内，孔周围应设置安全防护栏杆，孔内照明应用安全电压，潜水泵必须有防漏电装置，设置鼓风机，向孔内输送洁净空气，排出有害气体等。

（3）打拔灌注桩。打拔灌注桩是利用与桩的设计尺寸相适应的一根钢管，在端部套上预制的桩靴打入土中，然后将钢筋骨架放入钢管内，再浇筑混凝土，并随灌随将钢管拔出，利用拔管时的振动将混凝土捣实，如图 3-4 所示。

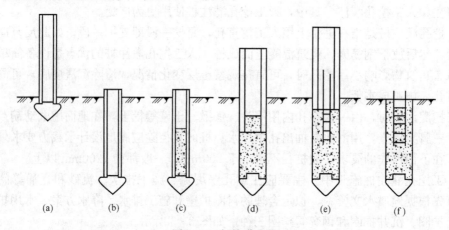

图 3-4　打拔灌注桩

（a）就位；（b）沉入套管；（c）浇筑混凝土；（d）边锤边拔；（e）下钢筋笼；（f）成型

此外，打拔灌注桩也常用振动灌注法，即钢管上端与振动沉桩机刚性连接，下端装有活瓣的桩尖，并在钢管的上部开有加料口，利用振动力将钢管沉入土中。当沉到设计标高后，停止振动，用上料斗将混凝土灌入钢管内，然后再开动沉桩机、卷扬机拔出钢管，边振边拔，从而使桩内的混凝土振实，沉管时必须将桩尖活瓣合拢。如有水泥或泥浆进入管中，则应将管拔出，用砂回填桩孔后，再重新沉入土中，或在钢管中灌入一部分混凝土后再继续沉入。拔管速度在一般土层中为 1.2～1.5m/min，在软弱土层中不得大于 0.8～1.0m/min。在拔管过程中，每拔起 0.5m 左右，应停 5～10s，同时保持振动，如此反复进行，直到将钢管拔离地面为止，如图 3-5 所示。

打拔灌注桩在施工中易发生的质量事故主要有以下几种：

1）隔层。当钢管的管径较小、混凝土骨料粒径较大、和易性较差时，拔管速度过快就容易产生隔层问题。预防的措施是：严格控制混凝土坍落度不小于 5～7cm，骨料粒径不大于 30mm，拔管速度不大于 2m/min（淤泥中不大于 0.8m/min），拔管时应密振慢拔。

2）缩颈。在淤泥或软土中沉管时，由于土受挤压产生空隙水压，拔管后便挤向新灌的混凝土，易造成缩颈。此外，当拔管速度过快、管内混凝土量过多、混凝土出管扩散性差时也会造成缩颈。预防措施是：保持管内混凝土略高于地面，使之有足够的扩散压力；拔管时应严格控制拔管速度。

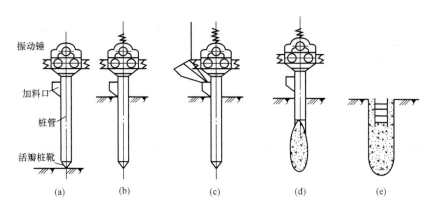

图 3-5 振动灌筑法
(a) 桩机就位；(b) 沉管；(c) 浇混凝土；(d) 拔管振动；(e) 成桩

3）断桩。当桩中心距过近或打邻近桩时，已成的桩受到挤压或因混凝土终凝不久就受振动和外力作用时容易造成断桩。预防措施是：控制桩中心距不小于 4 倍桩径，或采用跳打法，或间隔一段时间后再打邻近桩。

4）吊脚桩。当地下水量多、压力大时，泥沙就容易进入钢管内形成空隙，此时就可能形成吊脚桩。预防措施是：根据地下水量大小，采用水下灌注混凝土或灌第一槽混凝土时，酌量减水。此时，为防止活瓣打不开，可采用密振慢拔的办法，开始拔管时先翻插几下，然后再正常拔管。

2. 钢筋混凝土预制桩施工

钢筋混凝土预制桩有实心桩和空心桩两种。空心桩为管桩，由预制厂用离心法生产而成，桩体强度较高，可达 C30～40 级，外径多为 400～500mm。实心桩大多在现场预制，为方便预制，截面多为 200mm×200mm～550mm×550mm 的正方形；桩长不得大于桩断面边长或外径的 50 倍；为方便运输和施工，单根桩长一般不超过 30m。钢筋混凝土预制桩施工程序如下：

（1）桩的预制。桩的预制场地应平整夯实，有良好的排水设施。桩的钢筋骨架应严格按设计要求进行焊接、绑扎。预制时，应根据打桩的顺序确定桩尖的朝向，尽量减少打桩时桩的调头。预制桩的混凝土应由桩顶向桩尖连续浇筑，严禁中断；预制桩上应标明制作日期和编号，如不埋没吊钩，则应标明绑扎吊点位置；桩的制作质量应表面平整，局部蜂窝和掉角的总面积不得超过该桩表面积的 0.5%，且不得过分集中；因混凝土收缩产生的裂缝深度不得大于 20mm，宽度不得大于 0.25mm，横向裂缝长度不得超过边长的一半；桩顶和桩尖不得出现蜂窝、麻面、裂缝和掉角。

（2）桩的起吊、运输和堆放。预制桩的混凝土强度达到设计强度的 70% 以上方可起吊，达到 100% 才能运输和打桩。起吊时，吊点位置必须严格按设计位置绑扎。预制桩的吊点位置如图 3-6 所示。

运输桩时，一般根据打桩顺序随打随运，避免二次运输。运距近时用卷扬机拖运，运距远时用平板车或铁路运输。堆放时，桩下用垫木架空，垫木间距与吊点位置一致。各层垫木应在同一垂直线上，最下层垫木应适当加宽，堆放层数一般不宜超过四层；不同型号的桩应分别堆放，以免搞错。

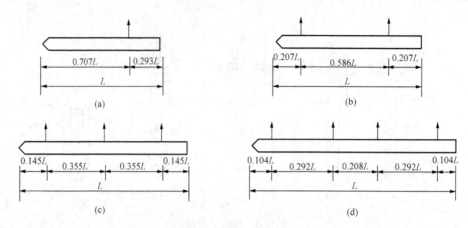

图 3-6　预制桩的吊点位置

(a) 1 个吊点；(b) 2 个吊点；(c) 3 个吊点；(d) 4 个吊点

（3）打桩。打桩就是利用机械设备将预制好的钢筋混凝土桩沉入地层中，常用的施工方法有桩锤打桩、静力压桩和振动沉桩等。

打桩机主要由桩锤、桩架和动力装置三部分组成。选择打桩机时，应根据地基土壤的性质、桩的型号、桩的尺寸、桩的承载能力、工期要求及动力供应条件等因素综合进行选择。

1）桩锤及桩架的选择。桩锤有落锤、单动汽锤、双动汽锤、柴油桩锤和振动桩锤等。

落锤是质量为 0.5～2t 的铸铁块，仅配上电动卷扬机和打桩架即可组成打桩机。这种打桩机构造简单，使用方便，冲击力大，适用于在黏土和砂砾石较多的土中打桩，可根据土质情况调整落距。但单锤机速度慢，效率低。

单动汽锤是利用蒸汽或压缩空气的压力将桩锤提升到要求高度，打开排汽口放掉压汽，落锤自由落下夯击桩顶。单动汽锤落距小，但落锤重量大（3～15t），故冲击力较大，打桩速度快（25～30 次/min），适合打各种桩。

双动汽锤是桩锤固定在桩头上不动，利用蒸汽或压缩空气的压力将桩锤上举和压下，以此冲击桩头完成打桩工作。锤重一般为 1～7t，冲击频率高（每分钟为 200～300 次），冲击力大，效率高，能打各种桩，而且还可用于打斜桩、水下打桩和拔桩。

柴油桩锤分为杆式、筒式和活塞式三种，工作原理是利用柴油燃烧时气体体积突然膨胀产生的压力将汽缸或活塞上抛，然后自由下落，夯击桩帽，使桩下沉。柴油桩锤重为 0.3～7t，桩锤每分钟锤击 40～80 次。柴油桩锤适合在有一定硬度的土层中工作，不适于在过软的土层中打桩。

根据现场施工条件和机具设备选定桩锤类型后，还应进一步选定桩锤重量。桩锤重量过大，会过多地消耗能量，造成浪费；桩锤重量过小，则不易将桩打入。因此，恰当选择桩锤大小是非常重要的。为简单起见，可按锤重与桩重的比来确定锤重，见表 3-1。经验证明，当锤重为桩重的 1.5～2 倍时，效果较好。但桩锤也不能过重，过重易将桩头打坏。

桩架的作用是吊桩就位，起吊桩锤并在打桩过程中引导桩锤和桩的方向，使其不发生偏移。选择桩架时，应考虑桩锤的类型、桩的长度和施工条件等因素。桩架高度由桩长、锤高、桩帽厚度及所用的滑轮组的高度决定。另外，还应留 1～2m 的高度作为桩锤的伸缩余地，落锤还应包括落距的高度。

表 3-1 锤重与桩重的比值

桩的种类	单动汽锤		双动汽锤		柴油桩锤		落 锤	
	硬土	软土	硬土	软土	硬土	软土	硬土	软土
钢筋混凝土桩	1.4	0.4	1.8	0.6	1.5	1.0	1.5	0.35
木 桩	3.0	2.0	2.5	1.5	3.5	2.5	4.0	2.0
钢 板 桩	2.0	0.7	2.5	1.5	2.5	2.0	2.0	1.0

注 桩长一般不大于20m。

2）打桩顺序。打桩顺序直接影响打桩工程的质量和施工进度。在确定打桩顺序时，应结合地基土壤情况、工作面布置、桩的数量和工期要求等，进行综合考虑。

打桩顺序一般分为由一侧向另一侧进行、自两边向中部进行、自中部向四周进行、自中部向两边对称进行等方式，如图3-7所示。

确定打桩顺序时，既要考虑施工方便，又要考虑打桩过程中地基土壤被挤压的情况。当采用由一侧向另一侧逐排打桩时，桩架单向移动，移位迅速，打桩效率高。但这种打桩法易使土体向单方向挤压，地基受挤压不均匀，导致后打的桩入土深度减小，会引起建筑物的不均匀沉陷。当采用自两边向中部打桩

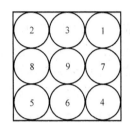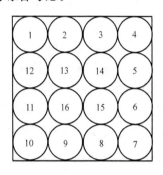

(a)　　　　　　　　　(b)

图3-7 打桩顺序
(a) 先外后里跳打法；(b) 先周边后中间打法

时，中部土壤受挤严重，可用于桩距大于4倍桩径的情况。当采用自中部向两边对称进行和自中部向四周进行两种方法打桩时，土壤由中央向两侧或四周挤压，易于保证施工质量，适用于桩距较小（桩距小于4倍桩径）的情况。

打桩顺序确定后，还应根据桩的堆放、运输和现场布置及桩入土后是否出露于地表等情况进一步决定打桩的方法。

3）打桩施工。打桩过程包括桩机的移动、就位、吊桩、定桩、打桩、截桩和接桩等。

打桩前，应先在桩侧或桩架上设置标尺，以便观测打桩时每次锤击后桩的下沉量。桩机就位时，桩架应平移，导杆中心线应与打桩方向一致，并检查校位是否正确；然后将桩提升就位并缓缓放下插入土中，随即扣好桩帽、桩箍，校正好桩的垂直度。如桩顶不平，应用硬木垫平后再扣桩帽，脱钩后用锤轻压且轻击数锤，使桩沉入土中一定深度达到稳定位置，再次校正桩位及垂直度，然后开始打桩。

打桩有重锤低击和轻锤高击两种方法。轻锤高击时，桩锤回弹较高，消耗掉了一部分能量，桩入土慢，且桩头容易损坏。重锤低击时，桩锤回弹小，桩头不易损坏，大部分能量都用来克服桩身与土的摩擦阻力和桩尖阻力，因此，桩能较快地打入土中，所以应尽量采用重锤低击。

打桩时，应先用小落距轻打，待桩入土1~2m后再全程施打；打桩应连续，桩的入土速度均匀，随时注意桩的贯入度变化，锤击间歇时间不要太长，应注意观察桩锤回跃情况。正常时桩锤回跃小，若桩锤回跃大，说明桩锤太轻，应更换桩锤；打桩时，应防止锤击偏

心，以免打坏桩头或使桩身折断。打桩过程中，应特别注意打桩机的工作情况和稳定性，并经常检查机件是否正常、钢绳有无损伤、桩锤悬挂是否牢固、桩架移动和固定是否安全；打桩是隐蔽工程，应做好打桩记录，它是工程验收时鉴定打桩质量的依据之一。打桩时，如发生桩身断裂、桩头破坏严重、桩位严重偏斜等情况，应将桩拔出重打。

五、截渗处理

位于河道和地下水位较高地区的建筑物或构筑物，其地基常会受到地下水渗透的影响，轻微的渗透影响会使建筑物或构筑物发生变形，严重时将危及建筑物或构筑物的安全。对此，常用的解决方法是截断渗流通道，建立一道防渗墙，以减少地下水的渗透影响。

防渗墙是修建在透水地基中的地下连续墙，也可用于坝基、河堤的防渗加固。根据成墙材料和成墙工法的不同，防渗墙可分为混凝土防渗墙和水泥防渗墙。

1. 混凝土防渗墙

混凝土防渗墙具有结构可靠，防渗效果好的特点，能适应多种不同的地质条件，施工时几乎不受地下水位的影响。混凝土防渗墙的基本形式是槽孔形，它是由一段段槽孔套接而成的地下墙，施工分两期进行，先施工的为一期槽孔，后施工的为二期槽孔，一、二期槽孔套接成墙。防渗墙的施工程序为：造孔前的准备工作、泥浆固壁造孔、终孔验收、清孔换浆、墙混凝土浇筑、全墙质量验收，如图3-8所示。

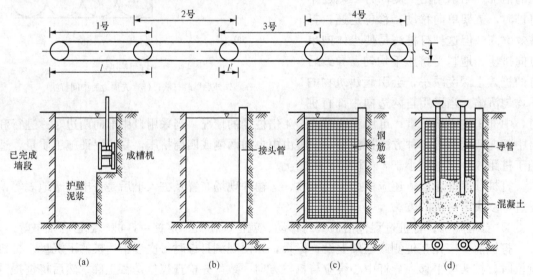

图3-8　混凝土防渗墙
（a）成槽；（b）放入接头管；（c）放入钢筋笼；（d）浇筑混凝土
1、3号——一期槽孔；2、4号——二期槽孔

（1）造孔前的准备工作。造孔前的准备工作有测量放线、确定槽孔长度、设置导向槽。造孔前，应根据设计要求进行测量放样，确定防渗墙轴线。然后根据地质条件和混凝土浇筑能力确定槽孔长度，槽孔长度一般以6～8m为宜。设置导向槽时，可采用混凝土导向槽或预制钢结构导向槽，用以控制造孔方向，维持孔口稳定。导向槽的净宽一般略大于防渗墙的设计宽度，高度以1～2m为宜；为了防止地表水倒流，其顶部高程应高于地面高程。

（2）泥浆固壁造孔。由于土基比较松软，因此为了防止槽孔坍塌，造孔时应向槽孔内灌注泥浆，以维持孔壁稳定。注入槽孔内的泥浆除了固壁作用以外，在造孔过程中，还有悬浮泥土和冷却、润滑钻头的作用，渗入孔壁的泥浆和胶结在孔壁的泥皮还有防渗作用。造孔用的泥浆可用黏土或膨润土与水按一定比例配制。对泥浆的性能指标要求可参考表 3-2 进行控制。

表 3-2　　　　　　　　　　　　　　　泥 浆 的 性 能 指 标

黏度（s）	密度（g/cm³）	含砂量（%）	胶体率（%）	失水量（mL/30min）	稳定性〔g/(cm³·d)〕	pH 值
18～25	1.1～1.2	≤5	≥96	20～30	≤0.03	7～9

按造孔机具的不同，防渗墙槽孔的造孔可采用液压抓斗成槽、拉槽机成槽、射水成槽等。不管采用何种机械造孔，都应严格按照操作规程施工，及时向槽孔内补充泥浆，维持泥浆液面稳定，防止机械事故发生，确保槽孔稳定，并且施工中必须注意泥浆的再生净化和回收利用，以降低工程造价，防止环境污染。

（3）终孔验收和清孔换浆。造孔后，应做好终孔验收和清孔换浆工作。终孔验收项目见表 3-3。

表 3-3　　　　　　　　　　　　　　　终 孔 验 收 项 目

验收项目	验收要求	验收项目	验收要求
孔位允许偏差	±3cm	一、二期槽孔搭接部位中心偏差	≤1/3 设计墙厚
孔 宽	≥设计墙厚	槽孔水平断面上	没有梅花孔、小墙
孔 斜	≤0.4%	槽孔嵌入不透水层深度	满足设计要求

造孔完毕后，孔内泥浆特别是孔底泥浆常含有大量的土石渣，影响混凝土的浇筑质量。因此在浇筑前，必须进行清孔换浆，以清除孔底的沉渣。清孔换浆后，应使孔底淤积厚度不大于 10cm，孔内泥浆密度不大于 1.3g/cm³，含砂量不大于 12%。换浆后 4h 内开始混凝土浇筑，否则应重新进行清孔换浆。

（4）混凝土浇筑。混凝土浇筑常用直升导管法。导管由若干节直径为 20～25cm 的钢管连接而成，沿槽孔轴线布置。由于防渗墙混凝土坍落度一般为 18～22cm，其扩散半径为 1.5～2m，因此相邻导管之间的间距不宜大于 3.5m。一期槽孔两端的导管距孔端一般以 1.5m 为宜，二期槽孔两端的导管距孔端以 0.5～1m 为宜。导管安装时，要求管底与孔底距离为 10～25cm，以便导管中皮球顺利浮出并排出导管内泥浆。浇筑前，应仔细检查导管的形状、接头、焊缝的质量等，过度变形和损坏的导管不能使用，并按预定长度在地面进行分段组装和编号。导管顶部为受料斗，整个导管悬挂在导向槽上，如图 3-9 所示。

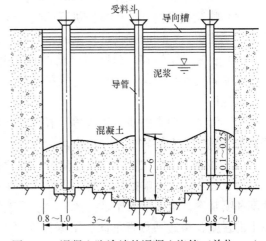

图 3-9　混凝土防渗墙的混凝土浇筑（单位：m）

浇筑前，应在导管内放入一个直径比导管内径略小的导注塞（皮球或木球），通过受料斗向导管内注入适量的水泥砂浆，借水泥砂浆的重力将导注塞压至孔底，并将管内泥浆排出孔外。然后连续向导管内输送混凝土，保证导管底口埋入混凝土中的深度不小于 1m，但不超过 6m，以防泥浆固定住埋管。浇筑时，应遵循先深后浅的顺序，即从最深的导管开始，由深到浅，依次浇筑。待全槽混凝土面浇平后，再全槽均衡上升，混凝土面上升速度不应小于 2m/h，相邻导管处混凝土面高差应控制在 0.5m 以内，连续浇筑，一气呵成。浇筑过程中，应做好混凝土面上升记录，防止堵管、埋管、导管漏浆和泥浆掺混等事故发生。不允许泥浆与混凝土掺混形成泥浆夹层，确保混凝土与不透水地基及一、二期混凝土之间的良好结合。

2. 水泥防渗墙

水泥防渗墙是软土地基的一种截渗方法，它是利用水泥、石灰等材料作为固化剂，通过深层搅拌机械，在地基深处就地将软土和固化剂强制搅拌，固化剂和软土经过一系列物理、化学反应后，软土便硬化成具有整体性、水稳定性和一定强度的良好地基。深层搅拌后的土层除能截断地下水渗流通道外，还可达到加固地基、提高地基承载能力、减少沉降量和提高边坡稳定性的作用。

深层搅拌按施工方法可分为干法和湿法两类。干法是采用干燥状态的粉体材料作为固化剂，如石灰、水泥、矿渣粉等；湿法是采用水泥浆等浆液材料作为固化剂。因湿法施工工艺使用效果较好，故应用较为广泛。

在湿法施工中，深层搅拌机是进行深层搅拌施工的关键机械，目前有中心管喷浆方式和叶片喷浆方式两种。后者是水泥浆从叶片上若干个小孔中喷出，水泥浆与土体混合较均匀，但喷浆管易被土体堵塞，故只能使用纯水泥浆，且机械加工较复杂。中心管喷浆方式中的水泥浆是从两根搅拌轴之间的另一根管子输出，当叶片直径在 1m 以下时也不影响搅拌的均匀性。深层搅拌法施工工艺过程如下：

（1）机械定位。搅拌机移至桩位并对中。

（2）预搅下沉。启动搅拌机电动机，放松起重机钢丝绳，使搅拌机沿导向架搅拌切土下沉。如下沉速度太慢，可从输浆系统补给清水，以利钻进。

（3）注入水泥浆。搅拌机下沉时，将配合好的水泥浆倒入集料斗。

（4）喷浆提升搅拌。当搅拌机下沉到设计深度时，开启灰浆泵，将浆液压入地基中，并且边喷浆边旋转，同时按设计要求的提升速度提升搅拌机。

（5）重复上下搅拌。深层搅拌机提升至设计加固标高时，集料斗中的水泥浆应正好注完。为使软土搅拌均匀，应再次将搅拌机边旋转边沉入土中，至设计加固深度后再将搅拌机提升至地面。

（6）清洗。向集料斗中注入适量清水，开启灰浆泵，清除全部管线中残存的水泥浆，并将黏附在搅拌头上的软土清除干净。

（7）移至下一桩位，重复上述步骤，继续施工。

施工过程中，影响搅拌桩施工质量的因素很多，主要有水泥掺入比、水灰比、喷浆提升速度和喷浆率。水泥掺入比是指掺入的水泥重量与被加固软土的重量之比，掺入比不同，水泥土的强度、渗透系数就不同。根据需要可选用 5%、7%、10%、12%、15%、20% 等比例。工程实践中，水灰比一般为 0.5～0.6。水灰比不宜太小，太小容易堵塞输浆管道。为了改善浆液的流动性，可在浆液中加入一定量的减水剂。水灰比的大小可以通过对浆液比重的测量来控制。同时，为了保证搅拌桩的均匀性，喷浆提升速度最好控制在 0.4～0.8m/min 之间，灰浆泵应均匀输浆，确保沿桩深均匀喷浆。

　　3. 高压喷射注浆

　　高压喷射注浆是利用钻机把带有特制喷嘴的注浆管钻进至土层的预定位置后，用高压泵将水泥浆液通过钻杆下端的喷射装置，以高速喷出，冲击切削土层，使喷流射程内土体破坏，同时钻杆以一定的速度（20r/min）旋转并以一定的速度（15～30cm/min）徐徐提升，使水泥浆与土体充分搅拌混合，胶结硬化后即在地基中形成具有一定强度（0.5～8.0MPa）的固结体，从而使地基得到加固，如图 3-10 所示。

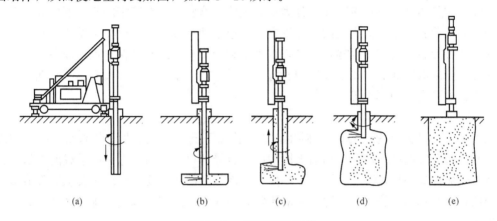

图 3-10　高压喷射注浆
(a) 钻机就位钻孔；(b) 开始喷射；(c)、(d) 边旋喷边提升；(e) 旋喷结束成桩

　　高压喷射注浆的施工机具设备由高压发生装置、特种钻杆、高压管路和注浆钻机四部分组成。因喷射种类不同，使用的机具设备和数量也有所不同，但都包括钻机、高压泵、沉浆泵、空气压缩机、浆液搅拌器、注浆管、喷嘴、操纵控制系统、高压管路系统、材料储存器等设备。根据使用机具设备的不同，高压喷射注浆法可分为单管法、二重管法和三重管法。单管法是用一根单管喷射高压水泥浆液作为喷射流。由于高压浆液喷射流在土中衰减大，破碎土的射程较短，因此成桩直径较小，一般仅为 0.3～0.8m。二重管法是用同轴双通道的二重注浆管，复合喷射高压水泥浆液和压缩空气两种介质，以浆液作为喷射流，在其外围环绕着一团空气流成为复合喷射流，因此，其破坏土体的能量显著加大，成桩直径一般为 1m 左右。三重管法是分别用输送水、气、浆三种介质的同轴三重注浆管，使高压水流和在其外围环绕着的一团空气流组成复合喷射流，冲切土体，形成较大的空隙，再由高压浆液填充空隙。三重管法成桩直径较大，一般为 1～2m，但成桩强度相对较低。

　　加固体的形状与喷射流移动方向有关，有旋转喷射（简称旋喷）、定向喷射（简称定喷）和摆动喷射（简称摆喷）三种注浆形式。加固形状可分为柱状、壁状和块状。作为地基加固，一般采用旋喷注浆形式。

　　旋喷使用的水泥应采用新鲜无结块的 32.5 号或 42.5 号普通硅酸盐水泥。水泥浆液的水灰比应按工程要求确定，一般可取 1.1～1.5，根据需要可加入适量的速凝、悬浮或防冻等外加剂及掺和料。

高压喷射注浆法可用于对已有建筑物地基加固而不扰动附近土体，具有施工噪声低、振动小、施工简便、操作容易、速度快、效率高、成本低等特点，适用于处理淤泥、淤泥质土、黏性土、粉土、湿陷性黄土、砂土、碎石土及人工填土等地基及深基坑侧壁挡土或挡水、基坑底部加固和防止管涌与隆起、坝的加固与防水帷幕等工程；但在地下水流速过大、喷射浆液无法在注浆管周围凝聚的情况下不宜采取。当土中含有较多的大粒径块石、坚硬黏性土、大量植物根茎或含有过多有机质时，应根据现场试验结果确定其适用程度。

第二节　特殊土质的处理

特殊土质是指某些以特殊物质成分为主的土体，这些土体在特定的条件下生成，并在特定条件下会出现有别于其他土基的特殊现象。在地基处理过程中，此类土质若没有得到有效的处理，则可能会给建筑物或构筑物带来较为不利的影响，因此，在工程建设中，当遇到特殊土质时，应采取特殊的方式予以处理。特殊土质包括软土、湿陷性黄土、膨胀性岩土、冻土、红土、盐渍土、回填土等。

一、软土

软土是一种以灰色为主的、天然孔隙比大于或等于 1，且天然含水率大于液限的细粒土，主要分布在中国沿海地区，内陆平原和山区也局部存在。由于它具有承载能力低、抗剪强度低、压缩性高的显著特点，因此极易使软土地基上的建筑物和构筑物发生沉降或破坏。

处理软土地基的方法有很多种，目前比较好的处理办法有桩基法、排水固结法、置换法和搅拌法等几种。

1. 桩基法

桩基法是指在软土地基中打入桩，用桩体来承担软土地基上部的荷载，采用的桩主要有预制混凝土桩、灌注混凝土桩和钢桩。

2. 排水固结法

排水固结法是指软土地基在荷载作用下，将软土中的孔隙水慢慢排出，使软土的孔隙比减小，地基发生固结变形。同时，随着超静水压力的逐渐消散，土体的抗压、抗剪强度也逐步增长，最终达到提高地基承载力的目的。根据排水和加压系统的不同，排水固结法可分为以下几种：

（1）堆载预压法。在建造建筑物之前，通过临时堆积土石等方法对地基加载预压，达到预先完成部分或大部分的地基沉降，并通过地基土的固结，提高地基的承载力，然后撤除荷载，再建造建筑物。

（2）砂井法。在软土地基中，设置一系列的砂井，在砂井上铺设砂垫或砂沟，人为地增加土层固结排水通道，缩短排水距离，从而加速固结。砂井法与堆载预压法联合使用效果更好，可总称为砂井堆载预压法。

（3）真空预压法。与堆载预压法相比，真空预压法就是以真空造成的负压力来代替临时堆积的荷载。真空预压法与堆载预压法可联合使用，称为真空堆载联合预压法。

（4）降低地下水位法。降低地下水位能减小孔隙水压力，促进地基土的固结，增大土体的承载能力。

（5）电渗法。当在土中插入金属电极并通以直流电后，就会在电极周围产生电场，由于电场的作用，土中的水会从阳极流向阴极，这种现象称为电渗。在电渗作用下，将水从阴极排除，又不让水在阳极得到补充，即可逐渐排除土中水，以提高地基土的承载力。

3. 置换法

置换法是以砂、碎石等材料置换软土地基中的部分软土，形成复合地基并达到提高承载力的一种方法，一般常用的方法有开挖置换法和碎石桩法。

开挖置换法是将基础底面下一定深度的软土挖除，然后填充土石料，分层夯实后作为基础持力层。

碎石桩法是利用一种能产生水平方向振动的管状机械设备，在高压水泵下边振边冲，在软土中成孔，再在孔内分批填入碎石等材料，制成一根根桩体，桩体和原来的软土一起构成复合地基来达到提高承载力的目的。

4. 搅拌法

搅拌法是在软土地基中掺入水泥、水泥砂浆及石灰等物，形成加固层，以提高地基承载力，减少沉降量。一般常用的方法有高压喷射注浆法、深层搅拌法和石灰桩法。其中，石灰桩法是在软土地基中用机械成孔，填入生石灰并加以搅拌或压实，形成桩体。它利用生石灰的吸水、膨胀和放热作用及土与石灰的交换反应、凝硬反应等作用，改善桩体周围土体的物理力学性质。石灰桩和周围被改良的土体一起形成复合地基，并大幅提高地基承载力。

二、湿陷性黄土

湿陷性黄土是一种受水浸湿后，在自重压力或附加压力与自重压力作用下产生显著下沉的土质，这种土体以粉粒为主，呈黄色，富含碳酸钙，有肉眼可见到的大孔，垂直节理发育，浸水后会立刻发生湿陷，一般在 3～30min 内的湿陷量即可达到 80%。

湿陷性黄土按其性质可分为两大类，即自重湿陷性黄土和非自重湿陷性黄土。自重湿陷性黄土是指黄土遇水后，在自重作用下产生沉降的土质；非自重湿陷性黄土是指在建筑物的附加荷载作用下才产生沉降的土质。湿陷性黄土是一种特殊的第四纪大陆松散堆积物，在我国西北、华北等地区分布很广，总面积达 60 多万 km^2，按形成年代可分为老黄土、新黄土和新近堆积黄土三类。老黄土一般没有湿陷性，土的承载力较高，主要分布在陕西、甘肃、山西、河南等地；新黄土覆盖在老黄土之上，一般都具有湿陷性；新近堆积黄土土质松软，湿陷性较强，承载力较低。

黄土的湿陷性可用湿陷系数衡量。湿陷系数是室内浸水压缩试验测得的黄土在浸水后而产生的湿陷量与土试样原始高度的比值。当此值小于 0.15 时，为非湿陷性黄土，否则为湿陷性黄土。

由于湿陷性黄土引发的灾害较多，因此，在湿陷性黄土地区设计和施工建筑物时，应采取措施予以处理。处理的方法一般有：①预先浸水并加载，使土体预先完成沉降；②强夯加固地基或用灰土桩挤密地基，减小土体的孔隙率，提高密实度；③合理设计基础结构，加强预防措施，完善地基排水与防水。

三、膨胀性岩土

膨胀岩土是一种区域性的特殊岩土，它含有大量亲水性黏土矿物如蒙脱石和伊利石，具有显著的吸水膨胀和失水收缩特征，且胀缩变形往复可逆，因此，在湿度变化时有较大的体积变化，当其变形受到约束时可产生较大的内应力。这种土主要分布在我国的云南、广西、甘肃、陕西、新疆、内蒙古、吉林等地。

在膨胀性岩土地区进行地基处理时，如果不采取必要的措施，若外界条件的改变引起土中水分的增加或减少，就可能使膨胀性岩土地基产生体积变形，使建筑物的基础遭到破坏、地坪开裂或土体边坡出现塌方、滑坡等现象。因此，为避免此类问题的发生，在膨胀性岩土地区施工时，应根据膨胀性岩土的性质进行正确设计，解决好土体防水保湿问题，保持土中水分的相对稳定。在此基础上，还应完善排水设施，适当加深建筑物基础，并增加基础底面以上土的自重，加大基础侧面摩擦力；必要时，也可以采用换土、桩基等措施加固地基。

四、冻土

冻土是一种由固体土颗粒、冰、液态水和气体四种基本成分组成的非均质、各向异性的多相复合体。由于冻土中有冰的存在，使冻土的工程性质与常规土完全不同，因此它具有相变性、物质迁移性、冻胀性和流变性。

冻土是一种对温度十分敏感的特殊土类。根据冻土存在的时间，冻土可分为多年冻土、季节冻土和瞬时冻土。我国多年冻土广泛分布在青藏高原、西北高山地区和东北的北部地区，季节冻土和瞬时冻土则覆盖大半个中国。冻土强度主要与温度紧密相关，温度越低，抗压强度相对越高。但冻土内水冻结时，若土粒之间没有足够的孔隙供冰晶自由生长，则冻土体积会产生膨胀。当温度上升时，冻土融化却使土体承载力大为降低，压缩性急剧增高。这些现象的存在都会使地基产生融陷，对建筑物的基础承载带来不利影响。因此，在处理冻土时，常采用在土体中插入电极的方法提高土体温度，消除冰块，然后采用其他方法压密土体；也采用喷浆法把水泥浆液喷射到土中，使水泥与土体产生化学变化并释放热量，与土体形成固结体，以提高地基承载力。

五、红土

红土是热带、亚热带地区一种富含铁铝氧化物的红色黏性土，红土一般强度较高、压缩性较低、工程性能较好，许多情况下可以直接作为天然地基。但由于红土具有一些特殊的性质，也会给地基的整体强度和稳定性带来不利影响，这些性质主要有：

（1）液限较高，含水较多，饱和度常大于80%，土体常处于硬塑至可塑状态。

（2）孔隙率变化范围大，土体具有一定的压缩性。

（3）强度变化范围大，土体黏聚力一般为10～60kPa。

（4）膨胀性较强，同时也具有一定的收缩性。

（5）浸水后强度会降低，湿化分解明显。

由此可以看出，红土是一种处于饱和状态、孔隙比较大、以硬塑和可塑状态为主的压缩性黏土，由于这些特性会给建筑物带来一定的不利影响，因此，在红土地质区域内施工时，应根据红土层在深度方向及水平方向物理力学性质的差异，确定地基的承强力和基础的埋置深度。为了确保土体的稳定性，应采取保温、保湿措施，以防止土体收缩。当用红土作为填筑材料时，应对填筑土体进行压实控制并防止表面失水。

六、盐渍土

盐渍土是土层中易溶盐含量大于0.3%的一种土质。当地下水沿土层的毛细管升高至地表或接近地表时，经蒸发作用，水中盐分分离出来并聚集于地表或地表下土层中。从表面来看，土层表面残留着薄薄的白色盐层；从土层剖面来看，土壁上可见到盐的白色结晶，其下为盐化潜水。地面以下1～2m深的潜水，盐渍作用最强。

盐渍土在我国的分布较为广泛，如西北地区的青海、新疆、宁夏等省区和东北地区的吉林省白城地区，由于气候干燥、内陆湖泊较多，因此在盆地到高山区段往往形成盐渍土。在平原地带，由于河床淤积或灌溉等原因也常使土壤盐化并形成盐渍土。另外，在滨海地区，海水频繁侵袭地区也常形成盐渍土。

由于盐渍土中含有大量的氯盐或硫酸盐，在有水的条件下，土粒中的盐分就会使土粒间的距离增大，内聚力和内摩擦力则随之减小，土体的强度也就会明显降低。因此，在潮湿状态时，盐渍土中的含盐量越大，则其强度越低。但当含盐量增加到某一程度后，过多的盐分反而能起到胶结作用，盐分晶体可充填于土体孔隙中，土的内聚力及内摩擦角增大，其强度反而比不含盐的同类土强度高。因此，盐渍土的强度与土的含水量、含盐量密切相关，在处理盐渍土时，应对土的含水量和含盐量密切关注。

七、回填土

回填土是人类活动而形成的土，根据其组成物质和堆填方式的不同，可分为素填土、杂填土和冲填土。

素填土主要是由碎石、砂土、粉土或黏性土等一种或几种材料组成的填土，其中不含杂质或杂质很少，经压实稳定后具有一定的承载能力。

杂填土是由含有大量建筑垃圾、工业废料和生活垃圾等组成的土。建筑垃圾主要为碎砖、瓦砾、木屑等建筑废料，有机质含量较少。工业废料主要是一些生产性废渣、粉末、废油等物质。生活垃圾则是大量居民生活中抛弃的废物，一般含有较多的有机质和未分解的物质。由此可知，杂填土具有较强的不稳定性、可压缩性和多相性。当地基局部出现杂填土时，一般都采用开挖替换的方法处理，或在设计时，提前避免在杂填土区域进行工程建设。

冲填土是由水力冲填泥沙形成的沉积土，是沿海一带常见的填土。特别是在整理和疏通江河航道时，通过泥浆泵将泥沙输送至河岸而形成填土。由于填土埋积中土质很不均匀，分布很不规律，也未经充分压实，故土质较为松散，空洞孔隙较多。因此，冲填土的不均匀性和高压缩性较为明显，并且强度低、稳定性差，施工中，需根据其地质组成成分确定具体的施工方案。

第三节 岩 基 处 理

岩基是以岩石为承载体的地基，它的承载能力一般比土基要高，但岩基中若存在一些比较特殊的地质缺陷如断层破碎带、缀倾角的软弱夹层及岩溶地区较大的空洞和漏水通道等，则其承载力就得不到保障。施工中，这些缺陷处理较为困难，需针对工程具体条件，采取一些特殊的措施予以处理。

一、断层破碎带的处理

由于地质构造原因形成的岩石破碎带可分为断层破碎带和挤压破碎带两种。破碎带经过地质错动和挤压，常夹有泥质充填物。对于宽度较小或闭合的断层破碎带，如果延伸不深，常采用开挖和回填混凝土的方法进行处理，即将一定深度范围内的断层和破碎风化岩层清理干净，直到露出新岩基层，然后再回填混凝土。如果断层破碎带需要处理的深度很大，为了克服深层开挖的困难，可以采用大直径钻头（直径在1m以上）钻孔，钻到需要的深度后再回填混凝土；或开挖一层回填一层，在回填的混凝土中预留竖井或斜井，作为继续下挖的通道，直到达到预定的深度为止。

　　对于贯通水道的断层破碎带或厚覆盖层的河床深槽，可采用支承拱的办法，将上部结构的荷载通过横跨断层和深槽的支承拱传到两岸坚固的岩层中，避免深槽开挖。为了截断渗流通道，可以修筑截水槽或防渗墙，必要时，还可辅以深孔帷幕灌浆。

二、软弱夹层的处理

　　软弱夹层是指岩基层面之间或裂隙面中间强度较低且已经泥化或容易泥化的夹层。软弱夹层受到上部结构荷载作用后，很容易产生沉降变形和滑动变形。软弱夹层的处理方法一般视夹层状态和地基的受力条件确定。

　　对于陡倾角夹层，如果没有和水位相通，处理时主要应解决岩基承载力问题，一般可用开挖和回填混凝土的办法进行处理。如果夹层和水位相通，除了对岩基范围内的夹层进行开挖处理外，还必须在夹层上游水位入口处进行封闭处理，切断进入夹层的水通道。

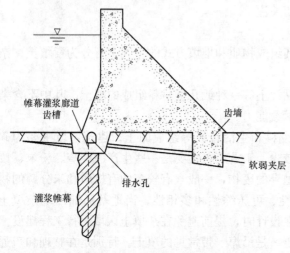

图 3-11　缓倾角夹层

（图中标注：帷幕灌浆廊道 齿槽、排水孔、灌浆帷幕、齿墙、软弱夹层）

　　对于缓倾角夹层（见图 3-11），由于层面的抗剪强度很低，因此，处理的主要目的就是提高地基的抗滑稳定能力。如果夹层不深，开挖工程量不大，应全部挖除；如果夹层埋置深度较大或夹层上带有足够厚度的支承岩体，能够维持岩基的深层抗滑稳定，则可以考虑只挖除坝体上游部位的夹层并进行封闭处理；如果夹层埋置很深，且没有深层滑动的危险，处理的目的主要是加固地基，可采用一般的灌浆方法进行处理。

三、岩溶的处理

　　岩溶是可溶性岩层长期受地表水或地下水的溶蚀和溶滤作用后产生的一种自然现象。由岩溶现象形成的溶槽、漏斗、溶洞、暗河、岩溶湖、岩溶泉等地质缺陷，削弱了岩基的承载能力，形成了漏水的通道。处理岩溶的主要目的是防止渗漏，保证岩基的承载能力。

　　对岩溶的处理一般可采取堵、铺、截、围、导、灌等措施。堵就是堵塞漏水的洞眼；铺就是在漏水的地段做铺盖；截就是修筑截水墙；围就是将间歇泉、落水洞等围住，使之与水源隔开；导就是将岩基中的水导出地基以外；灌就是进行固结灌浆和帷幕灌浆。如图 3-12所示，某工程采用高压旋喷法来堵住岩溶流水通道，以确保岩基的安全。

四、基岩的锚固

　　基岩锚固是用预应力锚索对基岩施加预压应力的一种锚固技术。由于锚固效果可靠，施工方便，经济合理等优点，因此在国内外工程中得到了广泛应用。特别是

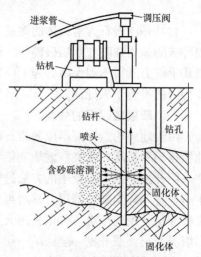

图 3-12　岩溶的处理

（图中标注：进浆管、调压阀、钻机、钻杆、钻孔、喷头、含砂砾溶洞、固化体、固化体）

在水电工程中，利用锚固技术可以在高边坡开挖时锚固边坡，进行坝基、岸坡抗滑稳定加固，进行大型洞室支护加固，对大坝进行加高加固。但锚固方法视工程具体条件的不同而不同。图 3-13 所示为某工程采用预应力锚索加固坝基软弱夹层的方法。

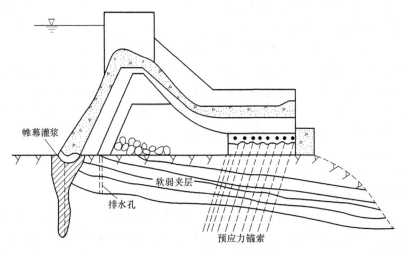

图 3-13 基岩锚固

第四节 地 下 水 的 排 放

地下水即为地面以下的水，它分为上层滞水（结合水）、潜水和层间水（自由水）三种，如图 3-14 所示。

（1）上层滞水是指含在岩石和空隙中的水，不受重力作用的影响，以大气降水和水蒸气凝结作为补源，也可由潜水毛细管作用引升而成悬浮状态存在。

（2）潜水是存在于地面下第一个稳定隔水层（不透水层）顶板以上的自由水，潜水常受到地质条件、气候和环境的影响。雨季时水位升高，冬季时水位

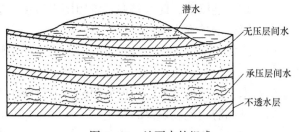

图 3-14 地下水的组成

下降。潜水层上表面至地表的距离称为潜水的埋藏深度，潜水层底至隔水层顶板的距离为含水层厚度。潜水在重力作用下能做水平移动。

（3）层间水是埋藏于两个隔水层之间的地下水。当水充满两个隔水层之间时，含水层会产生静水压力，静水压力由稳定的隔水层承受。层间水没有自由水面，也没有水源补给，其水位受气候影响较小。若打井到此水层时，水会喷出。

在地下水位较高的地区开挖基坑或沟槽时，由于土的含水层被断开，因此，地下水会不断地渗入基坑。在地下水流量较大时，可能还会出现流砂、边坡失稳和地基承载能力下降等现象，因此，为了保证施工的正常进行，必须在基坑或沟槽开挖前时，提前做好地下水的排水工作。

一、流砂及其防治

当基坑或基槽挖土达到地下水位以下时，土质若为细砂或粉砂，坑（槽）底面的土就会形成流动状态，并随地下水涌入基坑，这种现象称为流砂。此时土体完全丧失承载能力，边挖土边冒水，施工条件急剧恶化，难以达到设计深度，严重时会造成边坡塌方及附近建筑物或构筑物下沉、倾斜或倒塌等事故。因此，在施工前必须对工程现场的水文地质进行详细调查研究。若存在较高的地下水位，应采取有效措施，防止流砂产生。

流砂主要是由于动水压力造成的，动水压力是指流动中的地下水对土颗粒产生的压力。当地下水位越高，坑槽内外水位差越大时，动水压力也越大，也就越容易发生流砂现象。实践经验表明，具有下列性质的土在一定的动水压力作用下，就有可能发生流砂现象。

（1）土中黏粒含量小于 10%，粉粒的粒径为 0.005～0.05mm 且含量大于 75%。

（2）土的不均匀系数小于 5。

（3）土的天然孔隙比大于 43%。

（4）土的天然含水量大于 30%。

由此可以看出，流砂现象经常发生在细砂、粉砂及粉质砂土中。实验还表明，在可能发生流砂的土质处，基坑或基槽挖深超过地下水线 0.5m 左右时就会发生流砂现象。

在基坑开挖过程中，防止流砂的途径一般是通过减小或平衡动水压力或通过改变动水压力的方向或是截断地下水流等方式来解决的，具体方法有：

（1）尽可能在枯水期施工，枯水期时的地下水位低，内外水位差小，动水压力也小，此时施工不易产生流砂。

（2）打板桩。将板桩打入基坑或基槽底面一定深度，增加地下水的渗流路程，从而减少水力坡度，降低动水压力，防止流砂现象发生。目前较为常用的有钢板桩、钢筋混凝土板桩、木板桩等。但此法一次性投资较高，在施工中，常结合基础施工来处理。

（3）地下连续墙。此法是在基坑周围先灌注一道混凝土连续墙，以实现承重、挡土和截水并防止流砂现象发生的综合作用。

（4）水泥土墙法。此法是在基坑周围将土和水泥拌和成一道水泥墙来实现减少流砂问题的产生。

（5）人工降低地下水位。可采用轻型井点降水方法，使得地下水向下渗流，改变动水压力方向，从而防止流砂现象的发生。

（6）改善土质。这种方法是向产生流砂的土质中注入水泥浆或硅化注浆。硅化注浆利用以硅酸钠（水玻璃）为主剂的混合溶液或水泥浆，通过注浆管均匀地注入地层，浆液赶走土层间的水分，并与砂土胶结成整体，形成强度较大、阻止性能好的固结体，从而防止流砂现象的产生。

二、明排水法

明排水法又称集水井法，它是采用截、疏、抽的方法进行排水的。在基坑开挖过程中，沿基坑底四周或中央开挖排水沟，并设置一定数量的集水井，使得基坑内的水经排水沟流向集水井，然后用水泵抽走，如图 3-15 所示。

施工时，应根据基坑底涌水量的大小、基础的形状和水泵的抽水能力，决定排水沟的截面尺寸和集水井的个数。排水沟和集水井应离基础边缘 0.4m 以外。当坑（槽）为砂土时，排水沟边缘离坡脚不小于 0.3m，以免影响边坡稳定，排水沟的截面一般为 0.3m×0.3m。

沟底低于挖土工作面的距离不小于0.5m，并向集水井方向保持0.3%的坡度；每隔20～40m设一集水井，其直径或宽度为0.6～0.8m，深度低于挖土面0.7～1.0m，并于底面铺设碎石滤水层。集水井积水到一定深度后，用泵将水抽到坑外。为防止井壁抽水时间较长而将泥沙抽出，使井底土层被搅动而塌方，可用木、砖、水泥管等物对井壁进行简单加固。

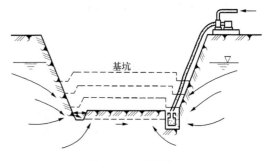

图3-15 明排水法

用明排水法降水时，所采用的水泵主要是离心泵、潜水泵、软轴泵等。泵的主要性能包括流量、扬程和功率。选择水泵时，水泵的流量和扬程应比基坑涌水量和坑底降水深度高一些。明排水法设备简单、排水方便，因此，应用比较广泛，适用于水流较大的粗粒土层排水和降水。

三、轻型井点降水法

轻型井点降水法是沿基坑四周或一侧每隔一定距离埋入井点管（下端为滤管）至蓄水层内，井点管上端通过弯联管与总管连接，利用抽水设备将地下水从井点管内不断抽出，使原有地下水位降至坑底以下的降水方法，如图3-16所示。

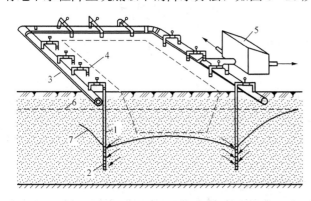

图3-16 轻型井点降水法
1—井点管；2—滤管；3—总管；4—弯联管；5—水泵房；
6—原有地下水位线；7—降低后的地下水位线

轻型井点降水设备主要有井点管、滤管、集水总管和抽水设备等。滤管一般长约1.2m，用螺纹套头与井点管连接。滤管骨架一般是外径为38～57mm的钢管，管上钻有直径为12～18mm的星状排列的小圆孔，管外包扎孔径不同的滤网。网孔过小，则容易堵塞；网孔过大，则容易吸入泥沙，因此常采用每平方厘米30～40眼滤网的丝网包裹。

井点管一般是长为5～7m、直径为38～57mm的无缝钢管。井点管的上端用弯联管与总管连接起来，弯联管需装有阀门，以便检修井点。近年来，有的弯联管采用透明塑料管，可随时观察井点管的工作情况；有的采用橡胶管，可避免两端不均匀沉降而泄漏。

集水总管是内径为100～127mm的无缝钢管，每节长4m，其间用橡皮套管连接，并用钢箍固定，以防漏水。总管上装有与弯联管连接的短接头，每隔0.8～1.6m设一处。

抽水设备主要由真空泵、离心泵和水汽分离器组成。抽水时，先开动真空泵，管路中形成真空后将水吸入水汽分离器，然后开动离心泵将水抽出。

轻型井点的布置应根据基坑大小和深度、土质、地下水位高低与流向、降水要求等情况确定。井点确定是否恰当对降水效果影响很大，一般当基坑或沟槽宽度小于6m、水位降低不大于6m时，可采用单排井点布置在地下水流的上游一侧，其两端的延伸长度应大于坑槽宽度，如图3-17所示。若基坑宽度大于6m或土质不良、渗透系数较大，则宜采用双排井点。当基坑面积较大时，应作环形布置，如图 3 - 18 所示。

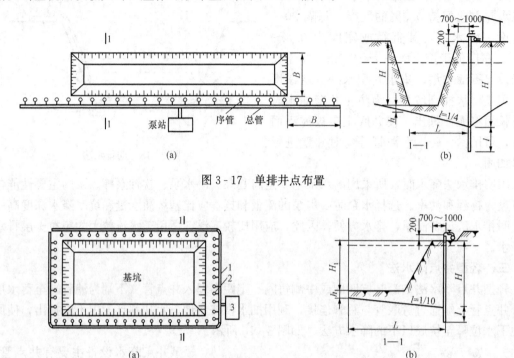

图 3 - 17　单排井点布置

图 3 - 18　环形井点布置

四、管井法

当土的渗透系数大、地下水丰富时，可用排水量大、降水显著的管井法。管井法排水系统主要的设备由滤水井管、吸水管和水泵组成。滤水管常用直径为 200mm 以上的钢管，过滤部分可用钢筋焊接骨架，外缠镀锌铁丝并包裹过滤网，但现在多采用无砂混凝土滤管。吸水管多采用 50～100mm 的胶皮管或钢管，其底部装有止回阀，吸水管插入滤水管，连接泵体后抽水。一般一个管井安装一台水泵，常用潜水泵，也可用离心泵。管井井点一般沿基坑外围每隔 10～50m 设置一口井。井中心距地下构筑物边缘的距离依据所用钻孔机的钻孔方法而定，当采用泥浆护壁套管法时不小于 3m，当采用泥浆钻机成孔时为 0.5～1.0m，钻孔直径比滤管外径大 200mm 以上。下沉管井前，应清洗并保持滤网的通畅，滤水井管放于孔中心，下端用木塞堵塞管口，井壁与孔壁之间用 3～15mm 的砾石作过滤层，地面 0.5m 以下用黏土压实。

五、砂砾渗井

砂砾渗井是一种辅助管井的降水方法。在基坑降水时除按设计布设降水井外，还应视情况在基坑内布设一定数量的渗水井。渗水井施工时，应先钻孔至透水性较好的土层后填砂，将上层水渗入井底，然后用抽水设备将水抽出即可。

第四章　钢筋混凝土工程

钢筋混凝土是钢筋和混凝土的组合结构，由于两者的结合不仅保持了混凝土的优越性，而且大幅提高了结构的承载力，因此，在工程建设中得到了广泛应用。

在钢筋混凝土结构的施工中，其施工过程是经过模板支设、钢筋加工、钢筋绑扎和混凝土浇筑这几个主要步骤来完成的，因此，模板工程、钢筋工程和混凝土工程也就成为钢筋混凝土工程中的重要组成部分。

第一节　模　板　工　程

模板是按混凝土结构和构件设计的位置、形状和尺寸浇筑成型的模型板。模板系统包括模板和支架两部分，它是模扳及其支架的设计、安装、拆除等技术工作的总称，是混凝土结构工程的重要内容之一。

模板在现浇混凝土工程施工中用量很大，模板工程所耗费用占据了混凝土工程30％～35％的费用，因此，正确选择模板的材料、类型和合理组织施工，对于保证工程质量、提高劳动生产率、加快施工速度、降低工程成本等都具有十分重要的意义。

一、模板的类型

模板的类型很多，按照不同的方法划分，会有不同的类型。如按施工方法的不同，模板可分为装拆式模板、活动式模扳、永久性模板等。装拆式模板由预制配件组成，现场组装，拆模后稍加清理和修理即可周转使用，此类模板主要有木模板和组合钢模板及大型的定型模板（如台模和隧道模板）。活动式模板是指按结构的形状制作成工具式的模板，组装后随工程的进展而进行垂直或水平移动，直至工程结束才拆除，如滑升模板、提升模板、移动式模板等。按结构类型的不同，模板可分为基础模板、柱模板、梁模板、楼板模板、墙模板、楼梯模板、壳模板、烟囱模板、桥梁墩台模板等。按材料的不同，模板可分为木模板、钢模板、胶合板模板、钢木（竹）组合模板、塑料模板、玻璃钢模板和型钢板模板等。

1. 组合钢模板

组合钢模板是按预定的几种规格尺寸设计和制作的模板，它具有通用性，拼装灵活，能满足大多数构件几何尺寸的组合要求，使用时仅需根据构件的尺寸选用相应规格尺寸的定型模板加以组合即可。组合钢模板由一定模数的定型钢模板、连接件和支撑件组成。

（1）定型钢模板。定型钢模板主要类型有平面模板、阳角模板、阴角模板和连接角模板，常见规格见表4-1。

平面模板由面板和肋条组成，一般采用Q235钢板制成，面板厚2.3mm或2.5mm，边框×肋骨为55mm×2.8mm的扁钢，边框外有连接孔。平面模板可用于基础、柱、梁、板和墙等各种结构的平面部位。

转角模板的长度和平面模板相同。其中，转角模板用于墙体和各种构件的内角转角部位，阳角模板用于柱、梁及墙体等外角的转角部位；连接角模也用于梁、柱和墙体等外角的转角部位，如图 4-1 所示。

表 4-1　　　　　　　　　　　　　定型钢模板规格

规格	平面模板	阴角模板	阳角模板	连接角模
宽度（mm）	300、250、200、150、100	150×150 50×50	150×150 50×50	50×50
长度（mm）	1500、1200、900、750、600、450			
肋高（mm）	55			

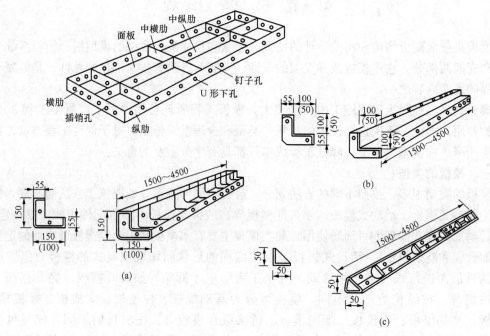

图 4-1　定型钢模板

(a) 阴角模板；(b) 阳角模板；(c) 连接角模

　　(2) 钢模板的连接件。组合钢模板的连接件主要包括 U 形卡、L 形插销、钩头螺栓、紧固螺栓、对拉螺栓和扣件等。相邻模板的连接均采用 U 形卡，U 形卡安装距离一般不大于 300mm，L 形插销插入钢模板端部横肋的孔内，以增强相邻模板接头处的刚度并保证接头处板面平整。钩头螺栓用于钢模板与内外钢楞的连接和紧固，紧固螺栓用于紧固内外钢楞。对拉螺栓用于连接墙壁两侧模板；扣件用于钢模板与钢楞或钢楞之间的紧固，并与其他配件一起将钢模板拼装成整体。扣件可分为蝶形扣件和 3 字形扣件，如图 4-2 所示。

　　(3) 钢模板支撑件。组合钢模板的支撑件包括钢楞、支柱、斜撑、平面组合式桁架等。钢楞是用于增强钢模板整体稳定性和刚度的构件，施工中常用的钢楞主要是钢管和槽钢。当使用槽钢时，扣件采用蝶形扣件；当采用钢管时，扣件采用 3 字形扣件，如图 4-2 所示。

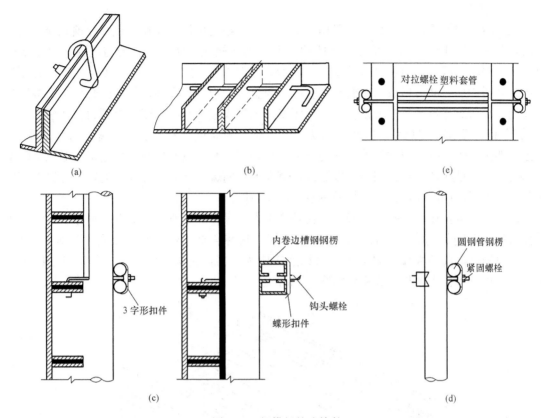

图 4-2　钢模板的连接件

(a) U形卡连接；(b) L形插销连接；(c) 钩头螺栓连接；(d) 紧固螺栓连接；(e) 对拉螺栓连接

支柱、斜撑和平面组合式桁架可组合搭建成钢模板的支撑平台，在这个平台上即可铺设模板。桁架的作用主要包括承载模板和混凝土的重量及施工荷载，并将这些荷载传给竖向支柱，同时还可以减少模板支撑体系的使用构件，增大施工空间等。支柱是承担模板支撑体系竖向荷载的构件，并通过斜撑来保持稳定，将荷载传给地面或其他承载物。

2. 木模板

木模板也是混凝土工程中广泛应用的模板之一，这类模板一般为散装模板，也可加工成基本元件（拼板）在现场拼装。木模板拆除后可周转使用，但周转次数较少。拼板常用一些板条钉拼而成，板条厚度一般为 25～50mm，板条宽度不宜超过 200mm，以保证干缩时缝隙均匀，浇水后易于密缝；但用于梁底模的板条宽度不受限制，尽量采用整块模板，以减少漏浆。拼板的肋骨间距取决于浇筑混凝土的压力和模板所承担的荷载，一般多为400～500mm。

3. 胶合板模板

胶合板模板由胶合板和木楞组成，胶合板与木楞通过钢钉连接和锚固。胶合板一般厚度为12～21mm，板块较大；所用木楞较密，一般采用50mm×100mm×100mm的方木，间距为200～300mm。胶合板按制作材质可分为木胶合板和竹胶合板，竹胶合板的强度、刚度和周转次数均优于木胶合板。胶合板模板具有板幅大、自重轻、板面平整的优点，并且锯截方便，宜加工成各种形状的模板，可进行混凝土的曲面处理。

4. 大模板

大模板一般由面板、加劲肋、竖楞、支撑桁架、稳定机构、操作平台和穿墙螺栓等构件组成,是一种用于现浇钢筋混凝土墙体的大型工具式模板。面板是直接与混凝土接触的部分,可采用胶合板、木板或钢板等制成。加劲肋的作用是固定面板,并把混凝土产生的侧压力传给竖楞。加劲肋可做成水平肋或垂直肋,与金属面板以点焊固定,与胶合板、面板以螺栓固定。竖楞的作用是加强大模板的整体刚度,承受模板传来的混凝土侧压力。竖楞通常用65 号或 80 号槽钢成对放置,间距一般为 1~2m,两槽钢间留有空隙,用来通过穿墙螺栓。支撑桁架是承受水平荷载的构件,并防止大模板倾覆。它通过螺栓与竖楞连接,形成空间支撑结构。支撑结构的稳定性调整可以通过调节大模板两端桁架底部支腿上设置的可调整螺旋千斤顶来进行,同时还可调整模板的垂直度和倾斜度。

桁架上部可搭设操作平台。操作平台是施工人员操作的场所,一般有两种做法:①将脚手板直接铺在桁架的水平弦杆上,外侧设栏杆,其特点是工作面小,投资少,装拆方便;②在两道隔墙之间的大模板边框上用角钢连接成为格栅,再满铺脚手板,其特点是施工安全,但耗钢量大。大模板组成系统如图 4-3 所示。

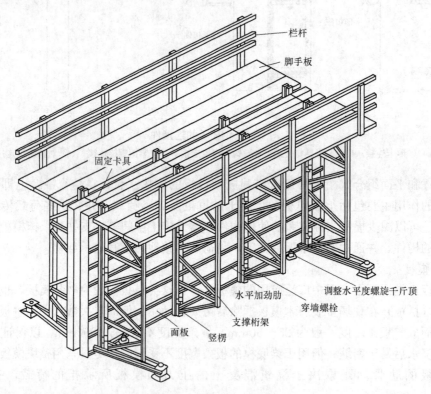

图 4-3　大模板组成系统

5. 滑升模板

滑升模板是一种工具式模板,常用于浇筑高耸构筑物和建筑物的竖向结构,如烟囱、筒仓、高桥墩、电视塔、竖井、沉井、双曲线冷却塔和高层建筑等。滑升模板主要由模板系统、操作平台系统、液压提升系统三部分组成,如图 4-4 所示。模板系统包括模板、围圈和提升架;操作平台系统包括操作平台(平台桁架和铺板)和吊脚手架;液压提升系统包括支撑杆、液压千斤顶、液压控制台和油路系统。

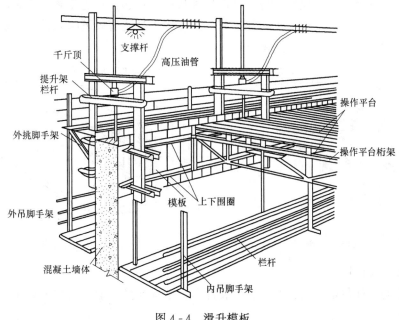

图 4-4　滑升模板

　　使用滑升模板施工时，在构筑物或建筑物的底部，沿结构的周边组装高 1.2m 左右的滑升模板，随着向模板内不断地分层浇筑混凝土，用液压提升设备使模板不断沿着埋在混凝土内的支撑杆向上滑升，直到需要浇筑的高度为止。用滑升模板施工可以大大节约模板和支撑材料，减少支拆模板用工，加快施工进度和保证结构的整体性。但该模板一次性投资多、耗钢量大，对立面造型和结构断面变化有一定的限制，施工时宜连续作业，对施工组织要求较高。

　　6. 台模

　　台模是浇筑钢筋混凝土楼板的一种大型工具式模板。台模自身整体性好，浇出的混凝土表面平整；施工进度快，适用各种现浇混凝土结构的小开间、小进深楼板；在施工中可以利用起重机从浇筑完的楼板下将其吊出，整体脱模和转运，转移至上一楼层继续使用。

　　台模按支撑形式分为支腿式和无支腿式。无支腿式台模悬挂于墙上或固定于柱顶。支腿式台模由面板、檩条、支撑框架等组成，如图 4-5 所示。面板是直接接触混凝土的部件，可采用胶合板、钢板、塑料板等，其表面平整光滑，具有较高的强度和刚度。支撑框架的支腿可伸缩或折叠，底部一般带有轮子，以便移动。单座台模面板的面积可达 60m² 以上。

　　7. 隧道模

　　隧道模是一种将楼板和墙体一次性支模的工具式模板，相当于将台模和大模板组合起来，用于墙体和楼板的同步施工。隧道模有整体式和双拼式两种。整体式隧道模自重大、移动困难，故应用较少；双拼式隧道模在多层建筑中应用较广。

　　双拼式隧道模由两个半隧道模和一道独立模板组成，独立模板的支撑一般自成体系，如图 4-6 所示。在两个半隧道模之间加一道独立模板的作用是：①其宽度可以变化，使隧道模适应于不同的开间；②在不拆除独立模板及支撑的情况下，两个半隧道模可提早拆除，加快周转。半隧道模的竖向墙模板和水平楼板模板间用斜撑连接。在模板的长度方向，沿墙模板底部设行走轮和千斤顶。模板就位后，千斤顶将模板顶起，行走轮离开地面，施工荷载全部由千斤顶承担。脱模时，松动千斤顶，在自重作用下半隧道模下降脱模，行走轮落到楼板上，可移出楼面，吊升至上一楼层继续施工。

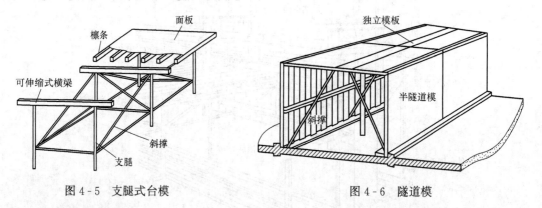

图 4-5　支腿式台模　　　　　　　　　图 4-6　隧道模

二、模板系统设计

模板系统的设计包括选型、选材、荷载计算、结构计算、拟订制作安装和拆除方案及绘制模板图等。

模板及其支架的设计应根据工程结构形式、荷载大小、地基土类别、施工设备和材料供应等条件进行。模板设计除应满足混凝土施工的各项技术要求外，还应优先选用通用大块模板，尽可能使其种类和块数最少，模板强度应能满足承受荷载的要求，支撑应有足够的强度和稳定性。对于连续形式或排架形式设置的模板平台，应配置水平支撑和剪刀撑，以保证其稳定性。

在设计中，模板的荷载除应考虑自身自重外，还应包括浇筑的混凝土重量、施工人员和施工设备荷载及振捣混凝土时产生的动荷载。

当验算模板及其支架的刚度时，其最大变形不得超过下列允许值：

（1）对结构表面外露（不做装修）的模板，最大变形不得超过模板构件计算跨度的 1/400。

（2）对结构表面隐蔽（做装修）的模板，最大变形不得超过模板构件计算跨度的 1/250。

（3）对支架的压缩变形值或弹性挠度，不得超过相应结构计算跨度的 1/1000。

三、模板的安装与拆除

1. 模板的安装

模板经设计和强度验算后，即可进行现场安装。为加快工程进度，提高安装质量和模板周转率，在起重设备允许的条件下，可将模板预拼成扩大的模板或整体后再吊装就位。

（1）基础模板。基础模板一般在现场拼装。拼装时，先依照边线安装下层阶梯模板，然后在下层阶梯模板上安装上层阶梯模板。安装时，要保证上、下层模板不发生相对位移，并在四周用斜撑牢固固定。如有杯口，还要在其中放入杯口模板。钢、木模板的构造如图 4-7 所示。

（2）柱模板。柱子的特点是高度大而横断面较小，因此，柱模板需要解决好模板的垂直

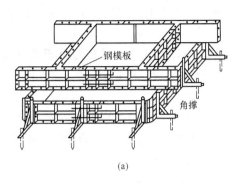

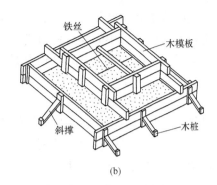

图 4-7　钢、木模板的构造

（a）钢模板；（b）木模板

度、浇筑混凝土时的侧向稳定性及抵抗混凝土侧压力等问题；同时还应考虑方便浇筑混凝土、清除垃圾与钢筋绑扎等问题。柱模板安装的顺序为调整柱模板安装底面的标高、拼板就位、检查并纠偏、安装柱箍和设置支撑。

　　为了抵抗浇筑混凝土时的侧压力并保持柱子断面尺寸不变，必须在柱模板外设柱箍，其间距视混凝土侧压力的大小和模板厚度确定，底部应留有清理孔，便于清理安装模板时掉下的木屑垃圾。当柱身较高时，为方便浇筑和振捣混凝土，通常应沿柱高每 2m 左右设置一个小浇筑孔，以保证混凝土的浇筑质量，如图 4-8 所示。

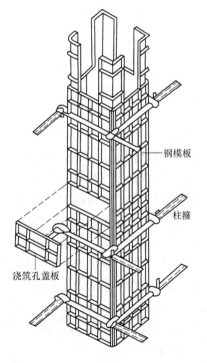

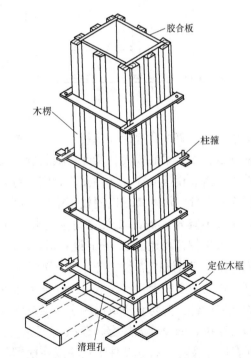

图 4-8　柱模板

　　在安装柱模板过程中，应采用经纬仪校正其垂直度，并在检查其标高位置准确无误后用斜撑固定。当柱高大于 4m 时，一般应四面支撑；当柱高超过 6m 时，不宜单根柱支撑，应将几根柱同时支撑达成整体构架。对于通排柱模板，应先安装两端柱模板，校正固定后再在柱模板上拉通长线校正中间各柱的模板。

（3）梁模板。梁的特点是跨度较大而宽度相对较小，因此，梁模板既要承受竖向压力，又要承受混凝土的水平侧压力，这就要求梁模板及其支撑系统具有足够的强度、刚度和稳定性，不产生超过规范允许的变形。

梁模板由三片模板组成，采用组合钢模板时，底模板与两侧模板可用连接角模板连接，梁侧模板顶部可用阴角模板与楼板模板相接。内侧模板之间可根据需要设置对拉螺栓，底模板常用门型脚手架或钢管脚手架作支架，如图 4-9 所示。

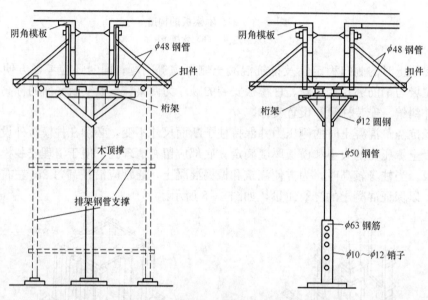

图 4-9　梁模板

梁模板应在复核梁底标高、校正轴线位置无误后进行安装。梁模板安装的顺序一般为搭设模板支架、安装梁底模板、梁底模板起拱、安装侧模板、检查校正、安装梁口夹具。安装模板前需先搭设模板支柱，支柱安装时应先将其下面的土夯实或铺设底板，保证底部有足够的支撑面积，并安放木楔，以便校正梁底标高。支柱间距应符合模板设计要求，当设计无要求时，一般不宜大于 2m；支柱之间应设水平拉杆、剪刀撑，使之相互连接成一整体，以保持稳定。水平拉杆离地面 500mm 设一道，500mm 以上每隔 2m 设一道。当梁底距地面高度大于 6m 时，宜搭设排架支撑或满堂钢管模板支撑架。对于上、下层楼板模板的支柱，应安装在同一竖向中心线上，或采取措施保证上层支柱的荷载能传递至下层的支撑结构上，以防止压裂下层构件。为防止浇筑混凝土后梁跨中模下垂，当梁的跨度大于 4m 时，应使梁底中部略为起拱，如设计无规定，起拱高度宜为全跨度的 1/3000～1/1000。起拱时，可用千斤顶顶高跨中支柱，打紧支柱下楔块或在横楞与底模板之间加垫块。

梁模板安装完毕后，应检查径口平直度、梁模板位置及尺寸，再吊入钢筋骨架，或在梁板模板上绑扎好钢筋骨架后落入梁模板内。当梁较高或跨度较大时，可先安装一面侧模，待钢筋绑扎完后再安装另一面侧模进行支撑，最后安装好梁口夹具。

对于圈梁，由于其断面小且长，因此一般除洞口及某些个别地方架空外，其他部位均设在墙上。圈梁模板主要由侧模和固定侧模的夹具组成，底模仅在架空部分使用。如果架空跨度较大，也可用支柱支撑底模。

（4）楼板模板。楼板模板的特点是面积大而厚度薄，因此，楼板模板及其支撑系统主要是承担混凝土的竖向荷载和其他施工荷载，保证模板不变形、不下垂。

楼板模板安装的顺序为复核板底标高、搭设模板支架、铺设模板。楼板模板采用钢模板时，由平面模板拼装而成，其周边用阳角模板与梁或墙模板相连接。楼板模板的支撑体系一般为空间体系，主要由平面支撑和竖向支撑组成。平面支撑可用钢楞及支架支撑，或者采用平面组合式桁架支撑，以扩大板下施工空间。竖向支撑由支柱和斜撑组成，支柱底部应设通长垫板并用木楔找平。挑檐模板必须撑牢拉紧，防止向外倾覆，确保施工安全。

（5）墙模板。墙体的特点是高而薄，一般由两片模板组成，用对拉螺栓保持它们之间的间距，模板背面用横、竖钢楞加固，并设置足够的斜撑来保持其稳定，如图4-10所示。墙模板的每片模板可由若干平面钢模板拼成，可横拼也可竖拼，按配板图由一端向另一端拼装；如墙面过高，也可分层组装。

墙模板安装的顺序为模板基础底面处理、弹出中心线和两边线、模板安装、校正、加撑头或对拉螺栓、固定斜撑。安装时，首先沿边线做好安装墙模板的基础底面处理，弹出中心线和两边线，然后开始按照边线安装。墙的钢筋可以在模板安装前绑扎完毕，也可以在安装好一侧的模板后绑扎钢筋，然后再竖立另一侧模板。模板安装完毕后用线锤吊直，并拉线找平后固定支撑。为了保持墙体的厚度，墙板内应加撑头或对拉螺栓。对拉螺栓孔需在钢模板上划线钻孔，板孔位置必须准确平直，不得错位。

墙模板主要承受混凝土的侧压力，因此必须加强墙体模板的刚度，保证其垂直度和稳定性，以确保模板不变形和发生位移。

（6）楼梯模板。楼梯模板由梯段底模、外帮侧模和踏步模板组成，如图4-11所示。

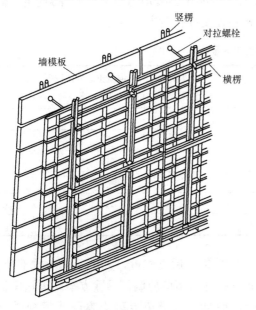

图4-10　墙模板

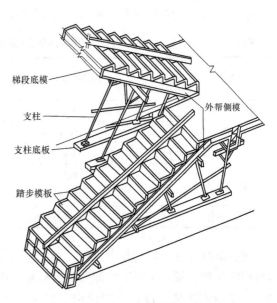

图4-11　楼梯模板

楼梯模板的安装顺序为安装平台梁及基础模板、楼梯斜梁或梯段底模板、楼梯外帮侧模、踏步模板。楼梯模板施工前应根据设计放样，外帮侧模应先弹出楼梯底板厚度线，并画出踏步模板位置线，踏步高度要均匀一致。要特别注意，在确定每层楼梯的最下一步及最上一步高度时，必须考虑楼地面面层的厚度，防止因面层厚度不同而造成踏步高度的不协调。在外帮侧模和踏步模板安装完毕后，应钉好踏步模板的挡木。

2. 模板安装的技术措施

施工前，应认真熟悉设计图纸、有关技术资料和构造大样图，进行模板设计，编制施工方案，做好技术交底，确保施工质量。

在完成模板设计之后，应根据模板设计图和施工方案做好测量放线，准确地确定模板构件的标高、中心轴线和预埋件等位置。然后，应根据不同模板的受力特点和结构要求，合理确定模板的安装顺序，以保证模板的强度、刚度及稳定性。一般情况下，模板应自下而上安装，在安装过程中，应设临时支撑使模板安全就位，待校正后方可固定。模板的支柱必须坐落在坚实的基土和底板上。安装上层模板及其支架时，下层楼板应具有承担上层荷载的承载能力，否则应加设支架。上、下层模板的支柱，应在同一条竖向中心线上。

模板的安装应与钢筋绑扎、各种管线铺设密切配合，避免与其他工序之间的矛盾。对预埋管线和预埋件，应先在模板的相应部位划出位置线，做好标记，然后将它们按设计位置进行装配，并加以固定。

模板在安装全过程中应随时进行检查，严格控制垂直度、中心线、标高及各部分尺寸。模板接缝必须紧密。浇筑混凝土时，要注意观察模板受荷后的情况，如发现位移、鼓胀、下沉、漏浆、支撑颤动、地基下陷等现象，应及时采取有效措施加以处理。

3. 模板的拆除

模板的拆除是混凝土达到规定强度后进行的工作，与混凝土质量及施工安全有着十分密切的关系。拆除现浇混凝土结构的模板及其支架时，混凝土强度应符合表4-2的规定，侧模应在混凝土强度能保证其表面及棱角不因拆除模板而受损伤时方可拆除。

表4-2　　　　　　　　　　拆除模板的混凝土强度要求

构件类型	构件跨度（m）	达到设计的混凝土立方体抗压强度标准值的百分率（%）
板	≤2	≥50
	>2，≤8	≥75
	>8	≥100
梁、拱、壳	≤8	≥75
	>8	≥100
悬臂构件	—	≥100

模板拆除应按一定的顺序进行，一般应遵循先支后拆、后支先拆，先拆除非承重部位、后拆除承重部位及自上而下的原则。重要复杂模板的拆除，事前应制订拆除方案。拆除模板时，不要用力过猛、过急，严禁用大锤和撬棍硬砸硬撬，以避免混凝土表面或模板受到损坏。

第二节　钢　筋　工　程

在钢筋混凝土结构中，钢筋的施工质量对结构的承载力起着至关重要的作用，同时，由于钢筋工程属于隐蔽工程，当混凝土浇筑后，无法检查钢筋的质量，因此，从钢筋原材料的进场验收到一系列的钢筋加工，直至最后的绑扎安装，都必须进行严格的质量控制，以确保钢筋混凝土结构的质量。

一、钢筋

1. 钢筋的种类

钢筋的种类很多，钢筋混凝土结构工程中常用的钢筋据其外形和使用的级别可分为光圆钢筋和螺纹钢筋（月牙形、螺旋形、人字形钢筋等）。光圆钢筋又分为盘圆钢筋（直径不大于 10mm）和直条钢筋（直径在 12mm 及以上），直条钢筋长度一般为 6～12m，也可根据需方要求尺寸供应。螺纹钢筋一般都为二级以上钢筋，供应形式为直条型。钢筋的主要力学性能指标见表 4-3。

表 4-3　　　　　　　　　　　钢筋的主要力学性能指标

钢筋级别	公称直径 d（mm）	屈服点 σ_s（MPa）	抗拉强度 σ_b（MPa）	伸长率 δ_s（%）
		不小于		
Ⅰ	8～20	235	370	25
Ⅱ	6～25 28～50	335	490	16
Ⅲ	6～25 28～50	400	570	14
Ⅳ	6～25 28～50	500	630	12

2. 钢筋进场的验收

钢筋进场时，应有产品合格证、出厂检验报告，并应按品种、批号和直径分批验收。验收内容包括钢筋标牌和外观检查，并应按有关规定抽取试件进行钢筋性能检验。

（1）外观检查。钢筋外观应进行全数检查。检查内容包括外形尺寸是否符合规定，钢筋有无损伤，表面是否有裂纹、油污及锈蚀等。钢筋表面不应有影响钢筋强度和锚固性能的锈蚀或污染。钢筋的外观不得有结疤和折痕，表面凸块不得超过横肋的最大高度，也不得有深度超过 0.2mm 的凹坑，弯折过的钢筋不得敲直后作受力钢筋。

（2）钢筋性能检验。钢筋性能检验可分为力学性能检验和化学成分检验。

当一次进场的数量大于该产品的出厂检验批量时，应划分为若干个出厂批量进行抽检。当一次进场的数量小于或等于该产品的出厂批量时，应作为一个检验批量，然后按出厂检验的抽样方案检查。对连续进场的同批钢筋，如有可靠依据，可按一次进场的钢筋处理。

做力学性能检验时，应从每批钢筋中任选两根，每根截取两个试件分别进行拉伸试验和冷弯试验，如有一项检验结果不符合规定，则应从同一批钢筋中另取双倍数量的试件重做各项检验；如果仍有一个试件不合格，则该批钢筋为不合格产品，应不验收或降级使用。当发现钢筋脆断、焊接性能不良或力学性能不正常等现象时，对钢筋应进行化学成分检验。

二、钢筋下料

构件中的钢筋，需根据设计图纸准确下料（即切断），再加工成各种形状。为此，必须了解各种构件的混凝土保护层厚度及钢筋弯曲、搭接、弯钩等有关规定，采用正确的计算方法计算出实际下料长度。

钢筋下料长度可按下列公式计算，即

钢筋下料长度＝钢筋外包尺寸之和－弯曲量度差＋弯钩增加长度

箍筋下料长度＝箍筋周长＋箍筋调整值

钢筋外包尺寸＝构件外形尺寸－保护层厚度

（1）弯曲量度差。当钢筋弯曲成各种角度的圆弧形状时，其轴线尺寸不变，但内皮收缩、外皮延伸，而钢筋的量度方法是沿直线量取其外包尺寸，因此弯曲钢筋的量度尺寸大于轴线尺寸，两者之间的差值称为弯曲量度差。

当钢筋弯曲 90°时，弯心直径 $D=2.5d$，d 为钢筋直径，量度差为 $1.75d$。

当钢筋弯曲 45°时，量度差为 $0.49d$。

当钢筋弯曲角为 A 时，量度差可按表 4-4 查取。

表 4-4　　　　　　　　　　　　钢筋弯曲量度差

钢筋弯曲角度	30°	45°	60°	90°	135°
钢筋弯曲量度差值	$0.35d$	$0.5d$	$0.85d$	$2d$	$2.5d$

（2）弯钩增加长度。钢筋弯钩的形式有半圆弯钩（180°）、直弯钩（90°）及斜弯钩（135°）。当弯心直径 D 设定为 $2.5d$，平直部分为 $3d$ 时，不同弯钩增加的长度可参考图 4-12 进行计算。

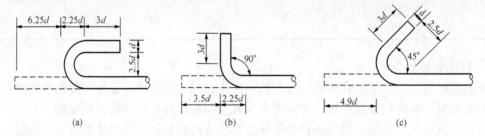

图 4-12　钢筋弯钩的尺寸计算

（a）半圆弯钩；（b）直弯钩；（c）斜弯钩

在生产实践中，对弯钩增加长度常采用经验数据，见表 4-5。

表 4-5　　　　　　　　　　　半圆弯钩增加长度取值表

钢筋直径 d（mm）	≤6	8～10	12～18	20～28	32～36
弯钩增加长度	40	$6d$	$5.5d$	$5d$	$4.5d$

（3）保护层厚度。受力钢筋的混凝土保护层厚度，应符合设计要求；当设计无具体要求时，不应小于受力钢筋直径，并应符合表 4-6 的规定。

表 4-6　　　　　　　　　　　受力钢筋的混凝土保护层厚度

环境与条件	构件名称	混凝土强度等级		
		≤C20	C25～C45	≥C50
室内正常环境	板、墙、壳	20	15	15
	梁	30	25	25
	柱	30	30	30
露天或室内潮湿环境	板、墙、壳	—	20	20
	梁	—	30	30
	柱	—	30	30
有垫层	基础	40		
无垫层		70		

三、钢筋加工

钢筋加工的基本作业有除锈、调直、切断、弯曲成型和连接。

1. 钢筋除锈

钢筋由于保管不善或存放过久，会在其表面结成一层铁锈，铁锈会影响钢筋和混凝土的黏结力，并影响到构件的使用效果，因此，在使用前应将铁锈清除干净。钢筋的除锈可在钢筋的冷拉调直过程中同步完成（直径在 12mm 以下的钢筋），也可用电动除锈机除锈，还可采用手工除锈（用钢丝刷、砂盘）、喷砂和酸洗除锈等方法除锈。

2. 钢筋调直

钢筋调直可采用人工调直、机械调直和冷拉调直三种方法。

人工调直是对直径在 12mm 以下的钢筋通过小锤敲振或磨盘拉直进行的。机械调直是采用钢筋调直机来完成钢筋调直任务的。冷拉调直是采用卷扬机直接拉伸，在拉伸过程中使钢筋变形并同时使锈皮脱落。

3. 钢筋切断

钢筋切断常采用手动液压切断器和钢筋切断机。手动液压切断器可切断直径为 16mm 以下的钢筋，该机具体积小、重量轻，便于携带。钢筋切断机能切断直径在 40mm 以内的各种钢筋，但重量较大，使用前需要预先安置固定，不便经常移动。

4. 钢筋弯曲成型

钢筋的弯曲成型一般采用钢筋弯曲机、四头弯筋机（主要用于弯制箍筋）。在缺乏机具设备的情况下，也可以采用手工弯制钢筋，用卡盘与扳头弯制常用的钢筋。对形状复杂的钢筋，在弯曲前应根据钢筋料牌上标明的尺寸划出各弯折点。

5. 钢筋连接

在钢筋混凝土结构中，钢筋将根据其所在位置和所用目的的不同，具有各种不同的形状和长度。对于一般的梁板柱，直接由生产厂供应的钢筋基本都可以满足其长度要求；但当工程中需要钢筋的长度较长时，就需要对钢筋进行连接。目前，在工程中，钢筋连接的方法主要是焊接连接和绑扎连接。

（1）钢筋的焊接连接。焊接连接是利用焊接技术将钢筋连接起来的连接方法，普遍采用的连接方法有闪光对焊、电阻电焊、电弧焊、电渣压力焊和埋弧压力焊等。其中，电弧焊应用非常广泛，它是利用弧焊机在焊条与焊件之间产生高温电弧，使焊条和电弧燃烧范围内的焊件熔化，待其凝固后便形成焊缝或接头，常用于钢筋的搭接、钢筋骨架的焊接、钢筋与钢板的焊接、装配式钢筋混凝土结构接头的焊接及各种钢结构的焊接等。当用于钢筋接长时，其接头形式有帮条焊、搭接焊和坡口焊，如图 4-13 所示。

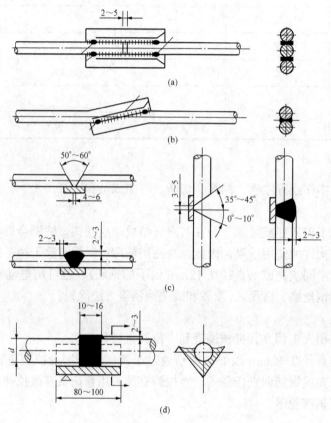

图 4-13 钢筋接头形式

（a）帮条焊；（b）搭接焊；（c）坡口焊；（d）熔槽帮条焊

帮条焊适用于直径为 10～40mm 的钢筋，帮条长度可参考表 4-7 确定。

表 4-7 钢筋帮条长度

项次	钢筋级别	焊缝形式	帮条长度
1	HPB235 级	单面焊	≥8d
		双面焊	≥4d
2	HRB235 级、HRB400 级	单面焊	≥10d
		双面焊	≥5d

搭接焊适用于直径为 10～40mm 的钢筋。搭接接头的钢筋需预弯，以保证让两根钢筋

的轴线在一条直线上，如图 4-13（b）所示。焊接时最好采用双向焊，当钢材为 HPB235 级，钢筋搭接长度为 $4d$（钢筋直径）。当为 HRB335、HRB400 级钢筋时，搭接长度为 $5d$。若采用单面焊，则搭接长度均须加倍。

（2）钢筋的绑扎连接。钢筋的绑扎连接是用规格为 20～22 号的镀锌铁丝将两根钢筋搭接绑扎在一起，其工艺简单、工效高，不需要连接设备，但需要有较长的搭接长度，因而增加了钢材用量，且接头的受力性能不如焊接连接。为此规范规定，轴心受拉及小偏心受拉杆件的纵向受力钢筋不得采用绑扎搭接接头，直径大于 28mm 的受拉钢筋和直径大于 32mm 的受压钢筋，也不宜采用绑扎搭接接头。同时规定钢筋绑扎接头宜设置在结构受力较小处，在接头的搭接长度范围内，应至少绑扎 3 点以上，绑扎连接的质量除应符合规范要求外，钢筋的搭接长度不得小于表 4-8 中规定的长度。

表 4-8　　　　　　　　　　　　　钢筋的搭接长度

项次	钢筋类型	混凝土强度等级		
		C20	C25	≥C30
1	HPB235 级钢筋	$30d$	$25d$	$20d$
2	HRB335 级钢筋	$40d$	$35d$	$30d$
3	HRB400 级钢筋	$45d$	$40d$	$35d$
4	消除应力钢丝	250mm	—	—

对于基础、板和墙的钢筋网，四周两行钢筋的交叉点应每点扎牢，中间部分的交叉点可间隔交错扎牢，但必须保证钢筋不移动。双向受力的钢筋网，其交叉点应全部扎牢。柱中钢筋绑扎时，箍筋的接头（弯钩结合处）应交错布置在四角纵向钢筋上。箍筋的转角与纵向钢筋的交叉点均应扎牢，箍筋的平直部分与纵筋的交叉点可间隔交错绑扎。梁中箍筋的接头应交错布置在上部两根纵向钢筋上。

为了控制混凝土保护层的厚度，常采用预制水泥砂浆垫块垫在钢筋与模板之间。垫块的厚度即为保护层厚度，也可采用钢筋扎头固定在钢筋与模板之间，垫块或钢筋扎头一般布置成梅花状，间距不超过 1m。当梁中有双排钢筋时，两排钢筋之间应支垫直径大于 25mm 的短钢筋，以保持其间距。对于基础和板的双层钢筋网，应设置钢筋撑脚，以保持上层钢筋的位置；撑脚间距一般小于 1m。尤其是对于雨篷、阳台等悬臂板，更需严格控制上部弯矩钢筋的位置，以免拆除模板后悬臂板断裂。墙中采用双层钢筋网时，也应设置撑铁，以保持两层钢筋的间距，撑铁可用直径为 6～10mm 的钢筋制作。

钢筋的绑扎应与模板安装相配合。柱与墙内钢筋的绑扎应在模板安装前进行。梁的钢筋一般在梁底模板上绑扎。当梁的高度较小时，也可在梁模板的顶部架空绑扎钢筋，然后再落位。板的钢筋绑扎在模板安装完毕后即可进行。

四、钢筋绑扎的质量要求

钢筋安装时，受力钢筋的品种、级别、规格和数量必须符合设计要求，且应进行全数检查，检查方法主要是通过观察法和用钢尺进行测量的方法进行。钢筋安装位置的偏差应符合表 4-9 的规定。

表 4 - 9　　　　　　　　　　钢筋绑扎的质量要求

项　目			允许偏差（mm）	检验方法
绑扎钢筋网	长、宽		±10	钢尺检查
	网眼尺寸		±20	钢尺量连续三挡，取最大值
绑扎钢筋骨架	长		±10	钢尺检查
	宽、高		±5	钢尺检查
受力钢筋	间距		±10	钢尺量两端、中间各一点，取最大值
	排距		±5	
	保护层厚度	基础	±10	钢尺检查
		柱、梁	±5	钢尺检查
		板、墙、壳	+3	钢尺检查
绑扎箍筋、横向钢筋间距			±20	钢尺量连续三挡，取最大值
钢筋弯起点位置			20	钢尺检查
预埋件	中心线位置		5	钢尺检查
	水平高差		±3.0	钢尺和塞尺检查

注　1. 检查预埋件中心线位置时，应沿纵、横两个方向量测，并取其中的较大值。

　　2. 表中梁类、板类构件七部纵向受力钢筋保护层厚度的合格率应达到 90% 及以上，且不得有超过表中数值 1.5 倍的尺寸偏差。

第三节　混 凝 土 工 程

混凝土工程包括配料、搅拌、运输、浇捣、养护等过程。混凝土最后形成后，不仅要在外形方面符合要求，而且在混凝土的生产与形成过程中，其强度、和易性、抗渗性、抗冻性、密实性、均匀性和整体性等性能也必须符合要求。为了使混凝土达到这些要求，就必须从混凝土的配置和制作开始，认真加以控制，并在混凝土的运输、浇筑和养护过程中进行严格的控制和管理。

一、混凝土的配置

由于混凝土的强度等级与混凝土的配比直接相关，而配置中各种材料的温度、湿度和体积又具有时变性，因此，对混凝土质量的控制首先就要从混凝土的配置开始进行严格管理。

　1. 对原材料的要求

组成混凝土的原材料包括水泥、砂、石、水、掺和料、外加剂及其他辅助材料。

（1）水泥。常用的水泥有硅酸盐水泥、矿渣水泥、火山灰水泥、粉煤灰水泥等品种。水泥的品种不同，其凝结时间、早期强度、水化热、吸水性和抗侵蚀的性能也不相同，所以应根据工程需要合理选择水泥品种。

水泥进场时应对其品种、级别、包装和出厂日期等进行检查，并应对其强度、安定性及其他必要的性能指标进行复验，其质量必须符合现行国家标准的规定。当水泥出厂时间超过一个月时，应进行复验，并按复验结果使用。

入库的水泥应按批种、强度等级、出厂日期分别堆放，并设立标志，防止掺混使用。为了防止水泥受潮，现场仓库应尽量密闭。袋装水泥存放时，应用他物支离地面 30cm 以上，离墙间距也应大于 30cm，堆放高度一般不要超过 10 包。露天临时暂存的水泥，必须用防雨篷布盖严，底板要垫高，并采取防潮措施。

同时，为保证混凝土的耐久性及和易性的要求，混凝土的最大水灰比和最小水泥用量应符合表 4 - 10 的规定。

表 4 - 10　　　　　　　　　　　　混凝土的最大水灰比和最小水泥用量

混凝土所处的环境条件	最大水灰比		最小水泥用量（kg/m³）			
			普通混凝土		轻骨料混凝土	
	配筋	无筋	配筋	无筋	配筋	无筋
室内正常环境	0.65	不作规定	225	200	250	225
室内潮湿环境；非严寒和非寒冷地区的露天环境、与无侵蚀性的水或土壤直接接触的环境	0.60	0.70	250	225	275	250
严寒和寒冷地区的露天环境、与无侵蚀性的水或土壤直接接触的环境	0.55	0.55	275	250	300	275
使用除冰盐的环境；严寒和寒冷地区冬季水位变动的环境；滨海室外环境	0.50	0.50	300	275	325	300

（2）细骨料。混凝土中所用细骨料一般为砂，根据其平均粒径或细度模数可分为粗砂、中砂、细砂和特细砂四种。混凝土用砂多以模数为 2.5～3.5 的中粗砂最为合适，因为砂越细，其总表面积就越大，需包裹砂粒的水泥浆用量也就越大，这不仅增加了水泥用量，而且也增加了混凝土的孔隙率，还将影响混凝土的强度和耐久性。

为了保证混凝土有良好的技术性能，砂的颗粒级配、含泥量、坚固性、有害物质含量等必须满足国家有关标准的规定。

（3）粗骨料。混凝土中常用的粗骨料有碎石或卵石。由天然岩石经破碎、筛分而得的粒径大于 5mm 的岩石颗粒称为碎石，卵石则主要是在自然条件作用下形成的粒径大于 5mm 的岩石块。

石子的级配和最大粒径对混凝土质量有较大影响，级配越好，其孔隙率越小。级配好不仅能节约水泥，而且混凝土的和易性、密实性和强度也容易得到保证，所以碎石或卵石的颗粒级配必须符合规范规定的要求。同时，由于受到结构断面、钢筋间距及施工条件的限制，混凝土中选择碎石的最大粒径不得超过结构构件截面最小尺寸的 1/4，且不得超过钢筋最小间距的 3/4；对于实心板，最大粒径不宜超过板厚的 1/3 且不得超过 40mm；在任何情况下，石子粒径不得大于 150mm。

（4）水。拌制混凝土应采用饮用水，不得采用被污染的水质。一般情况下，应采用常温水，即使是在冬季施工时，加热水的温度也需进行控制，一般不得超过 60℃。当采用其他水质时，水质应符合国家现行规范的规定。

（5）矿物掺和料。矿物掺和料在混凝土中可以替代部分水泥，起到改善混凝土性能的作用，某些矿物掺和料还能起到抑制碱和骨料反应的作用。常用的掺和料有粉煤灰、磨细矿渣、沸石粉、硅粉及复合矿物掺和料等，但这些掺和料的使用数量和性能应通过试验确定。

（6）外加剂。为了改善混凝土的性能，目前很多工程项目在混凝土中广泛使用了掺外加剂的办法，以适应新结构、新技术发展的需要。外加剂的种类繁多，从其所产生的作用上可分为四类：①改善混凝土流变性能的外加剂，如减水剂、引气剂和泵送剂等；②调节混凝土凝结、硬化时间的外加剂，如早强剂、速凝剂、缓凝剂等；③改善混凝土耐久性能的外加剂，如引气剂、防冻剂和阻锈剂等；④改善混凝土其他性能的外加剂，如膨胀剂。

减水剂是一种表面活性材料，加入混凝土中后能对水泥颗粒起扩散作用，能把水泥凝胶体中所含的游离水释放出来。混凝土中掺入减水剂后，可保证混凝土在工作性能不变的情况下减少拌和用水量，降低水灰比，提高混凝土强度并节约水泥，也能增加混凝土的流动性，改善其和易性。减水剂适用于各种现浇混凝土，但多用于大体积混凝土和泵送混凝土工程中。

引气剂能在混凝土搅拌过程中产生大量封闭的微小气泡，增加水泥浆体积，减小与砂石之间的摩擦力并切断与外界相通的毛细孔道，因而可改善混凝土的和易性，并能显著提高其抗渗性、抗冻性和抗化学侵蚀能力。但混凝土的强度一般会随着含气量的增加而下降，因此使用时应严格控制引气剂的掺量。在混凝土工程中，引气剂多用于水工结构工程，而不适用于蒸养混凝土和预应力混凝土工程。

泵送剂是为了提高混凝土的流动性而增加的掺和料，它能使混凝土在 60～180min 内保持其流动性，从而使拌和物顺利地通过泵送管道而不阻塞、不离析且黏塑性良好。泵送剂适用于各种泵送混凝土。

早强剂是为了加速混凝土的硬化过程，提高其早期强度，因而可加速模板周转、加快工程进度。早强剂主要用于常温、低温但不低于−5℃的环境中有早强或防冻要求的混凝土工程。

速凝剂能使混凝土或砂浆迅速凝结硬化，它可使水泥在 2～5min 内初凝，10min 内终凝并提高其早期强度。同时，混凝土的抗渗性、抗冻性和黏结力也有所提高，但 7 天以后的强度要比不掺速凝剂的混凝土低。速凝剂常被用于喷射混凝土或砂浆、堵漏抢险等工程。

缓凝剂能延缓混凝土的凝结时间，使其在较长时间内保持良好的和易性，延长水化热放热时间，并对混凝土后期强度的发展无明显影响。在工程中，缓凝剂多与减水剂复合应用，可减少混凝土收缩，提高其密实性，改善耐久性。缓凝剂广泛应用于大体积混凝土、炎热气候条件下施工的混凝土及需较长时间停放或长距离运输的混凝土。

防冻剂能降低混凝土的冰点，使混凝土在一定负温度范围内保持水分不冻结，并促使混凝土凝结硬化，在一定时间内获得预期的强度。防冻剂适用于负温条件下的混凝土施工。

阻锈剂能抑制或减轻混凝土钢筋或其他预埋金属的锈蚀，适用于以氯离子为主的腐蚀性环境中，如位于海洋或盐碱地的钢筋混凝土结构，或使用环境中易遭受腐蚀性气体或盐类作用的结构。此外，施工中若掺有氯盐等可腐蚀性钢筋的防冻剂，往往同时也掺入阻锈剂。

膨胀剂能使混凝土在硬化过程中产生一定程度的体积膨胀，其作用主要是补偿或收缩混凝土，如地下或水中的构筑物、大体积混凝土、屋面浴厕间的防水渗漏修补等，也可用膨胀混凝土填充结构后浇缝、梁柱接头等处的结构，还可用于设备底座灌浆、构件补强和加固等。

选择外加剂的品种时，应根据使用外加剂的目的，通过经济技术比较确定。外加剂的掺量应按其品种并根据使用要求、施工条件、混凝土材料等因素，通过试验确定，掺量一般以水泥重量的百分率表示，其误差不应超过 2%。

（7）其他辅助材料。随着混凝土材料的广泛使用，混凝土自身存在的抗裂、抗拉、抗冲击性能较低的缺陷日益受到关注，在某些工程中，由于对这些缺陷具有较高的要求，因此，为了有效解决混凝土中存在的这些问题，除在混凝土中采取增加若干外加剂的方法外，还会针对工程的要求增加一些其他的材料，如钢纤维、碳纤维、玻璃纤维等，以弥补混凝土在此方面的不足。

钢纤维是当今世界各国普遍采用的混凝土增强材料，它具有抗裂、抗冲击性能强、耐磨强度高、与水泥亲和性好、可增加构件强度、延长使用寿命等优点。在普通钢筋混凝土结构中掺入钢纤维，不仅可以提高抗拉、抗剪和抗弯强度，而且在使用性能如断裂韧性、极限应变、裂后承载和耐磨、抗折、抗冲击、抗疲劳等方面都有显著改善，且在同等强度下可减小混凝土厚度。与同样结构的混凝土用量相比，可节约混凝土用量 40%～50%，大大降低了工程造价。此外，由于早期强度高，可缩短施工周期约 25%，因此特别适用于要求快速连续浇筑混凝土的较大工程，如道路、港口、飞机场、桥梁、隧道等。钢纤维的缺点是价格贵、密度大，不易于分散，不便在常规的水泥增强制品中使用。

碳纤维是自 20 世纪 60 年代以来随航天工业等尖端技术对复合材料的苛刻要求发展起来的新材料，它具有强度高、密度小、耐疲劳、耐腐蚀和热膨胀系数低等优点。碳纤维的特性：①重量轻、厚度薄（一般为 0.1～0.2mm），单位体积重量约为钢的 1/100；②强度高，抗拉强度约为钢材的 10 倍，密度仅为钢的 1/40；③具有较强的耐久性及耐腐蚀性，能耐酸、碱、盐及大气环境的腐蚀；④施工方便，碳纤维质地柔软，易加工，施工效率高；⑤施工质量易保证，与混凝土有效接触面积达 80% 以上；⑥适用范围广，适用于各种工业与民用建筑的梁、板、柱及桥梁、隧道、烟囱等建筑物和构筑物。碳纤维混凝土具有良好的塑性，而且具有导电性，可用于抗静电地面和电磁屏蔽室；但碳纤维价格偏高，生产成本比较大。

高强度玻璃纤维具有高抗拉强度和碱溶性，具有很高的抗变形能力，还具有优良的物理、化学稳定性和高低温稳定性，能确保产品长期使用。迄今为止，世界上仅有美、法、日、俄、加及我国六个国家能生产高强度玻璃纤维。同时，由于高强度玻璃纤维性价比比较优越，因此发展前景非常好。

2. 混凝土配合比

混凝土的配合比是在实验室内根据完全干烘的砂、石材料确定的，而施工中使用的砂石都含有一些水分，而且含水率随气候的改变发生变化。所以，在现场拌制混凝土前应测定砂石的实际含水率，并根据测试结果将设计配合比换算为施工配合比。

若混凝土的设计配合比为水泥∶砂∶石∶水 $=1∶S∶G∶W$，砂的含水率为 W_s，石的含水率为 W_g，则换算后的施工配合比为 $1∶S(1+W_s)∶G(1+W_g)∶(W-SW_s-GW_g)$

【例 4-1】 已知混凝土设计配合比为 439∶566∶1202∶193，砂子的含水率为 3%，石子的含水率为 1%，则施工配合比为

水泥 $=439$kg，砂子 $=566×(1+3\%)=583$kg，石子 $=1202×(1+1\%)=1214$kg
$$水=193-566×3\%-1202×1\%=164kg$$

因此，施工配合比为 439∶583∶1214∶164。

在工程实际中，也常采用体积比的形式进行混凝土配料，其设计配合比换算为施工配合比时，需要考虑材料的比重。但对于一般性的非承载混凝土工程结构，也可参照有关经验参

数进行混凝土配合比的确定。

二、混凝土的搅拌

1. 搅拌机的选择

混凝土搅拌机按其搅拌原理可分为自落式搅拌机和强制式搅拌机两类。自落式搅拌机主要是利用材料的重力原理进行工作，适用于搅拌塑性混凝土和低流动性混凝土。强制式搅拌机主要是利用剪切机理进行混凝土的搅拌，适用于搅拌干硬性混凝土和轻骨料混凝土。

混凝土搅拌机一般以出料容积确定其规格，常用的有 250、350、500 等机型。选择搅拌机的型号时，可根据工程量大小、混凝土的坍落度要求和骨料尺寸等因素确定，既要满足技术上的要求，又要考虑经济效益和节约能源。

2. 混凝土的搅拌

为了获得均匀优质的混凝土拌和物，除了选择搅拌机的型号外，还必须正确地确定搅拌制度，包括搅拌机的转速、搅拌时间、装料容积及投料顺序等。

（1）搅拌时间。从原材料全部投入搅拌筒内起至混凝土拌和物卸出所经历的全部时间称为搅拌时间。若搅拌时间过短，混凝土拌和不均匀，其强度将降低；但若搅拌时间过长，不仅降低了生产效率，而且会使混凝土的和易性降低或产生分层离析现象。搅拌时间的确定与搅拌机型号、骨料的粒径及混凝土的和易性等有关。混凝土搅拌的最短时间可参考表 4 - 11 确定。

表 4 - 11   混凝土搅拌的最短时间

混凝土坍落度（mm）	搅拌机类型	搅拌机出料容积（L）		
		＜250	250～500	＞500
≤30	强制式	60	90	120
	自落式	90	120	150
＞30	强制式	60	60	90
	自落式	90	90	120

（2）投料顺序。在确定混凝土各种原材料的投料顺序时，应考虑如何保证混凝土的搅拌质量，减少混凝土的黏罐现象和机械磨损，降低能耗并有利于提高生产效率。

投料的方法有一次投料法和二次投料法。一次投料法是将砂、石、水泥依次投入料斗后，再进入搅拌筒内加水进行搅拌的方法。这种方法工艺简单、操作方便。例如，采用自落式搅拌机的投料顺序是先倒石子，再加水泥，最后加砂。材料由料斗进入搅拌筒内的顺序则与之相反。这种投料顺序的优点是水泥位于砂石之间，进入搅拌筒可减少水泥飞扬；同时，砂和水泥先进入搅拌筒形成砂浆，可缩短包裹石子的时间，提高搅拌质量。

二次投料法又可分为预拌水泥砂浆法和预拌水泥净浆法。预拌水泥砂浆法是先将水泥、砂和水投入搅拌筒搅拌 1～1.5min 后，再加入石子搅拌 1～1.5min。预拌水泥净浆法是先将水和水泥投入搅拌筒搅拌 1～1.5min 后，再加入砂石搅拌到规定时间。由于预拌水泥砂浆或水泥净浆对水泥有一种活化作用，因此搅拌质量明显比一次投料法好。

三、混凝土运输

混凝土自搅拌机卸出后，应及时运至浇筑地点。为了保证混凝土工程的质量，要求在混凝土运输过程中保持混凝土具有良好的均匀性，不分层、不离析、不漏浆，保证混凝土浇筑时具有规定的坍落度，并保证混凝土初凝前有充分的时间进行浇筑并捣实完毕。在转送混凝土时，应使混凝土直接对正倒入装料运输工具的中心，以免骨料分离。

混凝土的运输一般可通过地面水平运输和垂直运输方式来解决。

地面水平运输常用的工具有双轮手推车、机动翻斗车、混凝土搅拌运输车和自卸汽车。当混凝土运输距离较远时，多采用混凝土搅拌运输车运输。

混凝土的垂直运输多采用塔式起重机、井架运送机或混凝土输送泵等。混凝土输送泵是一种机械化程度较高的混凝土运输和浇筑设备，它以泵为动力，将混凝土沿管道输送到浇筑地点，可一次完成地面水平、垂直和高空运输。混凝土输送泵具有输送能力大、效率高、作业连续、节省人力等优点，目前已广泛应用于建筑、桥梁、地下等工程中。该套设备包括混凝土泵、输送管和布料装置。采用泵送的混凝土必须具有良好的和易性。为减小混凝土与输送管内壁的摩擦阻力，对粗骨料最大粒径与输送管径之比的要求是：当泵送高度在 50m 以内时，碎石为 1∶3，卵石为 1∶2.5；当泵送高度在 50～100m 时，碎石为 1∶4，卵石为 1∶3；当泵送高度在 100m 以上时，碎石为 1∶5，卵石为 1∶4。砂宜采用中砂，含砂量宜为 35%～45%。同时，为避免混凝土产生离析现象，水泥用量不宜太少，且应掺入掺和料（通常为粉煤灰），水泥和掺和料的总量不宜小于 300kg/m³，混凝土坍落度宜为 10～18cm。为提高混凝土的流动性，混凝土内宜掺入适量外加剂，主要有泵送剂、减水剂和引气剂等。

在泵送混凝土施工中，应使混凝土连续供应、输送和浇筑的速度协调一致，以防止输送管道阻塞。输送管道的布置应尽量直，转弯宜少且缓，管道的接头应严密。在泵送混凝土前，应先用适量的，且与混凝土成分相同的水泥砂浆湿润输送管内壁；泵的受料斗内应经常有足够的混凝土，防止吸入空气引起阻塞。预计泵送的间歇时间超过初凝时间或混凝土出现离析现象时，应立即用压力水冲洗管内残留的混凝土。混凝土从搅拌机中切出后到浇筑完毕的延续时间（即滞留时间）不宜超过表 4-12 规定的时间。

表 4-12　　　　　　　　　　　　　　　**混凝土滞留时间**　　　　　　　　　　　　min

气温	采用搅拌运输车		其他运输设备	
	≤C30	>C30	≤C30	>C30
≤25℃	120	90	90	75
>25℃	90	60	60	45

四、混凝土浇筑

1. 混凝土浇筑前的准备工作

混凝土浇筑前应检查模板的位置、标高、尺寸、强度、刚度等各方面是否满足要求，模板接缝是否严密；检查钢筋及预埋件的品种、规格、数量、摆放位置、保护层厚度等是否满足要求，并做好隐蔽工程质量验收记录。模板内的杂物应清理干净，木模板应浇水湿润，但不允许留有积水。

2. 混凝土浇筑的一般性技术要求

混凝土拌和物运至浇筑地点后，应立即浇筑入模。浇筑竖向结构（如墙、柱）的混凝土之前，底部应先浇入 50～100mm 厚的、与混凝土成分相同的水泥砂浆，以避免构件底部因砂浆含量较少而出现蜂窝、麻面、露石等质量缺陷。在浇筑过程中，为防止混凝土浇筑时产生分层离析现象，混凝土的自由倾落高度一般不应超过 2m；在竖向结构（如墙、柱）中，混凝土的倾落高度不得超过 3m，否则应采用串筒、斜溜、溜管或振动溜管等下料。混凝土应在初凝前浇筑完毕，如已有初凝现象，则应进行一次强力搅拌，使其恢复流动性后方可浇筑。

在浇筑过程中，为了保证混凝土的密实性，混凝土必须分层浇筑、分层捣实，其浇筑层厚度应符合表 4-13 及有关规范的规定。

表 4-13 混凝土浇筑层厚度 mm

捣实混凝土的方法		浇筑层厚度
插入式振捣		振捣器作用部分长度的 1.25 倍
表面振动		200
人工捣固	在基础、无筋混凝土或配筋稀疏的结构中	250
	在梁、墙板、柱结构中	200
	在配筋密列的结构中	150
轻骨料混凝土	插入式振捣	300
	表面振动（振动时需加荷）	200

为保证混凝土的整体性，浇筑工作应连续进行。如必须间歇，间歇时间应尽可能缩短，并应在前层混凝土初凝之前，将次层混凝土浇筑完毕。混凝土运输、浇筑及间歇的全部时间不应超过混凝土的初凝时间（见表 4-14），若超过初凝时间，则必须留置施工缝。

表 4-14 混凝土的初凝时间 min

混凝土强度等级	气温	
	≤25℃	>25℃
≤C30	210	180
>C30	180	150

3. 混凝土施工缝的留设

由于技术或施工组织上的原因，若不能连续将混凝土结构整体浇筑完成，且浇筑间歇时间超过了混凝土的初凝时间，则应在适当部位预留设施工缝。施工缝是指继续浇筑的混凝土与已经凝结胶化的先浇混凝土之间的新旧接合面，它是结构的薄弱部位，因此，在施工中，施工缝的留设必须科学合理，且要根据混凝土的受力性能确定。一般情况下，施工缝设置在结构受剪力较小且便于施工的部位，但对于不同的构件，施工缝的设置位置会不同。

（1）柱子的施工缝一般留设在基础的顶面、梁、牛腿或无梁楼板柱帽的下面，如图 4-14 所示。

（2）与板连成整体的大截面梁，施工缝一般留设在板底面以下 20~30mm 处；当板下有梁托时，留设在梁托下部，如图 4-15 所示。

（3）单向板的施工缝可留设在平行于板的短边的任何位置，如图 4-16 所示。

（4）有主次梁的楼板，应顺着次梁方向浇注，施工缝应留设在次梁跨度中间 1/3 范围内。若沿主梁方向浇筑，施工缝应留设在主梁跨度中间的 2/4 与板跨度中间的 2/4 相重合的范围内，如图 4-17 所示。

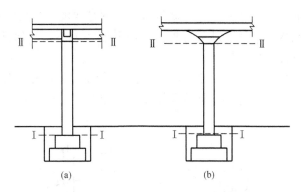

图 4-14 柱施工缝的设置位置

(a) 梁板式结构；(b) 无梁楼盖结构

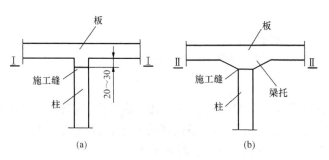

图 4-15 梁施工缝的留设位置

(a) 无梁托；(b) 有梁托

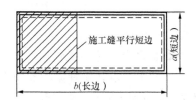

图 4-16 单向板施工缝的留设位置

（5）墙体的施工缝留设在洞口过梁跨中的 1/3 范围内，也可留置在纵横墙交接处。

（6）双向受力的板、大体积混凝土结构、拱、穹拱、薄壳、蓄水池、斗仓、多层钢架及其他结构复杂的工程，施工缝应按设计要求留设。

在施工缝处继续浇筑混凝土时，需待已浇筑的混凝土抗压强度达到 1.2N/mm² 后才能进行，而且必须对施工缝进行必要的处理，以增强新旧混凝土的连接，尽量降低施工缝对结构整体性带来的不利影响。常用的处理方法是：应在已硬化的混凝土表面清除水泥薄膜、松动石子及软弱混凝土层，再将混凝土表面凿毛，

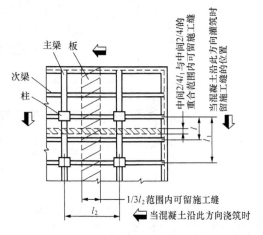

图 4-17 主次梁施工缝的留设位置

并用水冲洗干净、充分湿润，但不得留有积水。然后在施工缝处抹一层 10～15mm 厚、与混凝土成分相同的水泥砂浆，从施工缝处继续浇筑混凝土时，需仔细浇捣密实，使新旧混凝土接合紧密。

五、混凝土振捣

混凝土入模板后，由于骨料间的摩擦力和水泥浆的黏滞力，使其不能自行填充密实且有

一定体积的空洞和气泡，不能达到设计和规范所要求的密实度，从而影响了混凝土的强度和耐久性。因此，混凝土入模板后必须进行振捣，使其密实成型，以保证混凝土构件的外形、强度和其他性能符合设计及使用要求。

目前混凝土振捣多采用机械振动成型的方法。常用的混凝土振动机械按其工作方式可分为内部振动器、表面振动器、外部振动器和振动台，如图 4 - 18 所示。

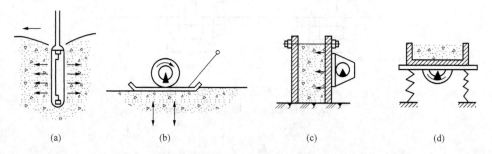

(a)　　　　　　(b)　　　　　　(c)　　　　　　(d)

图 4 - 18　混凝土振捣器
（a）内部振动器；（b）表面振动器；（c）外部振动器；（d）振动台

1. 内部振动器

内部振动器又称插入式振动器，常用的有电动软轴内部振动器和直联式内部振动器，如图 4 - 19 所示。电动软轴振动器由电动机、软轴、振动体、增速器等组成，其振捣效果好，构造简单，维修方便，使用寿命长，是施工中应用最广泛的一种振动器。

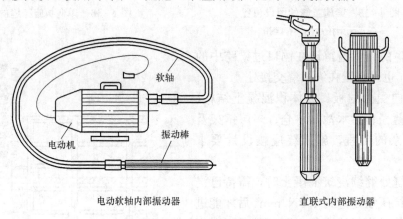

电动软轴内部振动器　　　　　　　　　直联式内部振动器

图 4 - 19　内部振动器

插入式振动器常用于振捣基础、柱、梁及墙及大体积结构混凝土，使用时应垂直插入，并插入到下层尚未初凝的混凝土中 50～100mm。为使上、下层混凝土紧密结合，操作时应快插慢拔。如果插入速度慢，会先将表面混凝土振实，与下部混凝土发生分层离析现象。如果拔出速度过快，则由于混凝土来不及填补而可能在振动器周围形成空洞。振动器的插点要均匀排列，排列方式有行列式和交错式两种，如图 4 - 20 所示。插点间距不应大于 $1.5R$（R 为振动器的作用半径），振动器与模板的距离不应大于 $0.5R$，且振动中应避免碰动钢筋、模板、吊环及预埋件。每一插点的振动时间为 20～30s，用高频振动器也不应小于 10s。振动时间过短不宜振实，过长会使混凝土分层离析。若混凝土表面已停止排出气泡，拌和物不再下沉并在表面出现浮浆，则表明已被充分振实。

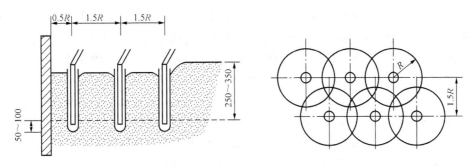

图 4-20　混凝土振捣排列方式

2. 外部振动器

外部振动器又称附着式振动器，它适用于振实钢筋较密、厚度在 300mm 以下的柱、梁、板、墙及不宜使用插入式振动器的结构。附着式振动器可通过模板将振动间接地传递给混凝土，其侧向影响深度约为 250mm，振动时间以混凝土表面呈水平状，且不再出现气泡时为止。

3. 表面振动器

表面振动器又称平板式振动器，它将振动器固定在一块底板上，适用于振动平面面积较大、表面平整而厚度较小的构件，如楼板、地面、路面和薄壳等混凝土构件。

使用平板振动器时，应将混凝土浇筑区划分成若干排，依次安排，平拉慢移，移动间距应使平板覆盖已振完的混凝土的边缘 30～50mm，以防漏振，最好振动两遍，且方向相互垂直。第一遍主要是使混凝土密实，第二遍是使其表面平整。振捣倾斜面时，应从低处逐渐向高处移动，以保证混凝土振实。平板振动器在每一位置上的振动时间为 20～40s，直至混凝土停止下沉、表面平整并均匀出现浆液为止。平板振动器的有效作用深度对于无筋及单层配筋板约为 200mm，在双层配筋的混凝土中约为 120mm。

六、混凝土养护

混凝土的凝结硬化主要是水泥水化作用的结果，而水化作用需要适当的湿度和温度，因此当浇筑混凝土时，如在气候炎热、空气干燥而湿度过小的环境中，混凝土中的水分就会蒸发过快而出现脱水现象，使已形成凝胶体的水泥颗粒不能充分水化，不能转化为稳定的结晶，缺乏足够的黏结力，从而会在混凝土表面出现片状或粉状剥落，影响混凝土的强度。同时，水分过早蒸发还会使混凝土产生较大的收缩变形，出现干缩裂缝，影响混凝土的整体性和耐久性。若温度过低，混凝土强度增长缓慢，则会影响混凝土结构和构件尽快投入使用。而混凝土养护就是为混凝土硬化提供必要的湿度和温度条件，以保证其在规定的龄期内达到设计要求的强度，并防止产生收缩裂缝。

目前，混凝土养护的方法有自然养护、蒸汽养护、热拌混凝土热模养护、太阳能养护、远红外线养护等。在混凝土养护中，自然养护成本低，养护简单，因而应用也最广；但其养护时间长、模板周转率低、占用场地大。

混凝土的自然养护是指在自然气温条件下的养护，按照养护方法，自然养护可分为覆盖浇水养护和塑料薄膜养护两种方法。覆盖浇水养护是用吸水保湿能力较强的材料如草帘、麻袋、锯末等，将混凝土裸露的表面覆盖并经常洒水使其保持湿润。塑料薄膜养护是用塑料薄膜将混凝土表面严密地覆盖起来，使之与空气隔绝，可防止混凝土内部水分的蒸发，从而达到养护目的。这种养护方法用于不易洒水养护的高耸构筑物、大面积混凝土结构及缺水地区。对于一些地下结构或基础，可在其表面涂刷沥青乳液或用湿土回填，以代替洒水养护。对于表面积大的构件如地坪、楼板、屋面、路面等，也可用湿土、湿砂覆盖，或沿构件周边用黏土等封住，在构件中间蓄水进行养护。混凝土的自然养护应在浇筑完毕后的 12h 以内对混凝土加以覆盖并保湿养护。浇水养护的时间对采用硅酸盐水泥或矿渣水泥拌制的混凝土不得少于 7 天，对于掺用了缓凝剂或有抗渗要求的混凝土不得少于 14 天。浇水次数应能保持混凝土处于润湿状态。当日平均气温低于 5℃时，不得浇水。混凝土养护用水应与拌制用水相同。在混凝土强度达到 1.2MPa 以前，不得在上面踩踏或工作。

　　蒸汽养护是将混凝土构件放在充满饱和蒸汽或蒸汽与空气混合的养护室内，在较高的温度和湿度的环境下进行养护，以加速混凝土的硬化，使其在短时间内达到规定的强度。蒸汽养护的过程分为静停、升温、恒温、降温四个阶段。在升温和降温阶段，升温和降温速度不宜过快，以免构件表面和内部产生过大温差而出现裂缝。

七、混凝土缺陷的技术处理

　　浇筑的混凝土构件在达到规定强度并拆除模板后，会由于施工中的各种原因出现不同类型的缺陷。若拆除模板后发现缺陷，应分析其原因，并采取相应的措施进行处理。

　　当存在数量较少的蜂窝、麻面时，一般多是由模板接缝处漏浆、模板表面未清理干净、钢模板未涂隔离剂、木模板湿润不够或浇捣不密实造成的，因此，处理此类问题的方法主要是先用钢丝刷或压力水清洗蜂窝、麻面的表面，再用 1∶2～1∶2.5 的水泥砂浆填满抹平即可。

　　当出现蜂窝或露筋时，一般多是由混凝土配合比不准确、浆少石多、混凝土搅拌不均匀、和易性较差、产生分层离析、配筋过密或石子粒径过大等原因造成的，这些原因使砂浆不能充满钢筋周围，浇捣不够密实。处理此类问题的方法是先去掉薄弱的混凝土和突出的骨料颗粒，然后用钢丝刷或压力水清洗表面，再用比原混凝土强度高一级的细石混凝土填满，仔细捣实并加强养护。

　　当出现大蜂窝和孔洞时，一般多是由混凝土产生离析后石子成堆或混凝土漏振造成的。处理此类问题的方法是在彻底剔除松软的混凝土和夹杂的骨料颗粒后，用压力水清洗干净并保持湿润状态 72h，然后用水泥砂浆或水泥浆涂抹结合面，再用比原混凝土强度高一级的细石混凝土浇筑、振捣密实并加强养护。

　　当出现裂缝时，构件产生裂缝的原因比较多，如养护不好，表面失水过多，冬季施工拆除保温材料后温差过大，或夏季暴晒后引起的收缩裂缝，模板支撑不牢固而产生局部沉降，拆除模板不当或拆除模板过早而使构件受力过早产生裂缝，大体积现浇混凝土的温度变化而产生收缩裂缝等多种原因。对于此类问题，处理方法应根据具体情况确定。对于数量少的表面细小裂缝，可先用水将裂缝冲洗干净后，用水泥浆抹补。如果裂缝较大较深，应沿裂缝凿成凹槽，用水冲洗干净，再用 1∶2 的水泥砂浆或用环氧树脂胶补抹。对于可能会影响结构承载能力的裂缝，应采用化学灌浆或压力水泥灌浆的方法予以补救。

八、混凝土的冬期施工

　　我国规范规定，当室外平均气温连续 5 天稳定低于 5℃时，即进入冬期施工。当温度较低时，混凝土硬化速度较慢，强度比预期规定的要低。当温度降至 0℃以下时，混凝土中的水会结冰，水泥颗粒不能发生化学反应，水泥的水化作用几乎停止，强度也就无法增长。同时，由于混凝土内部水分子在受冻后会成为冰晶体，它会导致混凝土内部的体积发生膨胀，因此也会产生相应的膨胀应力。当混凝土的黏结力小于冻胀所产生的应力时，内部就会产生一些微裂纹，由于这些微裂纹是不可逆的，在温度提高、冰块融化后会形成孔隙，严重降低了混凝土的密实度和耐久性，给混凝土的质量带来了极大地隐患，因此，对于混凝土的冬季施工必须予以高度的重视。

1. 材料的选择

配制冬季施工的混凝土应优先选用硅酸盐水泥，水泥强度等级不应低于 42.5 级，最小水泥用量不应少于 $300kg/m^3$，水灰比不应大于 0.6。拌制混凝土所采用的骨料应清洁，不得含有冰、雪、冻块及其他易冻裂物质。添加外加剂时，宜优先选用含引气剂的外加剂。在钢筋混凝土中掺用氯盐类防冻剂时，氯盐掺量不得大于水泥用量的 1%，且掺用氯盐的混凝土不宜采用蒸汽养护。在对材料进行加热使用时，水温不得超过 60℃，骨料温度一般也在 40~60℃ 之间。

2. 混凝土的搅拌与运输

混凝土搅拌前，应用热水或蒸汽冲洗搅拌机，投料顺序为先投入骨料和已加热的水，再投入水泥，以避免水泥"假凝"。混凝土搅拌时间应比常温延长 50%，以便使拌和物的温度均匀。混凝土的出机温度不宜低于 10℃，入模温度不得低于 5℃。施工中应使用大容量的运输工具并加以保温，以防止混凝土热量的散失和冻结。

3. 混凝土的浇筑

混凝土在浇筑前，应消除模板和钢筋上的冰雪和污垢。冬期不得在强冻胀性地基上浇筑混凝土，在弱冻胀的地基上浇筑混凝土时，土基也不得受冻。在非冻胀性地基土上浇筑混凝土时，混凝土在受冻前的抗压强度不得低于临界强度。

浇筑大体积混凝土时，为防止上层混凝土的热量被下层混凝土过多吸收，分层浇筑的时间不宜相隔过长。已浇筑的混凝土温度在未被上一层混凝土覆盖前，不应低于热工计算的温度且不应低于 2℃。采用加热养护时，养护前的温度也不得低于 2℃。

4. 混凝土冬期的养护方法

冬期施工中，混凝土浇筑后应采用适当的方法进行养护，保证混凝土在受冻前至少已达到临界强度，才能避免其强度损失。混凝土冬季养护的方法有很多种，如蓄热法、蒸汽加热法、电热法、暖棚法、掺外加剂法等。

蓄热法是利用原材料预热的热量及水泥水化热，通过适当的保温措施，延缓混凝土的冷却，保证混凝土在冻结前达到所要求强度的一种冬期施工方法。采用蓄热法时，宜选用强度等级高、水化热大的硅酸盐水泥，并可掺用适量的早强型外加剂；同时还可适当提高入模温度，并选用传热系数较小、价廉耐用的保温材料如草帘、草袋、锯末、炉渣等予以保温。保温层覆盖后要注意防潮和防止透风。对边、棱角部位要特别加强保温。此外，还可采用其他一些有利于蓄热的措施，如地下工程可用未冻结的土壤覆盖，用生石灰与锯末均匀拌和覆盖等。

蒸汽加热养护分为湿热养护和干热养护两类。湿热养护是让蒸汽和混凝土直接接触，利用蒸汽的湿热作用来养护混凝土，常用的具体方法有棚罩法、蒸汽套法和内部通汽法。其中，棚罩法是在现场结构物的周围建起蒸汽室，通入蒸汽加热混凝土。干热养护则是将蒸汽作为热载体，通过某种形式的散热器，将热量传递给混凝土使其升温，常用的具体方法有毛管法和热模法等。在这些方法中，棚罩法设施灵活、施工简便、费用较少，所以使用的较多；但这种方法耗气量大，温度不易均匀，多用于加热地槽中的混凝土结构及地面上的小型预制构件。

电热法主要包含有电极加热、电热毯加热、工频涡流加热、远红外线养护等方法。其中，电极加热法是在混凝土内部或表面每隔 100～300mm 的间距设置电极（直径为 6～12mm 的短钢筋或厚 1～2mm、宽 30～50mm 的扁钢），通以低压电流，把电能变为热能，对混凝土进行加热。但使用该方法时，要特别注意安全问题。

远红外线养护法是采用远红外辐射器向混凝土辐射远红外线，对混凝土进行照射和加热的养护方法，它多用于薄壁结构、装配式结构接头处的混凝土加热等。

掺外加剂法是在混凝土中掺入适量的外加剂，使其温度尽快增长，在冻结前达到要求临界强度的养护方法。目前，冬期施工中常用的外加剂有早强剂、防冻剂、减水剂和引气剂。采用该方法时，要严格控制好外加剂的掺入比例，避免发生意外事故。

第五章 钢 结 构 工 程

钢结构是采用钢板、型钢通过连接而组成的结构,与其他材料的结构相比,钢结构具有强度高、重量轻、结构制作工业化程度高、施工工期短等特点,因此,在现代工程建设中,钢结构得到了广泛的应用。

第一节 钢结构及其材料特性

一、钢结构的特点

钢结构与其他材料建成的结构相比,具有以下几个方面的特点:

1. 结构强度高,延性好

与混凝土、砖石和木材等建筑材料相比,钢材强度高,材质均匀性好,且具有良好的塑性和韧性,这些特性使得钢结构的结构强度高、延性好,适合于建造跨度大、荷载重的结构,并且可在动力荷载下工作;同时,一般条件下不会出现超载而发生突然破坏的现象,可以依靠变形增大来调整结构内力并进行重新分配。

2. 钢结构的重量轻

与混凝土材料相比,钢材虽然密度较大,但其强度高,重量轻,为其安装运输提供了便利条件,同时减轻了基础的负荷。

3. 钢结构制作方便

与混凝土、砖石结构的施工相比,钢结构工业化程度高,所用材料均可在工厂制作,具备成批生产加工的条件,且制作精密度较高;运到施工现场后通过组装,便于形成整体结构;施工中安装简便,施工机械化程度高,周期短,可全天候施工作业。

4. 钢结构密闭性好

钢结构的材料通过焊接连接可以做到完全密封,适宜建造对气密性和水密性有一定要求的高压容器、大型油库油罐、输油和输水压力管道等。

5. 钢结构的结构形式灵活

钢结构可以较大程度地超越结构形式的束缚,通过各种线形构件的变换,组合出多种形式的空间和新奇优美的造型。

6. 钢结构符合可持续发展的需要

钢结构产业对资源和能源的利用相对合理,对环境破坏相对较少,利于实现绿色化施工,施工中的边角废料可以回收利用;同时,由于在施工中较少使用砂、石、水泥等散料,从而很大程度地避免了扬尘、废水等污染问题。

但钢结构也存在着一些缺点,主要有:

(1) 钢结构耐腐蚀性差。

由于钢材容易腐蚀,因此其维护费用较高。对钢结构,特别是薄壁构件,必须注意防腐保护,处于较强腐蚀性介质内的建筑物或构筑物不宜采用钢结构。在施工过程中也应避免钢结构受潮、淋雨。

(2) 钢材耐热但不耐火。

钢材受热时，当温度在 250℃ 以内时，其主要力学性能变化不大，但当温度超过 250℃ 以后，材质发生较大变化，强度逐步降低；当温度达 600℃ 时，钢材已不能继续承载。因此，GB 50017—2003《钢结构设计规范》规定，钢材表面温度超过 150℃ 后即需加以隔热防护和防火保护措施。

(3) 钢结构可能发生脆性断裂。

钢结构在低温和其他某些条件下，可能发生脆性断裂，还有厚板的层状撕裂，这对于钢结构的安全使用极为不利。

(4) 钢结构容易发生失稳和变形破坏。

钢结构重量轻的优点来自其构件一般截面小而薄，但受压时易发生失稳和变形破坏，所以需要附设加劲肋或缀材来达到增强结构的稳定性、减小结构使用阶段变形的目的，从而相应增加了构件连接的工作量和繁杂程度。

二、钢材的种类

钢材的种类按用途可分为结构钢、工具钢和特殊用途钢等，其中，结构钢又分为建筑用钢和机械用钢；按化学成分可分为碳素钢和合金钢；按冶炼方法可分为平炉钢、转炉钢和电炉钢等；按脱氧程度不同可分为沸腾钢、半镇静钢、镇静钢和特殊镇静钢；按成型方法可分为轧制钢（热轧和冷轧）、锻钢和铸钢；按硫、磷含量和质量控制分类有高级优质钢、优质钢和普通钢等。我国的建设工程用钢主要为碳素结构钢和低合金高强度结构钢两种。优质碳素结构钢在冷拔碳素钢丝和连接用紧固件中也有应用。

目前，工程建设用钢的主要品种有中厚板、薄板、镀锌卷板、彩色涂层卷板、中小型钢（工字钢、槽钢、角钢）、热轧或焊接 H 型钢、焊管（直缝管和螺旋管）、冷弯型钢及无缝钢管等。随着钢结构建筑的大量兴建，建筑钢材的需求呈多样化趋势，发展趋势是以中厚板为主，H 型钢、冷弯型钢、钢管、彩色涂层卷板需求增加，大中型角钢、工字钢、槽钢用量减少，特别是热轧 H 型钢，在钢结构中使用最为广泛。

1. 热轧钢板

热轧钢板包括厚钢板、薄钢板和扁钢等型钢。

厚钢板的厚度一般为 4.5～60mm，宽度为 600～3000mm，长度为 4～12m，广泛用于焊接构件的组成。薄钢板的厚度为 0.35～4mm，宽度为 500～1500mm，长度为 0.5～4m，是冷弯薄壁型钢的原料。扁钢的厚度为 4～6mm，宽度为 12～20mm，长度为 3～9m。钢板的表示方法是在钢板横断面符号 "—" 后加 "厚×宽×长"，单位为 mm。

2. 热轧型钢

热轧型钢包括角钢、工字钢、H 型钢、槽钢和钢管等型钢，其外形如图 5-1 所示。

角钢分为等边角钢和不等边角钢两种，主要用来制作桁架等格构式结构的杆件和支撑等连接杆件，等边角钢的表示方法是在符号 "L" 后加 "边长×厚度"，如 L125×8；不等边角钢的表示方法是在符号 "L" 后加 "长边宽×短边宽×厚度"，如 L125×80×8，单位均为 mm。角钢的长度一般为 3～19m，规格有 L20×3～L200×24 和 L25×16×3～L200×125×18。

工字钢分为普通工字钢和轻型工字钢，这两种工字钢两个主轴方向的惯性矩相差较大，

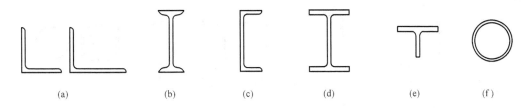

图 5 - 1　热轧型钢

(a) 角钢；(b) 工字钢；(c) 槽钢；(d) H 型钢；(e) T 字钢；(f) 钢管

不宜单独用作受压构件，而宜用作腹板平面内受弯的构件或由工字钢与其他型钢组成的组合构件或格构式构件。普通工字钢的型号是用符号"工"后加截面高度的厘米数表示。20 号以上的工字钢又按腹板的厚度的不同，同一号数可分为 a、b 或 a、b、c 等类别，a 类腹板较薄，如工 36a 表示截面高度为 36cm 的 a 类工字钢。轻型工字钢的腹板和翼缘均比普通工字钢的薄，因而在相同重量的前提下截面回转半径较大。

H 型钢是目前使用较为广泛的热轧型钢，与普通工字钢相比，其翼缘板的内外两侧平行，便于与其他构件连接；其基本类型可分为宽翼缘 H 型钢（代号 HW，翼缘宽度 b 与截面高度 h 相等）、中翼缘 H 型钢［代号 HM，$b = (1/2 \sim 2/3) h$］及窄翼缘 H 型钢［代号 HN，$b = (1/3 \sim 1/2) h$］。各种 H 型钢均可按 T 型钢供应，代号分别为 TW、TM、TN。H 型钢和 T 型钢的型号分别为代号后加"高度×宽度×腹板厚度×翼缘厚度"，如 HW400 ×400×l3×21 和 TW400×200×13×21 等，单位均为 mm。宽翼缘和中翼缘 H 型钢可用于钢柱等受压构件，窄翼缘 H 型钢则适用于钢梁等受弯构件。

槽钢分为普通槽钢和轻型槽钢两种，适于作檩条等双向受弯的构件，也可用其组成组合或格构式构件。普通槽钢的型号与工字钢相似，如［36a 指截面高度为 36cm、腹板厚度为 a 类的槽钢。号码相同的轻型槽钢，其翼缘和腹板比普通槽钢宽而薄，回转半径较大，重量较轻。

钢管有热轧无缝钢管和由钢板卷好的焊接钢管两种。钢管截面对称，外形圆滑，受力性能良好，由于回转半径较大，常用作桁架、网架、网壳等平面和空间格构式结构的杆件，在钢管混凝土柱中也有广泛的应用；规格用符号"ϕ"后加"外径×壁厚"表示，如 ϕ400× 16，单位为 mm。

3. 薄壁型钢

薄壁型钢是用薄钢板经模压弯曲而制成的型材，其壁厚一般为 1.5～5mm，截面形式和尺寸可按工程要求设计，其外形通常有角钢、卷边角钢、槽钢、卷边槽钢、Z 型钢、卷边 Z 型钢、方管、圆管及各种形状的压型钢板等，如图 5 - 2 所示。压型钢板是近年来开始使用的薄壁型材，是由热轧薄钢板经冷压或冷轧成型的，所用钢板厚度为 0.4～2mm，主要用作轻型屋面及墙面等构件。

三、钢结构对材料的要求

钢材的种类繁多，性能差别很大，适用于钢结构的钢材只是其中的一部分，用作钢结构的钢材必须满足下列要求。

1. 强度要求

用作钢结构的钢材必须具有较高的抗拉强度、抗压强度和屈服点。其中，抗拉强度是钢

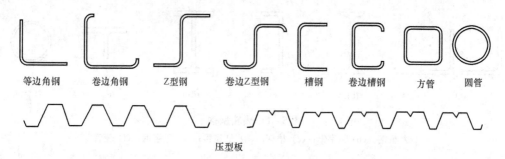

等边角钢　　卷边角钢　　Z型钢　　卷边Z型钢　　槽钢　　卷边槽钢　　方管　　圆管

压型板

图 5-2　薄壁型钢

材塑性变形和将破坏时的强度。当抗拉强度较高时，可以减小构件截面，减轻自重，结构的安全也能得到更好的保障。

2. 变形能力

钢材有两种完全不同的破坏形式，即塑性破坏和脆性破坏。

塑性破坏的主要特征是破坏前具有较大的塑性变形，常在钢材表面出现明显的相互垂直交错的锈迹剥落线，只有当构件中的应力达到抗拉强度后才会发生破坏，破坏后的断口呈纤维状，色泽发暗。由于钢材塑性破坏前总有较大的塑性变形发生，且变形持续时间较长，容易被发现和抢修加固，因此，不至于发生严重后果。此外，钢材塑性破坏前的较大塑性变形能力可以实现构件和结构的内力重分布，使结构受力趋于均匀，有利于提高结构的承载能力。

脆性破坏的主要特征是结构破坏前塑性变形很小或根本没有塑性变形而突然迅速断裂。断裂从应力集中处开始，破坏后的断口平直，呈有光泽的晶粒状或有人字纹。由于破坏前没有任何预兆，破坏速度又极快，无法察觉和补救，而且一旦发生常引发整个结构的破坏，后果非常严重，因此，在钢结构的设计、施工和使用过程中，要特别注意防止这种破坏的发生。

3. 加工性能

钢材应具有良好的加工性能，以保证其易于制成各种形式的结构。加工性能包括冷热加工和可焊性能。根据结构的具体工作条件，有时还要求钢材具有低温和腐蚀性环境下的作业性能。

四、影响钢材性能的因素

1. 化学成分的影响

钢材中含有很多金属元素，这些元素的特性及其含量的多少直接影响钢材的性能。

碳是钢中的重要元素之一，随着钢材含碳量的提高，钢的强度逐渐增高，而塑性和韧性、冷弯性能、可焊性及抗锈蚀能力却在下降，因此，钢结构一般不选用含碳量高的钢材。

锰是一种弱脱氧剂，可提高钢材强度，消除硫对钢的热脆影响，改善钢的冷脆倾向，含量适宜时不显著降低钢材的塑性和韧性；但锰对焊接性能不利，因此锰的含量也不宜过多。

硅是一种强脱氧剂，常与锰共同去除钢材中的氧。适量的硅，可以细化晶粒，提高钢的强度，而对钢材的塑性、韧性、冷弯性能和焊接性能无显著不良影响；但过量时则会劣化可焊性和抗锈蚀性。

硫是有害元素，常以硫化铁形式夹杂于钢中。当温度达 800～1000℃ 时，硫化铁会熔化，使钢材变脆，因而在进行焊接或热加工时，有可能引发热裂纹，称为热脆。硫还会降低钢材的冲击韧性、抗锈蚀性和可焊性等。此外，非金属硫化物经热轧加工后还会在厚钢板中形成局部分层现象，当沿板厚方向承受拉力时，会发生层状撕裂破坏。因而应严格限制钢材中的含硫量。

磷的存在会严重地降低钢的塑性、韧性、冷弯性能和可焊性，特别是在温度较低时将促使钢材变脆，这种现象称为冷脆，因此，要严格控制磷的含量，但磷可以提高钢的强度和抗锈蚀能力。

氧使钢材热脆，氮则使钢材冷脆。但当采用特殊的合金组分与钢材其他成分匹配时，氮可作为一种合金元素来提高低合金钢的强度和抗腐蚀性。

钒、铌、钛等元素在钢中形成微细碳化物，若适量加入，则能起细化晶粒的作用，还可提高钢材的强度，并可保持良好的塑性和低温韧性。

铝是强脱氧剂，用铝进行脱氧不仅能进一步减少钢中的有害氧化物，而且还能细化晶粒，可提高钢的强度和低温韧性。

铅、镍是提高钢材强度的合金元素，但其含量应受限制，以免影响钢材的其他性能。

铜可以显著提高钢的抗腐蚀性能，也可以提高钢的强度；但对钢材的可焊性有不利影响。

2. 钢材硬化的影响

钢材的硬化有三种情况：冷作硬化、时效硬化和应变时效硬化。

在常温下对钢材进行冷拉、冷弯、冲孔、机械剪切等加工称为冷加工，冷加工会使钢材产生很大的塑性变形，塑性变形后的钢材在重新加荷时将显著提高屈服点，同时降低钢材的塑性和韧性，这种现象称为冷作硬化。由于冷作硬化降低了钢材的塑性和韧性性能，因此，普通钢结构中不利用该现象所提高的强度作为结构的提高强度。

在钢材产生一定数量的塑性变形后，铁素晶体中的氮和碳将更容易析出，从而使已经冷作硬化的钢材又发生时效硬化现象，称为应变时效硬化。这种硬化在高温作用下会快速发展，用人工时效后的钢材进行冲击韧性试验，可以判断钢材的应变时效硬化倾向，确保结构具有足够的抗脆性破坏能力。

此外，在高温时，溶于钢中的少量氮和碳会随着时间的增长逐渐析出，生成氮化物和碳化物，对钢材的塑性变形起到遏制作用，从而使钢材的强度提高，塑性和韧性下降，这种现象称为时效硬化，俗称老化。产生时效硬化的过程一般较长，但仅在振动荷载、反复荷载及温度变化等情况下会加速其发展。

3. 温度的影响

钢材的性能受温度的影响十分明显，温度升高与降低都将使钢材性能发生变化。但在200℃以内时，钢材性能没有很大变化，430～540℃之间强度急剧下降，到600℃时，强度几乎为零，且已不能承受荷载。但在250℃左右时，抗拉强度有局部性提高，屈服点也有回升，同时塑性有所降低，出现了所谓的蓝脆现象（钢材表面氧化膜呈现蓝色）。在蓝脆区进行热加工，可能引起裂纹，因此，钢材的热加工应避开这一温度区段。当温度在260～320℃时，在应力持续不变的情况下，钢材以很缓慢的速度继续变形，这种现象称为徐变现象。由此可知，钢材受温度影响的总体状态是温度升高，钢材强度降低，变形增大；反之，当温度从常温开始下降，特别是在负温范围内时，随着温度的降低，钢材的强度逐步提高，而塑性和韧性降低,逐渐变脆,这种现象称为钢材的低温冷脆。因此,钢材的设计应以150℃的规定为适宜,超过之后应对结构采取有效的防护措施。

4. 应力集中影响

由于实际结构中不可避免地存在孔洞、槽口、凹角、截面突变及钢材内部缺陷等,因此,钢材截面中的应力分布不再保持均匀,而是在某些区域产生局部高峰应力,在另外一些区域则应力降低,形成所谓的应力集中现象。这主要是由于应力线在绕过孔洞等缺陷时发生弯转,不仅在孔口边缘处沿力作用方向产生应力高峰,而且会在孔口附近产生垂直于力作用方向的横向应力,甚至会产生三向拉应力,越厚的钢板,在其缺口中心部位的三向拉应力也越大。研究表明,在应力高峰区域总是存在着同类的双向或三向应力,使材料处于复杂受力状态,这种应力场有使钢材变脆的趋势,而且应力越集中,这种趋势越严重,钢材也越趋于脆性。同时,断面尺寸改变程度越大的试件,其应力集中现象就越严重,引起钢材脆性破坏的危险性就越大。因此,在进行钢结构设计时,应尽量使构件和连接节点的形状和构造合理,防止截面的突然改变。在进行钢结构的焊接构造设计和施工时,尽量减少焊接残余应力。

5. 反复荷载作用的影响

钢材在直接、连续的反复荷载作用下,先在其缺陷处发生塑性变形和硬化而生成微观裂痕,此后这种微观裂痕逐渐发展成宏观裂纹,构件截面削弱并在裂纹尖端出现应力集中现象,使材料处于三向拉伸应力状态。研究证明,构件的应力水平不高或荷载反复次数不多的钢材,一般不会发生疲劳破坏,但对于长期频繁的直接承受动力荷载的钢结构构件及其连接,在设计中必须进行钢材的疲劳计算。

第二节　钢构件的连接方法

钢结构的连接是将型钢或钢板等组合成构件,并将各构件组装成整个结构。钢结构的连接方式通常有焊缝连接、铆钉连接和螺栓连接三种(见图 5-3)。由于钢结构连接方式及其质量优劣直接影响钢结构的工作性能,因此,在进行连接的设计和施工时,必须遵循安全可靠、传力明确、构造简单、制造方便的原则。

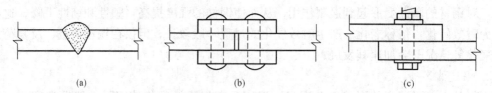

图 5-3　钢结构的连接方式
(a) 焊缝连接;(b) 铆钉连接;(c) 螺栓连接

一、焊缝连接

焊缝连接是现代钢结构最主要的连接方法,其优点是构造简单,对几何形体适应性强,任何形式的构件均可直接连接,不削弱截面,省工省材,制作加工方便,可实现自动化操作,工效高,质量可靠,连接的密闭性好、结构的刚度大。但焊缝连接的缺点是在焊缝附近的热影响区内,钢材的金相组织会发生不同程度的改变,导致局部材质劣化变脆,焊接残余应力和残余变形使受压构件的承载力降低。焊接对钢材裂纹很敏感，局部裂纹一旦发生，就容易扩展到整体；同时低温冷脆问题也较为突出，因此，对材质要求高，焊接程序严格，质量检验工作量较大。

二、铆钉连接

铆钉连接有热铆和冷铆两种方法。热铆是由烧红的钉胚插入构件的钉孔中，用铆钉枪或压铆机将连接件铆合而成。冷铆是在常温下铆合而成。铆钉的材料应有良好的韧性，通常采用专用钢材制成。

在钢结构中一般都采用热铆，铆钉打铆完成后，钉杆由高温逐渐冷却而发生收缩，但被钉头之间的钢板所阻止，故钉杆中产生收缩应力，对钢板则产生压紧力，使得连接十分紧密。当构件受剪力作用时，钢板接触面上产生很大的摩擦力，因而大大提高了连接件的工作性能。

铆钉连接的质量和受力性能与钉孔的制作方法密切相关。钉孔的制作方法分为两类：一类孔是用钻模钻成，或先钻成较小的孔，装配时再扩孔而成。此类孔质量较好，外观整齐，规格尺寸易于保证。另一类孔是采用冲成方法，虽然制法简单，但构件拼装时钉孔不易对齐，质量较差。重要的结构一般都采用一类孔。

与焊缝连接比较，铆钉连接的钢构件塑性和韧性较好，质量易于检查，连接可靠，抗动力荷载性能好，对主体钢材的材质要求低；但是，铆钉连接的构造复杂，制孔和打铆费钢、费工，钉孔削弱钢材截面。因此，铆钉连接除了在一些重型和直接承受动力荷载的结构中仍有应用外，一般钢结构已很少采用。

三、螺栓连接

螺栓连接可分为普通螺栓连接和高强度螺栓连接两种。

1. 普通螺栓连接

普通螺栓可分为 A、B、C 三级。A 级与 B 级为精制螺栓，C 级为粗制螺栓。C 级螺栓材料性能等级可分为 4.6 级和 4.8 级两个级别。小数点前的数字表示螺栓成品的抗拉强度不小于 $400N/mm^2$，小数点以后数字表示其屈强比为 0.6 或 0.8。A 级和 B 级螺栓材料性能等级则分为 5.6 级和 8.8 级，其抗拉强度分别不小于 $500N/mm^2$ 和 $800N/mm^2$，屈强比分别为 0.6 或 0.8。

A、B 级精制螺栓是由毛坯在车床上经过切削加工精制而成的，该螺栓表面光滑，尺寸准确，螺杆直径与螺栓孔径相同；但螺杆直径仅允许负公差，螺栓孔直径仅允许正公差，对成孔质量要求高。此类螺栓受剪性能好，但制作和安装复杂，价格较高，已很少在钢结构中采用。

C 级螺栓是由未经加工的圆钢压制而成的。由于螺栓面粗糙，一般采用在单个零件上一次冲成，螺栓孔的直径比螺栓杆的直径大 1.5～3mm。对于采用 C 级螺栓的钢构件连接，由于螺栓与螺栓孔之间有较大的间隙，受剪力作用时，将会产生较大的剪切位移，连接处的变形较大，但安装方便，能够有效的传承拉力，因此一般可用于沿螺栓杆轴间的受拉连接及次要结构的抗剪连接或安装时的临时固定。

2. 高强度螺栓连接

高强度螺栓一般采用 45 号钢、40B 钢和 20MnTiB 钢加工制作而成，经热处理后，螺栓抗拉强度应分别不低于 $800N/mm^2$ 和 $1000N/mm^2$，且屈强比分别为 0.8 和 0.9，即前者的性能等级为 8.8 级，后者的性能等级为 10.9 级。

　　安装高强度螺栓时，需通过特别的扳手，以较大的扭矩上紧螺母，使螺杆产生很大的预拉力，将被连接的部件夹紧。当以部件的接触面摩擦力传递外力时，该连接方法称为高强度螺栓摩擦型连接。当允许接触面滑移，依靠螺栓受剪和孔壁承压来传递外力时，该连接方法称为高强度螺栓承压型连接。

　　摩擦型连接高强度螺栓的孔径一般比螺栓公称直径 d 大 1.5～2mm，承压型连接高强度螺栓的孔径比螺栓公称直径大 1～1.5mm。摩擦型连接的优点是施工方便，对构件的削弱较小，可拆换，螺栓的剪切变形小，能承受动力荷载，耐疲劳，韧性和塑性好，包含了普通螺栓和铆钉连接的优点，目前已成为代替铆钉连接的主要连接形式，特别适用于承受动力荷载的结构中。承压型连接的承载力高于摩擦型连接，但整体性、刚度均较差，剪切变形大，强度储备相对较低，故不得用于承受动力荷载的结构中。

第三节　焊　接　连　接

一、焊接连接方法

钢结构常用的焊接连接方法有手工电弧焊、埋弧焊、气体保护焊和电阻焊等。

1. 手工电弧焊

手工电弧焊是最常用的一种焊接方法。焊机通电后，在涂有药皮的焊条和焊件之间产生电弧，电弧产生的温度可提供高达 3000℃ 左右的热能，使焊条中的焊丝熔化，滴落在焊件的焊缝中。焊接时，由于焊条药皮形成的熔渣和气体覆盖着焊缝熔池，阻止了空气中的氧、氮等有害气体与熔化的液体金属相接触，因此避免了形成脆性易裂的化合物，并在焊缝金属冷却后把被连接件连成一体。

　　手工电弧焊所用的设备简单，操作方便灵活，适于任意空间位置的焊接；但生产效率相对较低，劳动强度较大，焊接质量与焊工的技术水平和精神状态有很大关系。

2. 埋弧焊

埋弧焊是焊丝在焊剂层下燃烧的一种电弧焊方法。焊接时，由于埋弧焊产生的电弧热量集中，熔深大，因此，这种焊接方法适于厚板的焊接，且具有很高的生产效率。

　　这种方法有自动和半自动焊接之分。焊接时，当焊丝送进和焊接方向的移动有专门的机构控制时，这种焊接称为自动埋弧焊。若焊丝送进有专门机构控制，而焊接方向的移动靠人工操作，则称为半自动埋弧焊。如果在焊接中采用了自动或半自动化操作，焊接的工艺条件稳定，较高的焊速也减小了热影响区的范围，那么，焊缝的质量也就比较高，焊件变形小。在焊接时，埋弧焊的焊丝不涂药皮，施焊端被焊剂所覆盖，电弧完全被埋在焊剂之内，所以，焊缝在高温时不会被氧化。埋弧焊对焊件边缘的装配精度要求比手工电弧焊高。

3. 气体保护焊

气体保护焊是利用二氧化碳气体或其他惰性气体作为保护介质的一种电弧熔焊方法。焊接时，这种方法直接依靠保护气体在电弧周围形成局部保护层来防止有害气体的侵入，并保证了焊接过程的稳定性。气体保护焊的焊缝熔化区没有熔渣，焊工能够清楚地看到焊缝成型的过程。由于气体保护焊焊接时热量集中，焊接速度快，焊件熔深大，因此所形成的焊缝强度比手工电弧焊高，塑性和抗腐蚀性好，适用于全位置的焊接，但不适用于在风较大的地方施焊。

4. 电阻焊

电阻焊是利用电流通过焊件接触点表面时，电阻所产生的热来熔化金属，再通过加压使其焊合。由于电阻焊所产生的能量相对较小，因此只适用于厚度不大于 12mm 的钢材焊接。

二、焊缝与焊接的连接形式

1. 焊接的连接形式

按钢材被连接的相互位置，焊接连接的形式可分为对接、搭接、T 形连接和角部连接四种，如图 5-4 所示。

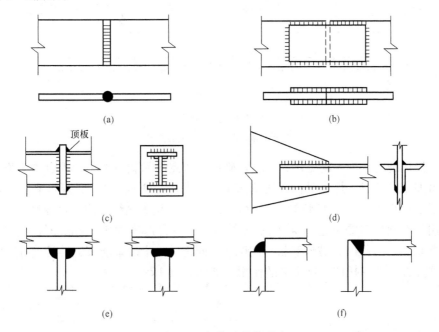

图 5-4 焊接连接的形式
（a）直接连接；（b）用拼接盖板的对接连接；（c）用拼接板的对接连接；
（d）搭接连接；（e）T 形连接；（f）角部连接

对接连接主要用于厚度相同或相近的构件相互连接，根据连接构件的具体方式，又可分为直接连接、拼接盖板连接和拼接板连接。当采用直接连接［见图 5-4（a）］方式时，由于对接连接的两构件在同一个平面内，因此，焊接构件传力均匀平缓，没有明显的应力集中；但焊件边缘需进行加工，连接两板的间隙和坡口尺寸都有严格要求。当采用双层拼接盖板连接［见图 5-4（b）］方式时，则连接传力不均匀且费料；但施工简便，所连接两板的间隙大小无需严格控制。当采用拼接板连接［见图 5-4（c）］方式时，构件传力均匀，但施工复杂费料，所连接的两板需与拼接板对正并稳固连接。

搭接连接是钢构件焊接中常采用的一种方式，多用于类似桁架构件的焊接。这种焊接方式连接简单，施工方便，但由于焊接连接直接发生在构件上，因此当构件厚度较薄时，会由于焊接高温而使焊接件局部发生金相组织改变，给构件的受力带来不利影响。

T 形连接省工省料，常用于制作组合截面；但由于焊件间存在缝隙和截面突变，故应力集中现象较为严重，构件抗疲劳强度较低，因此，多用于不直接承受动力荷载的结构。

　　角部连接属于 T 形连接的特殊形式，主要用于制作箱形截面构件。这种连接方式也存在应力集中现象，因此在焊接中必须确保焊接点的质量。

　　2. 焊缝

　　在钢构件的焊接连接中，连接所采用的焊缝主要有对接焊缝和角焊缝两种形式。

　　（1）对接焊缝。对接焊缝按焊缝所受力的方向可分为正对接焊缝和斜对接焊缝，如图 5-5 所示。

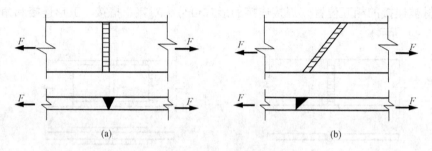

图 5-5　对接焊缝

(a) 正对接焊缝；(b) 斜对接焊缝

　　采用对接焊缝时，为了满足焊接要求，确保焊接点的承载力不小于规定的承载力，焊件的焊接处需加工成坡口，焊接时，焊液填充在坡口内。坡口形式与焊件厚度有关，当焊件厚度较小（手工焊小于 6mm，埋弧焊小于 10mm）时，可用直边缝。当焊件厚度为 10～20mm 时，可采用具有斜坡口的单边 V 形或 V 形焊缝。当焊件厚度大于 20mm 时，则采用 U 形、K 形和 X 形坡口。焊接时，坡口和根部间隙 c 共同组成一个焊条能够运转的施焊空间，使焊缝易于焊透，钝边则有托住熔化金属的作用，如图 5-6 所示。

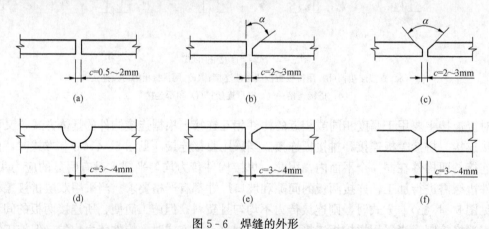

图 5-6　焊缝的外形

(a) 直边缝；(b) 单边 V 形坡口；(c) V 形坡口；(d) U 形坡口；(e) K 形坡口；(f) X 形坡口

　　当采用对接连接时，若焊件的宽度不同或厚度相差 4mm 以上时，应分别在宽度方向或厚度方向从一侧或两侧做成坡度不大于 1:2.5 的斜角（如图 5-7 所示），以使截面过渡和缓，减小应力集中。此外，在焊缝的起灭弧处，由于常会出现弧坑等缺陷，因此焊接时一般应设置引弧板和引出板，焊后将它割除。

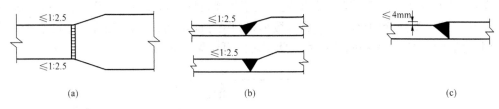

图 5-7 焊件宽度或厚度不同的处理

(a) 钢板不等宽度；(b) 钢板不等厚度；(c) 钢板不做斜坡

（2）角焊缝。角焊缝按其与作用力的关系可分为焊缝长度方向与作用力垂直的正面角焊缝、焊缝长度方向与作用力平行的侧面角焊缝和焊缝长度方向与作用力倾斜的斜焊缝。由正面角焊缝、侧面角焊缝和斜焊缝组成的混合焊缝通常称做围焊缝。

角焊缝按其截面形式又可分为直角角焊缝和斜角角焊缝，如图 5-8 所示。两焊脚边的夹角为 90°的焊缝称为直角角焊缝，两焊脚边的夹角大于 90°或小于 90°的焊缝称为斜角角焊缝。斜角角焊缝常用于料仓壁板、钢漏斗和钢管结构的 T 形接头连接中。对于夹角大于 135°或小于 60°的斜角角焊缝，除钢管结构外，均不宜用作受力焊缝。

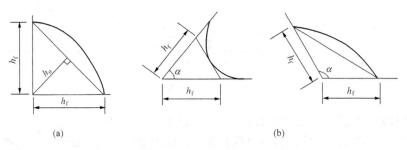

图 5-8 直角角焊缝和斜角角焊缝

(a) 直角角焊缝；(b) 斜角角焊缝

焊缝沿长度方向布置可分为连续角焊缝和间断角焊缝两种，如图 5-9 所示。连续角焊缝的受力性能较好，但容易产生温度应力。间断角焊缝的起弧处容易引起应力集中，因此，只能用在一些次要构件的连接或受力很小的连接中，重要构件应避免采用间断角焊缝。间断角焊缝的间断距离不宜过长，以免连接不紧密，潮气侵入而引起构件锈蚀。

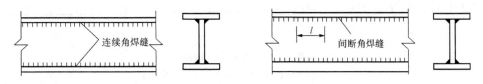

图 5-9 连续角焊缝和间断角焊缝

在角焊缝中，为了避免烧穿较薄的焊件，减小焊接应力和焊接变形，角焊缝的焊脚尺寸不宜太大。除了直接焊接钢管结构的焊脚尺寸不宜大于支管壁厚的 2 倍之外，还不宜大于较薄焊件厚度的 1.2 倍。对板件边缘的角焊缝，当板件厚度大于 6mm 时，不宜焊满全厚度，焊缝厚度应小于板厚 1~2mm；当板厚小于 6mm 时，通常采用小焊条施焊。同时，为了保证焊缝的最小承载能力，并防止焊缝因冷却过快而产生裂纹，焊脚尺寸也不宜太小。角焊缝的焊脚尺寸不得小于 1.5 倍较厚焊件厚度。由于埋弧自动焊熔深较大，因此最小焊脚尺寸可减小 1mm。对 T 形连接的单面角焊缝，最小焊脚尺寸应增加 1mm。当焊件厚度小于或等于 4mm 时，则取与焊件厚度相同的尺寸。此类规定可参见图 5 - 10。

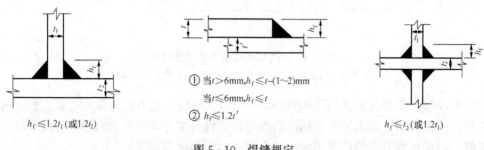

① 当 $t > 6mm, h_f \leqslant t - (1\sim 2)mm$
当 $t \leqslant 6mm, h_f \leqslant t$
② $h_f \leqslant 1.2t'$

$h_f \leqslant 1.2t_1$（或 $1.2t_2$）

$h_f \leqslant t_2$（或 $1.2t_1$）

图 5 - 10 焊缝规定

（3）焊缝代号图例。我国的焊缝符号表示法规定：焊缝代号由引出线、图形符号和辅助符号等部分组成，如图 5 - 11 所示。

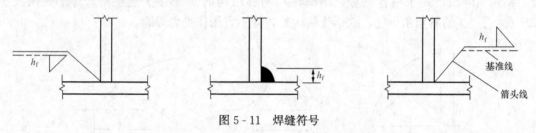

基准线

箭头线

图 5 - 11 焊缝符号

引出线由横线和带箭头的斜线组成，箭头指到图形上的相应焊缝处，横线的上面和下面用来标注图形符号和焊缝尺寸。当引出线的箭头指向焊缝所在的一面时，应将图形符号和焊缝尺寸等标注在水平横线上面；当箭头指向对应焊缝所在的另一面时，则应将图形符号和焊缝尺寸标注在水平横线的下面，必要时，可在水平横线的末端加一尾注作为其他说明。图形符号表示焊缝的基本形式，如用 △ 表示角焊缝，则用 V 表示 V 形坡口对接焊缝。辅助符号表示焊缝的辅助要求，▶ 用于表示现场安装焊缝等。其他焊接符号的含义见表 5 - 1 和表 5 - 2。当焊缝分布比较复杂或用上述标注方法不能表达清楚时，在标注焊缝代号的同时，可在图形上加栅线表示，如图 5 - 12 所示。

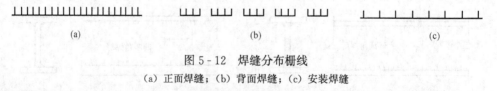

(a)　　　　　　　(b)　　　　　　　(c)

图 5 - 12 焊缝分布栅线

（a）正面焊缝；（b）背面焊缝；（c）安装焊缝

表 5 - 1　　　　　　　　焊　接　符　号

名称	封底焊缝	对　接　焊　缝					角焊缝	塞焊缝与槽焊缝	点焊缝
		I 形焊缝	V 形焊缝	单边 V 形焊缝	带钝边的 V 形焊缝	带钝边的 U 形焊缝			
符号	⌣	‖	V	V	Y	Y	△	⊓	○

表 5-2 **焊 接 辅 助 符 号**

名 称		焊缝示意图	符号	示 例
辅助符号	平面符号		—	
	凹面符号		⌣	
补充符号	三面围焊符号		⊏	
	周边围焊符号		○	
	现场焊符号		⚑	或
	焊缝底部有垫板的符号		▭	

三、焊缝的施焊方法

焊缝按施焊方法可分为平焊、立焊、横焊及仰焊，如图 5-13 所示。

平焊又称俯焊，施焊方便，质量最好。立焊和横焊要求焊工的操作水平比较高，焊缝质量和生产效率比平焊差一些。仰焊的操作条件最差，焊缝质量不易保证，因此应尽量避免采用仰焊。

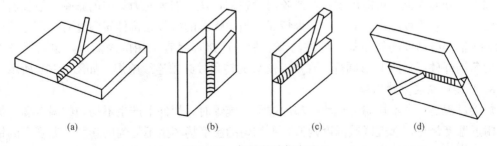

图 5-13 焊缝的施焊方法

(a) 平焊；(b) 立焊；(c) 横焊；(d) 仰焊

四、焊缝的构造要求

1. 焊缝的最小长度

焊缝的焊脚尺寸大而焊缝长度较小时，焊件的局部加热严重，焊缝起灭弧所引起的缺陷相距太近，加之焊缝中可能产生的其他缺陷，就会使焊缝不够可靠。同时，如果焊缝长度过小，也会造成严重的应力集中，因此，侧面角焊缝和正面角焊缝的长度均不得小于 8 倍的焊缝高度和 40mm。

2. 侧面角焊缝的最大长度

侧面角焊缝的应力沿长度方向分布不均匀，两端较小、中间大，且焊缝越长差别越大。当焊缝太长时，虽然会有因塑性变形而引起的内力重分布，但两端应力可首先达到强度极限而破坏。因此，侧面角焊缝的长度不宜大于 60 倍的焊缝高度。当大于上述数值时，其超过部分在计算中不予考虑。当内力沿侧面角焊缝全长分布时，例如焊接梁翼缘板与腹板的连接焊缝，计算长度可不受上述限制。

当板件端部仅有两条侧面角焊缝连接时，构件的承载力与两侧面角焊缝的距离和侧面角焊缝长度有关。为使连接强度不至于过度降低，应使每条侧面角焊缝的长度不宜小于两侧面角焊缝之间的距离（如图 5-14 所示）。在搭接连接中，当仅采用正面角焊缝时，其搭接长度不得小于焊件较小厚度的 5 倍，也不得小于 25mm，以免焊缝受偏心弯矩影响太大而破坏，如图 5-15 所示。

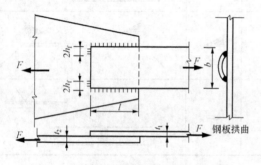

图 5-14　焊缝长度与两侧面角焊缝间距

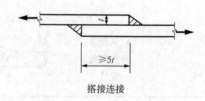

搭接连接

图 5-15　角焊缝搭接长度

断续角焊缝只能用于一些次要构件或次要焊缝的连接。断续角焊缝焊段的长度不得小于 10 倍焊缝高度或 50mm；间断距离不宜过长，以免连接不紧密，一般在受压构件中，应小于 15 倍的较薄焊件的厚度，在受拉构件中应满足小于 30 倍的较薄焊件的厚度。

对于围焊和绕角焊，当杆件端部搭接采用三面围焊时，在转角处截面突变会产生应力集中，如在此处起灭弧，可能出现弧坑或咬肉等缺陷，从而加大应力集中的影响，故在所有围焊的转角处必须连续施焊。对于非围焊情况，当角焊缝的端部在构件转角处时，可连续施焊长度为 2 倍焊缝高度的绕角焊。杆件与节点板的连接焊缝宜采用两面侧焊，也可用三面围焊，对角钢杆件可采用 L 形围焊，在所有围焊的转角处必须连续施焊，如图 5-16 所示。

3. 焊接残余应力的消除

焊接过程是一个不均匀加热和冷却的过程。施焊时，焊件上产生不均匀的温度场，焊缝及其附近温度最高，邻近区域温度则低，不均匀的温度场产生不均匀的膨胀，温度高的钢材膨胀大，但受到两侧温度较低、膨胀量较小的钢材限制，因而就会产生热塑性压应力。焊缝冷却后，被塑性压缩的焊缝区又要恢复，但受到两侧钢材限制而产生纵向拉应力，这样，在

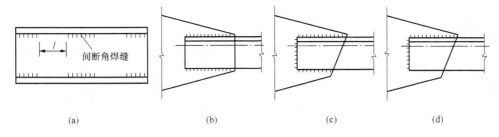

图 5 - 16　围焊和绕角焊

(a) 间断角焊缝；(b) 两面侧焊；(c) 三面围焊；(d) L形围焊

构件的焊接中就会反复出现不同程度的内应力，这些应力被称为焊接残余应力。实践证明，焊接残余应力的反复出现不仅会降低结构的刚度，而且还会使结构构件发生挠曲变形，并降低构件的承载力，因此，焊接残余应力对钢结构影响较大。为了尽可能的消除焊接残余应力，在施工中常采取一些措施来控制焊接残余应力和残余变形，主要的措施有：

(1) 在保证结构承载能力的条件下，应尽量采用较小的焊缝尺寸。

(2) 尽可能减少不必要的焊缝。

(3) 只要结构上允许，安排焊缝时应尽可能对称于截面中性轴，或使焊缝接近中性轴，以减小构件的焊接变形，如图 5 - 17 (a)、(b) 所示。如几块钢板交汇一处进行连接，应采用适当的连接方式，尽量避免焊缝的过分集中和交叉，如图 5 - 17 (c) 所示。对于工字形构件，为了让腹板与翼缘的纵向连接焊缝连续通过，加劲肋应切角，与翼缘和腹板的连接焊缝均在切角处中断，避免了三条焊缝的交叉，如图 5 - 17 (d) 所示。

(4) 尽量避免在母材厚度方向上的收缩应力，这种应力构造常引起厚板的层状撕裂，如图 5 - 17 (e) 所示。

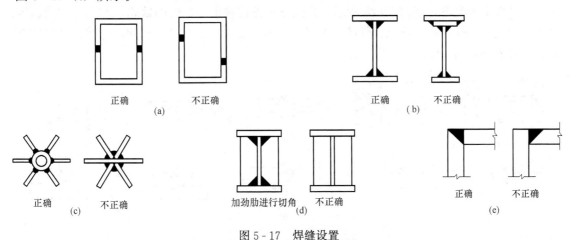

图 5 - 17　焊缝设置

(5) 应采用合理的焊接顺序和方向，尽量使焊缝能自由收缩，如钢板对接时可采用分段退焊，厚焊缝采用分层焊，工字形截面采用对角跳焊，钢板分块拼接焊接时先焊构件工作中受力较大的焊缝或收缩量较大的焊缝等，如图 5 - 18 所示。

(6) 在工地焊接工字梁的接头时 (见图 5 - 19)，应留出一段翼缘角焊缝最后焊接，先焊受力最大的翼缘对接焊缝，再焊腹板对接焊缝。这些措施均可有效地降低焊接应力。

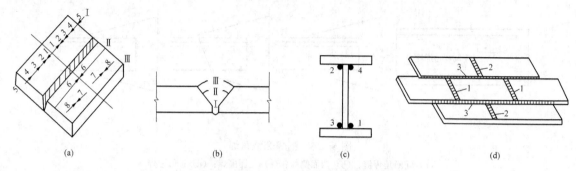

图 5-18 　合理的焊接顺序和方向

(a) 分段退焊；(b) 沿厚度分层焊；(c) 对角跳焊；(d) 钢板分块拼接焊接

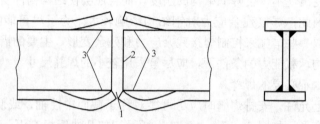

图 5-19 　工字梁接头焊接

1—翼缘对接焊缝；2—腹板对接焊缝；3—翼缘角焊缝

4. 焊缝缺陷及质量检查

焊缝的缺陷是指焊接过程中产生在焊接金属或附近热影响区钢材表面或内部的缺陷，常见的缺陷有裂纹、气孔、烧穿、夹渣、未焊透、未熔合、咬边、焊瘤及焊缝尺寸不符合要求、焊缝成形不良等，如图 5-20 所示。裂纹是焊缝连接中最危险的缺陷，产生裂纹的原因很多，如钢材的化学成分不当、焊接工艺条件（电流、电压、焊速、施焊次序等）选择不合适、焊件表面油污未清除干净等。

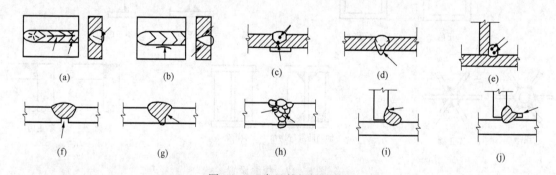

图 5-20 　常见的焊缝缺陷

(a) 热裂纹；(b) 冷裂纹；(c) 气孔；(d) 烧穿；(e) 夹渣；(f) 根部未焊透；(g) 边缘未熔合；
(h) 层间未熔合；(i) 咬边；(j) 焊瘤

针对焊缝中存在的各种缺陷，工程中要对完成的焊缝按照 GB 50205—2001《钢结构工程施工质量验收规范》进行质量检查。焊缝质量检验一般可用外观检查及无损检查，前者检查外观缺陷和几何尺寸，后者检查内部缺陷。无损检查目前广泛采用超声波检验，有时还用磁粉检验、荧光检验等较简单的方法作为辅助，当前最可靠的检验方法是 X 射线或 γ 射线透照。

焊缝按其检验方法和质量要求分为一级、二级和三级。其中，三级焊缝只要求通过外观检查即可，即检查焊缝实际尺寸是否符合设计要求和有无看得见的裂纹、咬边等缺陷。对于重要结构，必须进行一级或二级质量检验，在外观检查的基础上再做无损检验。其中，二级要求用超声波检验每条焊缝 20% 的长度且不小于 200mm，一级要求用超声波检验每条焊缝的全部长度，以便发现焊缝内部缺陷。

第四节 螺 栓 连 接

螺栓连接可分为普通螺栓连接和高强度螺栓连接。螺栓螺孔的图例表示见表 5-3。

表 5-3   **螺栓螺孔的图例表示**

名称	永久螺栓	高强度螺栓	安装螺栓	圆形螺栓孔	长圆形螺栓孔
图例					

一、普通螺栓连接

1. 普通螺栓的连接形式

按螺栓传力方式，普通螺栓连接可分为受剪螺栓连接、受拉螺栓连接和拉剪螺栓连接三种。

受剪螺栓连接是靠栓杆受剪和孔壁承压传力的。受剪螺栓连接的破坏有五种形式：

（1）栓杆被剪断。当栓杆直径较细而板件相对较厚时，可能发生此类破坏，如图 5-21（a）所示。

（2）孔壁挤压破坏。当栓杆直径较粗而板件相对较薄时，可能发生此类破坏，如图 5-21（b）所示。

（3）钢板被拉断。当板件因螺栓孔削弱过多时，可能沿开孔截面发生破坏，如图 5-21（c）所示。

（4）端部钢板被剪开。当顺受力方向的端距过小时，可能发生此类破坏，如图 5-21（d）所示。

（5）栓杆受弯破坏。当栓杆过长时，可能发生此类破坏，如图 5-21（e）所示。

上述五种破坏形式中的后两种，可采取构造措施加以防止，如规定端距大于 2 倍的螺栓直径或螺栓的长度必须小于 4~6 倍的螺栓直径。但对于其他三种形式的破坏，则需通过计算来防止。

受拉螺栓连接是靠螺栓沿杆轴方向的拉力来传力的。受拉螺栓连接在外力作用下，构件间有相互分离的趋势，因此，破坏形式常是栓杆被拉断，其部位多在被螺纹削弱的栓杆截面处，如图 5-22 所示。

拉剪螺栓连接是同时兼有上述两种传力的连接方式。拉剪螺栓连接在外力作用下，构件间既有分离的趋势，也有滑动的可能，因此使栓杆受剪和孔壁承压，并使螺栓沿杆轴方向受

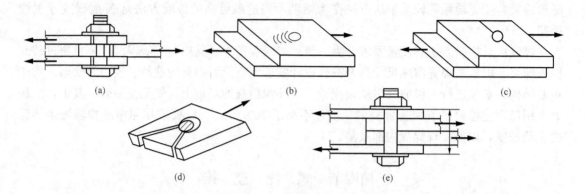

图 5-21　受剪螺栓连接破坏形式

（a）栓杆被剪断；（b）孔壁挤压破坏；（c）钢板被拉断；（d）端部钢板被剪开；（e）栓杆受弯破坏

拉。因此，拉剪螺栓连接的破坏形式常是栓杆被剪断，或孔壁挤压破坏，或栓杆被拉断，如图 5-23 所示。

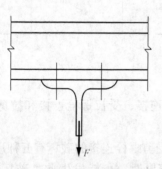

图 5-22　受拉螺栓连接

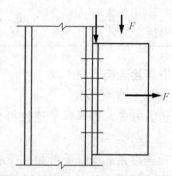

图 5-23　拉剪螺栓连接

2. 普通螺栓的排列与构造要求

螺栓在构件上的排列应简单划一、力求紧凑，通常采用并列和错列两种形式，如图 5-24 所示。并列形式比较简单整齐，所用连接板尺寸小，但由于螺栓孔的存在，对构件截面的削弱较大。错列形式可减少截面削弱，但排列较繁，连接板尺寸较大。无论采用哪种排列形式，螺栓在构件上的中距、端距和边距都应满足以下要求：

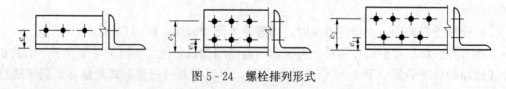

图 5-24　螺栓排列形式

（1）螺栓的中距不应过小，否则会使构件截面削弱过多。

（2）螺栓的中距不应过大，否则钢板不能紧密贴合。

（3）螺栓间应保持足够的距离，以便于转动扳手，拧紧螺母。

螺栓间的最大、最小容许间距见表 5-4。角钢、工字钢等构件上的螺栓容许线距可参见 GB 50017—2003《钢结构设计规范》。

表 5 - 4　　　　　　　　　　　　　　　　　　　螺栓间的最大、最小容许间距

名称	位置和方向			最大容许间距 （取两者的较小值）	最小容许间距
中心 间距	外排（垂直内力方向或顺内力方向）			$8d_0$ 或 $12t$	$3d_0$
	中 间 排	垂直内力方向		$16d_0$ 或 $24t$	
		顺内力方向	压力	$12d_0$ 或 $18t$	
			拉力	$16d_0$ 或 $24t$	
	沿对角线方向				
中心至 构件边缘 的距离	顺内力方向				$2d_0$
	垂直 内力 方向	剪切边或手工气割边		$4d_0$ 或 $8t$	$1.5d_0$
		轧制边自动精密气割或锯割边	高强度螺栓		
			其他螺栓 或铆钉		$1.2d_0$

注　1. d_0 为螺栓的孔径，t 为外层较薄板件的厚度。
　　2. 钢板边缘与刚性构件（如角钢、槽钢等）相连的螺栓或铆钉的最大间距，可按中间排的数值采用。

螺栓连接除了要满足上述螺栓排列的容许间距外，根据不同情况尚应满足下列要求：

（1）为了使构件连接可靠，每一杆件在节点上及拼接接头的一端，永久螺栓的数量不宜少于两个。但对于组合构件的缀条，其端部连接可采用一个。

（2）直接承受动力荷载的普通螺栓连接应采用双螺母或其他防止螺母松动的措施，如采用弹簧垫圈，或将螺母和螺杆焊死等方法。

（3）如果螺栓与孔壁有较大的间隙，则只宜用于沿杆轴方向受拉的连接。承受静力荷载结构的次要连接、可拆卸结构的连接和临时固定构件用的安装连接中，也可用普通螺栓连接。但在重要的连接中，如制动梁或吊车梁上翼缘与柱的连接，由于这个连接传递制动梁的水平支承反力并受到反复动力荷载作用，应优先采用高强度螺栓连接，其次是采用焊接连接。

（4）当型钢构件的拼接采用高强度螺栓连接时，由于型钢的刚度大，不能保证摩擦面接触紧密，因此不宜用型钢作为拼接件，而应采用钢板。

（5）在高强度螺栓连接范围内，在施工图中应注明构件接触面的处理方法，以确保构件的可靠连接。

二、高强度螺栓连接

高强螺栓是用合金钢制成的，它的抗拉、抗剪和抗扭强度比普通钢制成的螺栓要高。高强度螺栓的预拉力是通过拧紧螺母实现的，紧固方法有两种，一种是扭矩法，另一种是转角法。

扭矩法是通过控制终拧扭矩值来实现预拉力控制的。终拧扭矩值可根据由实验预先测定的扭矩和预拉力之间的关系来确定。施拧时，终拧扭矩值的偏差不得大于±10％。在安装高强度螺栓时，先用普通扳手初拧，基本消除板件之间的间隙，然后依据终拧扭矩值进行终拧。扭矩法的优点是操作简单、易实施、费用少；但此法往往由于螺纹条件、螺母下的表面情况及润滑情况等因素的变化，使扭矩和拉力间的关系变化幅度较大且分散。为此，一般可采用直接显示扭矩的指针式扭力（测力）扳手或预值式扭力（定力）扳手来控制。

转角法是先用普通扳手进行初拧，使被连接件相互紧密贴合，再以初拧位置为起点，做出标记线，用长扳手旋转螺母，拧至终拧角度时，螺栓的拉力即达到了施工控制的预拉力。

高强度螺栓可分为扭剪型高强度螺栓和大六角头高强度螺栓。与大六角头高强度螺栓相比，扭剪型高强度螺栓螺纹端部有一个承受拧紧反力矩的十二角体和一个能在规定力矩下剪断的断颈槽，施工时，以拧掉螺栓尾部的断颈槽来控制预拉力的数值。因此，扭剪型高强度螺栓具有强度高、安装简便和质量易于保证、可以单面施拧的特点，对操作人员没有特殊要求，因而在工程中使用较多，如图 5-25 所示。

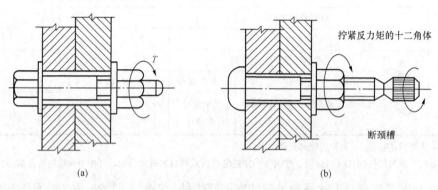

图 5-25　扭剪型高强度螺栓和大六角头高强度螺栓
(a) 大六角头高强度螺栓；(b) 扭剪型高强度螺栓

第五节　混 合 连 接

通常，钢结构在构件连接中多用一种连接方法，即要么用焊接，要么用螺栓连接或用铆钉连接，但有时也把其中两种连接方法混合使用。如高强度螺栓和焊缝混合连接，或高强度螺栓和铆钉混合连接。这种混合连接主要有两种形式，第一种形式是不同连接方法分别用于同一节点的两个不同受力面，如图 5-26 所示为高层钢结构中梁与柱的刚性连接，其中，梁的上、下翼缘分别采用焊缝连接，腹板则采用高强度螺栓连接。这种构造方式受力合理，施工方便。腹板上的螺栓孔在安装时还可以作为临时性的定位螺栓，以便于梁在焊前进行就位和调整，待梁翼缘焊接完成后，再将腹板上的临时螺栓换成高强度螺栓，形成永久螺栓。这种混合连接形式使得焊缝和高强度螺栓的各自传力路线明确，可按各自的计算方法分别进行计算，不必考虑相互协调传力问题，因而成为工程中一种主要的混合连接方法。

第二种形式是将不同的连接方法用于同一受力面上，如图 5-27 所示为高强度螺栓和角焊缝的混合连接，在同一受剪面上，螺栓和焊缝共同受力。这种混合连接方式常用于或是对已有结构的加固，或是在已有连接强度不足的情况下再加一种连接进行补强，或是在新设计的连接中同时使用两种方法以减小连接的几何尺寸。使用这种连接方法时，必须确保两种连接方式能够协同工作，共同传力，否则就会出现附加应力和工作不协调的问题，并给构件受力带来不利影响。

一、栓—焊混合连接

栓—焊混合连接是指摩擦型高强度螺栓与侧面角焊缝或对接焊缝的混合连接。由于普通螺栓抗滑移能力极低，不能提高连接的承载力，因此不宜采用。高强度螺栓只有在栓杆和栓孔之间配合十分紧密时，栓杆才能在加载之初就与孔壁直接接触并与焊缝共同传力。但这种接头的制作费用高，施工也极为不便，故实际工程中较少采用。

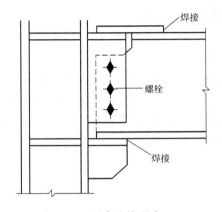

图 5-26 混合连接形式（一）

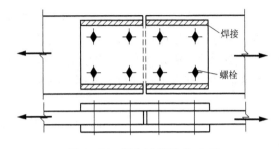

图 5-27 混合连接形式（二）

采用这种连接方法时，栓焊能否协同工作及协同工作能够达到什么程度是混合连接能否应用的关键，需要从它们的荷载—变形关系来考虑和处理。

一般来讲，焊缝和高强度螺栓在承受静力荷载时能够较好地协同工作，但在承受产生疲劳作用的重复荷载时却存在很多问题。试验表明，栓焊混合连接在焊缝端部的焊趾处常会出现疲劳裂纹并向内逐渐发展，所以在直接承受动力荷载作用的构件中，不宜采用栓—焊混合连接。同时，在工程实际应用中应注意以下几方面的问题：

（1）混合连接中螺栓和焊缝的数量应搭配适当，不能相差过大，要确保两者能够协同受力。一般应使焊缝的承载力略大于高强度螺栓的抗滑移承载力。

（2）混合连接的施工顺序以先栓（或先用普通螺栓临时固定）后焊为好，这样可保证构件之间的摩擦面贴合紧密。若采用先焊后栓，则应采取防止焊件变形、摩擦面贴合不紧的措施。

（3）采用先栓后焊的混合连接时，要考虑焊接对高强度螺栓预拉力的影响。试验证明，焊接时，螺栓的温度虽有一定程度的升高，但持续时间比较短，故对预拉力的影响并不大。然而，在焊缝冷却时，若构件的收缩量较大，就会使连接的滑移量增大，则预拉力将会有较大程度的下降，靠近焊缝处可能达到10%以上。因此，施工时应根据情况在焊后对高强度螺栓加以补拧。

二、栓—铆混合连接

高强度螺栓和铆钉的并用混合连接多出现在用高强度螺栓替换一部分铆钉的工程中，比较多的情况是厂房中吊车梁和制动梁连接。当有一部分铆钉因疲劳而断裂及桥梁中某一节点有部分铆钉断裂时，可以采用这种方式来处理。实践证明，由于高强度螺栓的强度不仅比普通螺栓高5～6倍，而且高强度螺栓拧紧后能在构件接触面上产生20～22t的夹紧力，并可利用在外力作用下所产生的抗滑摩擦力来传递构件内力。因此，采用高强度螺栓替代铆钉或与铆钉一起连接构件，可使得构件应力集中小，防松性能好，疲劳强度高，施工时间少。特别是在加固工程中，即使是用与铆钉直径相同的高强度螺栓代替铆钉，也具有相同的承载力，在动力荷载作用下，其疲劳强度也有所提高。此外，由于高强度螺栓的夹紧力高于铆钉，且摩擦型高强度螺栓的疲劳强度也高于铆钉，因此，若在受力较大的接头端部用高强度螺栓代替铆钉，则可提高构件连接的疲劳强度。

第六章 结构吊装工程

随着社会的不断发展和科学技术的不断进步,许多工程项目都要求在非常规的情况下高快好省(质量高、速度快、效益好、费用省)地完成工程预定任务,为此,在许多工程中就采用了许多新的方法和技术。特别是吊装施工技术已随着工程项目的不断实践,得到了明显的提高和改进,并在工程项目中发挥着越来越重要的作用。

第一节 吊 装 机 具

一、吊装工具

在吊装过程中,常用的吊装工具有绳索、滑轮、葫芦、吊具、牵引设备及锚碇等。

1. 绳索

常用绳索有白棕绳、尼龙绳、钢丝绳。前两者适用于起重量不大的吊装工程或作辅助性绳索,后者强度高、韧性好、耐磨,广泛应用于各种吊装工程中。

白棕绳是用麻纤维经机械加工而制成的,但白棕绳的强度只有钢丝绳的 10% 左右。由于白棕绳强度低,耐久性差且易磨损,特别是在受潮后其强度会降低 50%,因此仅用于手动提升的小型构件或作吊装临时牵引控制定位绳。捆绑构件时,应用柔软垫片包角保护,以防被构件边角磨损。

尼龙绳又名聚酯乙烯绳带,是使用合成纤维尼龙制成的绳子。尼龙绳具有较高的抗拉性能、耐磨性能和吸收冲击负荷的性能;但在高温环境下,抗拉力会明显降低甚至变形,易被酸碱腐蚀,因此,在使用过程中应避免暴晒,也应避免在酸碱浓度过高的环境中使用。

钢丝绳一般是用 6 股钢丝束和一根浸油麻绳芯组成,其中绳芯用以增加钢丝绳的挠性和弹性,绳芯中的油脂能润滑钢丝绳并防止钢丝生锈。钢丝绳一般分为 6×19、6×37、6×61 等几种规格。例如,6×37 表示钢丝绳由 6 股钢丝束组成,每股含 37 根钢丝。每股钢丝束所含的钢丝数越多,钢丝直径越小,钢丝越柔软,但不耐磨损。6×19 的钢丝绳较硬,适用于不受弯曲或可能遭到磨损的地方,如作缆风绳和拉索;6×37 和 6×61 的钢丝绳较柔软,可用作穿滑轮组的起重绳和用作捆物体的千斤绳。

当钢丝绳磨损起刺,或在其截面中检查断丝数达到总丝数的 1/6 时,则该钢丝绳应作报废处理。经燃烧、通电等受过高温烘烤的钢丝绳,强度削减很大,因而不宜再用作起重吊装绳具。

2. 滑轮

滑轮可分为定滑轮和动滑轮。定滑轮安装在固定位置,只起改变绳索方向的作用;动滑轮安装在运动轴上,其吊钩与重物同时变位,起省力作用。定滑轮和动滑轮联合工作而成为滑轮组,普遍用于起重机构中,如图 6-1 所示。

3. 葫芦

葫芦也称倒链,它由钢链、蜗杆或齿轮传动装置组成,据动力源可分为手动葫芦或电动葫芦。葫芦装有自锁装置，能保持所吊物体不会自动下落，适用于吊装轻型构件，起重量有 1、2、3、5、7、10t 等级别，如图 6-2 所示。

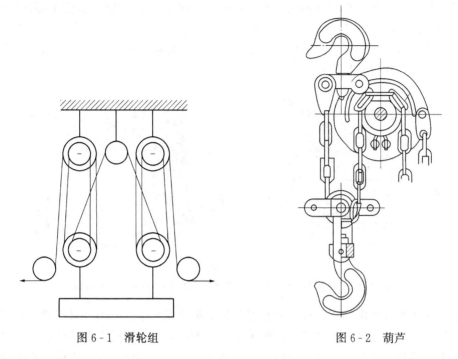

图 6-1　滑轮组　　　　　　　　　　　　　图 6-2　葫芦

4. 吊具

在吊装工程中，最常用的吊具有吊钩、吊索、绳卡、卡环、滑车等。为便于吊装各种构件，尽量使各种构件受力均匀和保持完好；还有一些特制吊具，如吊梁（钢扁担）、蝴蝶铰、钢格架、钢拉杆、钢吊铀等，如图 6-3 所示。在使用这些吊具前都要进行力学验算和试吊，以避免发生事故。

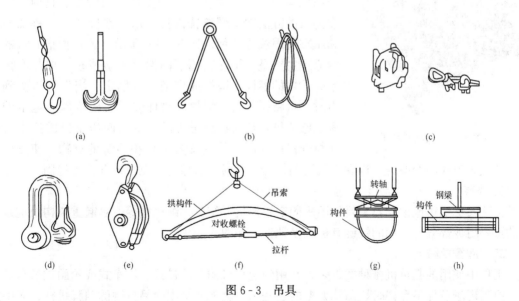

图 6-3　吊具

(a) 吊钩；(b) 吊索；(c) 绳卡；(d) 卡环；(e) 滑车；(f) 吊拱索具；(g) 蝴蝶铰；(h) 钢扁担

5.牵引设备

吊装的牵引设备主要有绞盘和卷扬机。

绞盘又称绞磨，由一个直立卷筒转盘和推杆、机架组成，卷筒底座设置棘钩锁定装置，如图6-4所示。起重时，先将绞盘固定在地面上，由四人或多人推动卷筒的推杆，使绳索绕在卷筒上牵引重物。绞盘制作简单，搬运方便，但速度慢，牵引力小，仅适用于小型构件起重或桅索收紧、构件拖拉等场合。

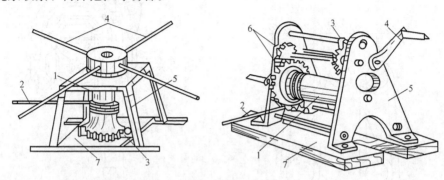

图6-4　绞盘

1—卷筒；2—缆绳；3—棘钩；4—摇柄；5—机架；6—齿轮；7—底盘

卷扬机有手摇式和电动式两种。手摇卷扬机又称手摇绞车，是由一对机架支承横卧的卷筒，利用轮轴的机械原理，通过带摇柄转轴上的齿轮，采用二级或多级转动推动卷筒上的齿轮来牵引钢丝绳拉动重物。电动卷扬机是由电动机通过齿轮的传动变速机构来驱动卷筒，并设有磁吸式或手动的制动装置，如图6-5所示。

图6-5　电动卷扬机

电动卷扬机又分快速和慢速两种。慢速卷扬机主要用于吊装结构、冷拉钢筋和张拉预应力筋；快速卷扬机主要用于垂直运输、水平运输及打桩作业。使用卷扬机时，必须用地锚固定，以防作业时产生移动或倾覆。目前，固定卷扬机的方法常有螺栓锚固法、水平锚固法、立桩锚固法和压重锚固法等几种，如图6-6所示。这几种锚固法的基本原理主要是，用埋在地下的混凝土墩或桩，把与卷扬机紧固连接的螺栓、锚杆或支架予以固定。当卷扬机受到拉力时，可将拉力通过螺栓、锚杆或支架传给埋在地下的混凝土墩或桩，从而达到锚固的目的。而压重锚固法主要是在与卷扬机紧固连接的支架上堆积足量的重物，使支架与地面产生足够大的摩擦力，当卷扬机受到拉力时，通过摩擦力予以承担并保持稳固。

6.锚碇

锚碇又称地钳或地龙，主要是用来固定卷扬机、绞盘、缆风绳等，是起重机构稳定系统中的重要组成部分。常用的锚碇有桩锚及地锚，如图6-7所示。

二、起重机械

工程中使用的起重机械种类很多，常用的起重机械有履带式、汽车式或轮胎式吊车及塔吊。但当现场条件不允许时，吊装大型的一些构件就需要采用简易自制的独脚扒杆、人字扒

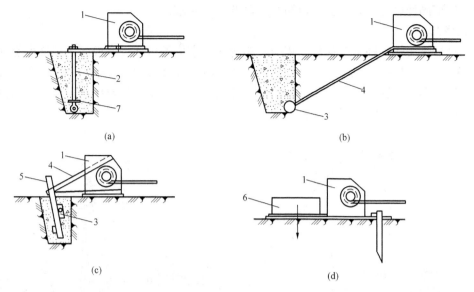

图 6 - 6 固定卷扬机的方法

（a）螺栓锚固法；（b）水平锚固法；（c）立桩锚固法；（d）压重锚固法

1—卷扬机；2—地脚螺栓；3—横木；4—拉索；5—木桩；6—压重；7—压板

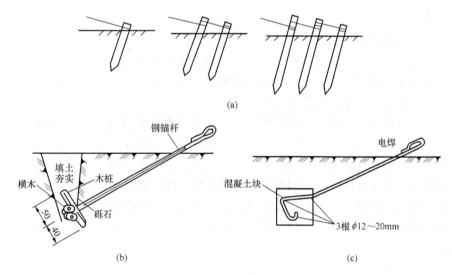

图 6 - 7 锚碇

（a）桩锚；（b）土、木地锚；（c）混凝土地锚

杆、摇臂扒杆等起重机械。

1. 独脚扒杆

独脚扒杆是由一根圆木、钢管或角钢焊成的桁架柱，其顶部用 4 根拉索拉紧而竖立于地面，杆顶挂定滑轮并与钢丝绳和动滑轮组成滑轮组吊钩，钢丝绳通过杆底的导向滑轮接入卷扬机卷筒的一种提升装置，如图 6-8 所示。这种装置制作简单，方便实用，特别是在一些场地狭小或地势复杂的工程中较为实用。

独脚扒杆底部一般用钢板制成，有时为了移杆方便，底座下面还可设置跑轮。但在起重时，底座应牢固地固定在地面上，以防止滑动并发生事故。

2. 人字扒杆

人字扒杆是用两根圆木或钢管、桁架柱组合成人字形的扒杆。两根圆木顶部的交叉处成 $25°\sim35°$ 的夹角，并用钢丝绳绑扎牢固，然后挂起重滑轮组。在人字扒杆根部前方放一横木，并与扒杆绑扎牢固，横木中部一侧安装一导向滑轮，钢丝绳与卷扬机连接，卷扬机与锚碇相连，如图 6-9 所示。

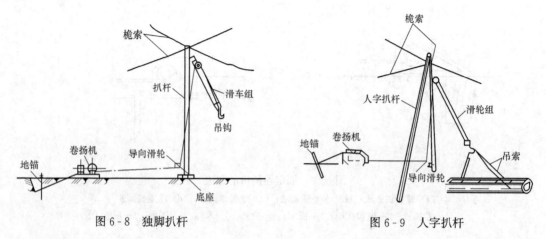

图 6-8　独脚扒杆　　　　　　　　　　　图 6-9　人字扒杆

3. 摇臂扒杆

摇臂扒杆又称桅杆起重机，有轻型和重型两种形式。

轻型摇臂扒杆由一个人字扒杆和一根摇臂组成，通常用钢管制作。吊装构件时，人字架固定不动，吊臂底端通过可上下左右旋转的钢板左右移动，旋转范围水平角在120°以内。这种扒杆可吊10t以内的构件，如图 6-10（a）所示。

重型摇臂扒杆多采用角钢与缀条板焊制，主桅与吊臂均为钢桁架方柱，摇臂以钢铰与直立的主桅杆相接，通过主桅杆顶部的滑车组可使之仰俯。主桅杆顶部为一直立钢轴，套上顶盘，用 6 根以上的钢丝绳桅索将顶盘拉紧，通过地锚而使主桅杆竖稳。主桅杆底部设转盘，以球铰滚动轴承支撑于底座上。控制吊臂仰俯和重物升降的两根牵引钢丝绳，经导向滑轮通过主桅杆中央引出，接至卷扬机。吊装时，以绞车和钢丝绳牵引转盘，整个扒杆可就地旋转 $360°$。重型摇臂扒杆可起吊 $10\sim50t$ 的重物，主桅杆高度一般为 $10\sim40m$，摇臂长 $8\sim35m$，如图 6-10（b）所示。

4. 履带式起重机

履带式起重机是一种通用的起重机械，它由行走装置、回转机构、机身和起重臂等部分组成。行走装置为链式履带，以减小对地面的压力。回转机构为装在起重机底盘上的转盘，可使机身回转 $360°$，机身内部有动力装置、卷扬机及操纵系统。起重臂是由角钢组成的格构式杆件，下端铰接在机身的前面，可随机身回转，起重臂顶端设有两套滑轮组（起重滑轮组及变幅滑轮组），钢丝绳通过滑轮组连接到机身内部的卷扬机上，其外形如图 6-11 所示。

履带式起重机具有较大的起重能力和工作速度，在平整坚实的道路上还可负荷行走，但其行走时速度较慢，且履带对路面的破坏性较大，故进行长距离转移时，需用平板拖车运输。常用的履带式起重机起重量为 $100\sim500kN$，目前最大起重量达 $3000kN$，最大起重高度可达 $135m$，广泛用于单层工业厂房、桥梁结构的安装工程及其他吊装工程中。

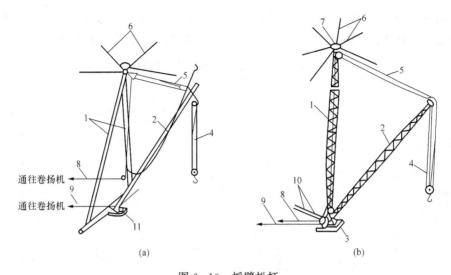

图 6-10 摇臂扒杆

（a）轻型摇臂扒杆；（b）重型摇臂扒杆

1—主桅杆；2—吊臂；3—可转底盘；4—吊升滑轮组；5—仰俯滑轮组；6—桅索；7—顶盘；
8—仰俯牵引组；9—升降牵引绳；10—转盘操纵绳；11—转动铰

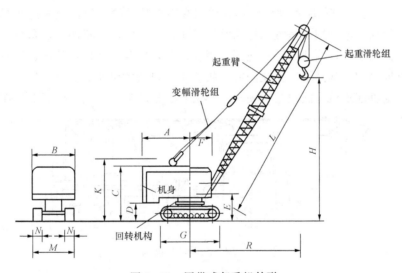

图 6-11 履带式起重机外形

履带式起重机的主要技术性能包括三个主要参数：起重量 Q、起重半径 R 和起重高度 H。起重量 Q 是指起重机安全工作所允许的最大起重重量，但不包括吊钩的重量。起重半径 R 是指起重机回转中心至吊钩的水平距离。起重高度 H 是指起重吊钩中心到停机面的垂直距离。由于这三者存在着一定的相互关系，因此选择起重机时应综合考虑。常见的几种履带式起重机机械性能参数见表 6-1。

为了保证履带式起重机的工作安全，满载起吊时，起重机必须置于坚实的水平地面上。吊装时，应先将重物吊离地面 20~30cm，检查并确认起重机的稳定性、制动器的可靠性和起吊构件绑扎的牢固性等，在确保符合要求的前提下方可继续起吊。起吊时，动作应平稳，并禁止同时进行两种及以上动作。对无提升限定装置的起重机,起重臂最大仰角不得超过70°。双机抬吊构件时,构件的重量不得超过两台起重机所允许起重量总和的75%。

表 6 - 1 常见的几种履带式起重机机械性能参数

参 数		型 号										
		W1 - 50			W1 - 100		W200A,WD200A			西北 78D			
起重臂长度(m)		10	18	18带鸟嘴	13	23	10	30	40	18.3	24.4	30.25	37
最大起重半径(m)		10.0	17.0	10.0	12.0	17.0	14.0	22.0	30.0	18.0	18.0	17.0	17.0
最小起重半径(m)		3.7	4.5	6.0	4.5	6.5	4.5	8.0	10.0	4.7	7.5	8.0	10.0
起重量	最小起重半径时(t)	10.0	7.5	2.0	15.0	8.0	50.0	20.0	8.0	20.0	10.0	9.0	3.0
	最大起重半径时(t)	2.6	1.0	1.0	3.7	1.7	9.4	4.8	1.5	3.3	2.9	3.5	1.0
起重高度	最小起重半径时(m)	9.2	17.2	17.2	11.0	19.0	12.1	26.5	36.0	18.0	23.0	29.1	36.0
	最大起重半径时(m)	3.7	7.6	14.0	6.5	16.0	5.0	19.8	25.0	7.0	16.4	24.3	34.0

5. 汽车式起重机

汽车式起重机是把起重机构安装在普通载重汽车或专用汽车底盘上的一种自行式起重机,如图 6 - 12 所示,其行驶的驾驶室和起重操纵室是分开的。起重臂的构造形式有桁架和伸缩臂两种,目前普遍使用的是液压伸缩臂起重机。汽车式起重机的优点是行驶速度快,转移方便,对路面损伤小,因此,特别适用于流动性大,经常变换地点的吊装作业;缺点是作业时必须将可伸缩的支腿落地,支腿需要安放枕木,以增大机械的支撑面积,并保证车身的整体稳定性。这种起重机不能负荷行驶,也不适合在松软或泥泞的工作面上工作。

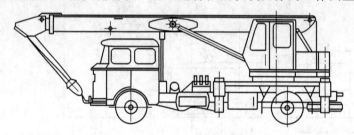

图 6 - 12 汽车式起重机

6. 轮胎式起重机

轮胎式起重机是把起重机构安装在加重型轮胎和轮轴组成的特制底盘上的一种全回转式起重机,如图 6 - 13 所示,其上部构造与履带式起重机基本相同,但行走装置为轮胎。起重机设有四个可伸缩的支腿,在平坦地面上进行较小重量的起重时,可不打开支腿并低速行驶,但一般情况下均使用支腿以增加机身的稳定性,并保护轮胎。与汽车式起重机相比,轮胎式起重机优点是横向尺寸较宽、稳定性较好、车身短、转弯半径小;但其行驶速度比汽车式起重机慢,故不宜做长距离行驶,也不适合在松软或泥泞的地面上工作。

7. 塔式起重机

塔式起重机简称塔吊,是一种塔身直立、起重臂安装在塔身顶部并可做360°回转的起重机械,除用于结构安装工程外,也广泛用于多层和高层建筑的垂直运输。塔式起重机的特点

是：塔身高度大，臂架长，作业面大，可以覆盖广阔的
空间，同时还能吊运各类施工材料、制品、预制构件及
设备，特别适合吊运超长、超宽的重大物体，能同时进
行起升、回转及行走动作，能同时完成垂直运输和水平
运输作业，且有多种工作速度，因而生产效率高。此外，
还可通过改变吊钩滑轮组钢丝绳的倍率来提高起重量，
能较好地适应各种施工的需要。塔式起重机自身设有较
齐全的安全装置，运行安全可靠，驾驶室设在塔身上部，
司机视野宽阔，便于安全生产和操作运行。

    塔式起重机的类型很多，按照其使用和架设方法的
不同，可分为轨道式塔式起重机、内爬式塔式起重机、
固定式塔式起重机和附着式塔式起重机四种，如图 6 - 14
所示。

    （1）轨道式塔式起重机可在轨道上直线或曲线行走，
且可负荷运行，生产效率高，作业面大，多适合于条状
的高大建筑物的工程建设。轨道式塔式起重机塔身的受

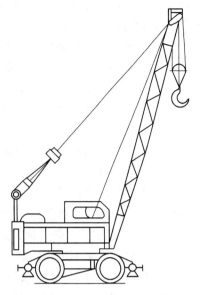

图 6 - 13   轮胎式起重机

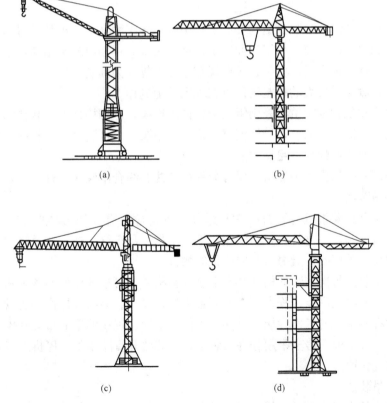

(a)   (b)

(c)   (d)

图 6 - 14   塔式起重机
(a) 轨道式；(b) 内爬式；(c) 固定式；(d) 附着式

力状况较好，转移方便、无需与结构物拉结，但占用场地较多，铺设轨道的工作量也较大，费用相对较高。

（2）内爬式塔式起重机是将起重机安装在建筑物内部的结构上（常利用电梯井），借助爬升机构随建筑物的升高而向上爬升，一般每隔1～2层楼便爬升一次。由于内爬式塔式起重机塔身短，用钢量省，因此造价低，也不占用施工场地，不需要轨道和附着装置，但须对结构进行相应的加固，且不方便拆卸。内爬式塔式起重机多用于施工场地非常狭窄的高层建筑施工。

（3）固定式塔式起重机一般是将塔身固定在混凝土基础上，此类起重机安装方便，占用施工场地少，但起升高度不大，一般在50m内，适合于多层建筑的施工。

（4）附着式塔式起重机是将起重机的塔身固定在建筑物或构筑物的基础上，且每隔20m左右的高度用系杆与旁边的结构物连接起来，因而其稳定性好，起升高度大，一般为70～160m。同时，起重机可依靠顶升系统，随施工进程自行向上爬升。此类起重机占用场地很少，特别适合在较狭窄的工地施工，但因塔身固定，服务范围受到限制。

近年来，国内外新型塔式起重机不断涌现，起重机械的种类和性能也增加了很多，因此，在吊装工程中，起重机械有较大的范围可供选择。

第二节　单层工业厂房结构安装工程

单层工业厂房的结构吊装是结构安装工程中的主导工种之一，也是学习和掌握施工技术中最主要的知识之一。目前，单层工业厂房常采用装配式钢筋混凝土结构，主要承重构件中除基础现浇外，柱、吊车梁、屋架、天窗架和屋面板等均为预制构件。一般中、小型预制构件多集中在工厂制作，较大的预制构件可在现场就地制作。

目前，很多建筑物或构筑物采用钢结构构件来组装，但钢构件的吊装技术要比钢筋混凝土构件的吊装技术简单，因此，钢筋混凝土构件的吊装技术可适用于钢构件的吊装。

一、单层工业厂房的构件吊装方法

单层工业厂房的构件吊装方法主要有分件吊装法和综合吊装法两种。

（1）分件吊装法

分件吊装法是指起重机每开行一次只吊装一种构件，通常分三次开行并安装完所有构件：第一次吊装柱并逐一进行校正和固定；第二次吊装吊车梁、连系梁及柱间支撑等；第三次以节间为单位吊装屋架、天窗架和屋面板等构件。

由于分件吊装法每次吊装的构件基本上是同类构件，可根据构件的重量和安装高度选择不同的起重机，同时在吊装过程中不需要频繁更换索具，容易熟练操作，所以吊装速度比较快，能充分发挥起重机的工作性能。另外，构件的供应、现场的平面布置及校正等比较容易组织。因此，一般工业厂房多采用分件吊装法，但此法开行路线长，停机点多，不能及早为后续工程提供工作面。

（2）综合吊装法

综合吊装法是指起重机只开行一次，以节间为单位，一次安装完该节间的所有构件。具体做法是，先吊4～6根柱子，接着就进行校正和最后固定，然后吊装该节间的吊车梁、连系梁、屋架、屋面板和天窗架等构件。

综合吊装法的特点是起重机开行路线短,停机点少,能及时为后续工程提供工作面;但由于同时吊装各类构件,索具更换频繁,操作多变,生产效率较低,不能充分发挥起重机的性能。此外,构件平面布置复杂,构件校正和最后固定的时间紧张,不利于施工组织,所以,一般情况下不采用这种吊装方法。

二、吊装工艺

1. 现场预制构件的平面布置

现场预制构件的平面布置是吊装工程中的一项重要工作,如果构件布置合理,则可免去构件在场内的二次搬运,提高起重机的工作效率。构件的平面布置与吊装方法、起重机械性能、构件制作方法等有关。布置构件时,每跨构件应主要布置在跨内,如确有困难,可考虑布置在跨外且便于吊装的地方,但布置的构件应满足吊装要求,尽可能布置在起重机的起重半径之内,尽量减少起重机负荷行走的距离及起重臂起伏的次数。同时,构件布置应满足安装顺序的要求,并注意构件安装时的朝向,避免在空中调头,以减少对施工进度和安全的影响。构件之间应留有一定的距离(一般不小于1m),以便于施工。各种构件均应力求占地最少,保证起重机械、运输车辆运行道路的畅通,并保证起重机械回转时不与构件碰撞。所有构件应布置在坚实的地基上,防止新填土的地基沉陷,以免影响构件的制作质量。

2. 结构安装前的准备工作

结构安装前的准备工作包括清理场地,铺设道路,构件的运输、堆放、拼装、加固、质量检查、弹线、编号和基础准备等内容。

(1) 构件的运输。在工厂制作或在施工现场集中制作的构件,吊装前要运到吊装地点就位。构件的运输一般采用载重汽车、半托式或全托式的平板拖车。在运输构件过程中,必须保证构件不倾倒、不变形、不破坏,为此,当设计无具体要求时,构件的强度不得低于混凝土设计强度标准值的75%。摆放构件时,构件的支垫位置要正确;装卸时,吊点位置应符合设计要求。

(2) 构件的堆放。构件应按构件平面布置图规定的位置摆放,并尽可能地避免二次搬运。堆放构件的场地应平整坚实并具有排水措施。构件就位时,应根据设计的受力情况搁置小垫木或支架并应保持稳定;重叠堆放的构件,吊环应向上,标志朝外;构件之间要垫木块,上下层垫木应在同一垂直线上;重叠堆放构件的堆垛高度应根据构件和垫木强度、地面承载力及堆垛的稳定性确定;采用支架靠放的构件,必须对称靠放和吊运,上部用木块隔开。

(3) 构件的拼装和加固。构件的拼装可分为平拼和立拼两种。平拼是将构件平放拼装,拼装后扶直吊运。平拼一般适用于小跨度构件,如天窗架等,如图 6-15 所示。立拼适用于侧向刚度较差的大跨度屋架,拼装大跨度构件时,采用立拼可减少移动和扶直工序。对于一些侧向刚度较差的构件如屋架,在拼装、焊接、翻身扶直及吊装的过程中,为了防止变形和开裂,一般都用横杆或脚架进行临时加固,如图 6-16 所示。

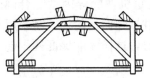 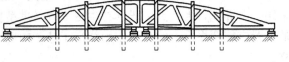 

图 6-15　构件的平拼　　　　　　　　图 6-16　构件的立拼

（4）构件的质量检查。吊装前，应对所有构件进行全面质量检查，检查的主要内容主要包括构件的外观和强度。构件的外观检查包括构件的型号、数量、外观尺寸、预埋件与预留洞位置及构件表面有无孔洞、蜂窝、麻面、裂缝等缺陷。

构件的强度检查是指当设计无具体要求时，一般柱子的强度要达到混凝土设计强度的75％，大型构件的强度（大梁、屋架）应达到100％，预应力混凝土构件孔道灌浆的强度不应低于15MPa。

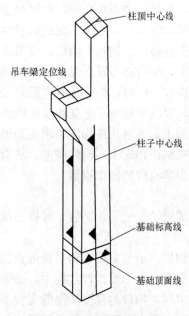

图 6 - 17　柱吊装定位线

（5）构件的弹线与编号。构件在质量检查合格后，即可在构件上弹出吊装的定位墨线，以作为吊装时定位、校正的依据。但不同的构件需要弹线的位置和数量不一样，如对于柱子来讲，柱身的三个侧面要弹出几何中心线，此线应与基础杯口顶面上的定位轴线相吻合。此外，在牛腿面和柱顶面要弹出吊车梁和屋架吊装定位线，为安装吊车梁和屋架提供依据，如图 6 - 17 所示。

屋架上弦顶面应弹出几何中心线，并延至屋架两端下部，再从屋架中央向两端弹出天窗架、屋面板的吊装定位线。吊车梁应在梁的两端及顶面弹出定位准线。

此外，对构件弹线的同时应依据设计图纸对构件进行编号，编号应写在构件的明显部位，对上下左右都存在连接的构件，还应注明连接方向的编号，以免吊装时出错。

（6）基础准备。装配式钢筋混凝土柱的基础一般为杯形基础，基础准备工作的内容主要包括杯口弹线和杯底抄平两项工作。

杯口弹线是指在杯口顶面弹出纵、横定位轴线，以作为柱就位、安装和校正的依据。

杯底抄平是为了保证柱牛腿标高的准确性，在吊装前需对杯底的标高进行调整抄平。调整前，应先测量出杯底原有标高，小柱可测中点，大柱则可测四个角点，再测量出柱脚底面至牛腿标高顶面的实际距离，并计算出杯底标高的调整值。然后用水泥砂浆和细石混凝土填抹至需要的标高。杯底标高调整后，应加以保护，以防杂物落入。

3. 柱的安装

柱的安装是所有构件吊装过程中最为重要的安装环节之一，它主要包括柱的绑扎、吊升、对位、校正和固定这几项工作。

（1）柱的绑扎。绑扎柱的工具主要有吊索、卡环和横吊梁等。为了在空中脱钩方便，宜采用活络式卡环。同时，吊装柱子时，要在吊索与构件之间垫麻袋或木板等，以避免吊索磨损柱表面。

绑扎点的数量和位置应根据柱的形状、断面、长度、配筋和起重机性能等因素综合确定。对中小型柱可采用一点绑扎，绑扎点一般选在牛腿下；对重型柱或细而长的柱，需采用两点绑扎。绑扎点的位置应使两根吊索的合力作用线高于柱子的重心，这样才能保证柱子起吊后能自行回转直立。

（2）柱的吊升。根据柱在吊升过程中的运动特点，柱的吊升方法可分为旋转法和滑行法。

采用旋转法吊柱时，起重机边收钩边回转，使柱子绕着柱脚旋转成直立状态，然后吊离地面，略转动起重臂，将柱放入基础杯口。采用该法吊柱时，柱在吊升过程中受振动小，吊装效率高但对起重机的机动性能要求较高，需同时完成收钩和回转操作。

采用滑行法吊柱时，起重机只收钩，柱脚沿地滑行，在绑扎点位置柱身呈直立状态，然后吊离地面，略转动起重臂，将柱放入基础杯口。采用该法吊柱时，柱受振动较大，应对柱脚采取保护措施，但对起重机的机械性能要求较低，只需完成收钩和上升两个动作。

（3）柱的对位和临时固定。柱插入杯口后，并不立即降入杯底，而是在离杯底30～50mm处进行对位。对位的方法是用八块木楔或钢楔从柱的四周放入杯口，每边放两块，用撬棍拨动柱脚或通过起重机操作，使柱的吊装准线对准杯口上的定位轴线，并保持柱的垂直。

柱对位后，放松吊钩，柱沉入杯底，再复核吊装准线的对准情况后，对称地打紧楔块，将柱临时固定，然后起重机脱钩，拆除绑扎索具。当柱子较高时，由于仅靠柱脚处的楔块不能保证临时固定柱子的稳定，因此可采取增设缆风绳或加斜撑的方法来加强柱的临时固定。

（4）柱的校正。柱的校正包括平面位置、标高和垂直度三个方面。由于柱的标高校正已在基础抄平时完成，平面位置校正在对位过程中也已完成，因此柱的校正主要是垂直度校正。当柱的垂直偏差较小时，可用打紧或放松楔块的方法来纠正；当偏差较大时，可用螺旋千斤顶斜顶、平顶、钢管支顶等方法纠正。

（5）柱的最后固定。柱的校正完成后应立即进行最后固定。最后固定的方法是在柱脚与基础杯口的空隙内灌注细石混凝土，其强度等级应比构件混凝土强度等级提高一级。细石混凝土的浇筑分两次进行，第一次浇筑到楔块底部，第二次在第一次浇筑的混凝土强度达25%的设计强度后，拔出楔块，将杯口灌满细石混凝土即可。

4. 吊车梁的安装

吊车梁的安装应在柱子杯口第二次浇筑的细石混凝土强度达到75%的设计强度以后进行。吊车梁的绑扎、吊升、对位和临时固定应对称在梁的两端，并应使吊钩的垂线对准梁的重心，起吊后梁应保持水平状态，如图6-18所示。在梁的两端可用麻绳来控制梁的转动，以免与柱相碰。对位时，应缓慢降钩，将梁端的安装准线与牛腿顶面的吊装定位线对准。由于吊车梁的自身稳定性较好，对位后不需进行临时固定。但当吊车梁的高宽比大于4时，为防止吊车梁的倾倒，可用铁丝将吊车梁临时固定在柱上。

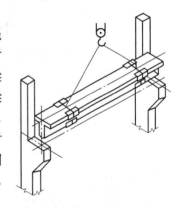

图6-18 吊车梁的安装

吊车梁的校正包括标高、平面位置和垂直度三个方面。标高校正在基础抄平时已完成，吊车梁的平面位置和垂直度的校正应在厂房结构校正和固定后进行。这是因为在安装屋架、支撑及其他构件时，可能会引起吊车梁位置的变化，从而影响吊车梁位置的准确性。对于较重的吊车梁，由于脱钩后校正困难，因此可边吊边校。但屋架等构件固定后，还需复查一次。

吊车梁的垂度可用铅锤检查。当偏差超过规定允许偏差时，应予以纠正。吊车梁平面位置的校正主要是检查吊车梁纵轴线的直线度是否符合要求，常用的方法有通线法和平移轴线法。其中，通线法又称拉钢丝法，它根据定位轴线，在厂房两端的地面上定出吊车梁的安装轴线位置并打入木桩，用钢尺检查两列吊车梁的轨道距离是否满足要求；然后用经纬仪将厂房两端的四根吊车梁位置校正正确，根据此通线检查并用撬棍拨正所有吊车梁的中心线，如图 6-19 所示。

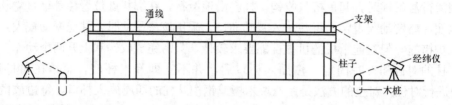

图 6-19　吊车梁的位置校正

平移轴线法是在柱列两边设置经纬仪，逐根将杯口上柱的吊装线投射到吊车梁顶面处的柱面上并做好标志。据此逐根拨正吊车梁的中心线，并检查两列吊车梁间的轨道距离是否满足要求。吊车梁校正后，立即用电焊与柱进行最后固定，并在吊车梁与柱的空隙处灌注细石混凝土。

为了使吊车梁所受到的横向水平刹车力和纵向水平制动力得到有效的传递，吊车梁上翼缘与柱间常用钢板或角钢焊接连接，吊车梁的底部预埋钢板则与柱牛腿顶面预埋钢板焊牢，吊车梁与柱之间的空隙均须用 C20 混凝土填实，如图 6-20 所示。

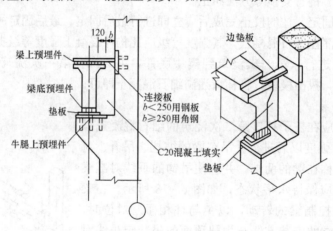

图 6-20　吊车梁与柱的连接

5. 屋架的安装

（1）屋架的扶直与就位。厂房的屋架一般均在施工现场平卧叠浇，因此，在吊装屋架前，需将平卧制作的屋架扶成直立状态，然后吊放到构件平面设计规定的位置，这个施工过程称为屋架的扶直与就位。

（2）屋架的绑扎。屋架的绑扎点应选在上弦节点处，并且要左右对称，使得绑扎吊点的合力作用点（绑扎中心）高于屋架重心。当屋架跨度小于 18m 时，可采用两点绑扎；当跨度大于 18m 时，可用两根吊索 4 个绑点绑扎；当跨度大于 30m 时，应采用横吊梁，以减小起重高度；对三角形组合屋架等刚性较差的屋架，由于下弦不能承受压力，因此绑扎时也应采用横吊梁吊装，如图 6-21 所示。

（3）屋架的吊升、对位与临时固定。屋架吊升时，需先将屋架吊离地面 500mm，待确

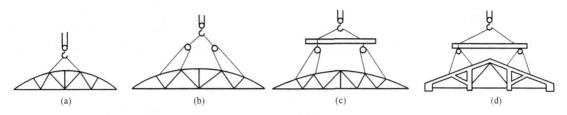

图 6-21 屋架的绑扎与吊装

(a) 跨度≤18m；(b) 跨度＞18m；(c) 跨度≥30m；(d) 三角形组合屋架

认屋架受力合理且绑扎安全稳定后，再将其慢慢吊至超过柱顶 300mm，然后将屋架缓缓地降到柱顶，进行对位。屋架对位时，要以建筑物的轴线为准，为此，需在对位前将建筑物轴线用经纬仪投放到柱顶面上，对位后进行临时固定，然后起重机脱钩。

屋架安装过程中，第一榀屋架的安装较为困难，也较为重要。第一榀屋架的临时固定方法是用四根缆风绳从两边拉牢，若已吊装完抗风柱，可将屋架与抗风柱连接。抗风柱与屋架常采用有一定刚度的弹簧板连接，如图 6-22 (a) 所示。一般情况下，抗风柱顶与屋架上弦连接；当屋架设有下弦横向水平支撑时，抗风柱也可与屋架下弦相连。若厂房存在沉降较大的可能，则抗风柱顶与屋架宜采用螺栓连接方式，如图 6-22 (b) 所示。

待第一榀屋架安装完并固定之后，其余的屋架就可用两个屋架校正器与前一榀屋架临时固定。

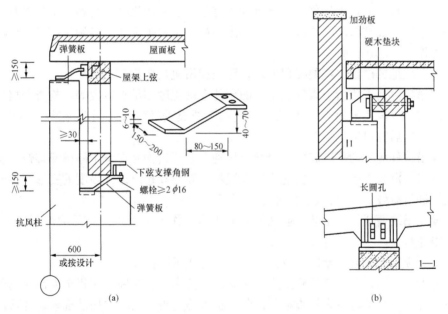

图 6-22 抗风柱顶与屋架连接

(a) 弹簧板连接；(b) 螺栓连接

（4）屋架的校正与最后固定。屋架的校正内容主要是检查并校正其垂直度。检查的工具一般是用经纬仪，校正屋架可采用屋架校正器或缆风绳。待屋架校正后，需立即将屋架与柱连接，使屋架牢固稳定。

屋架与柱的连接方法有焊接和螺栓连接两种，如图 6-23 所示。焊接法是待屋架或屋面

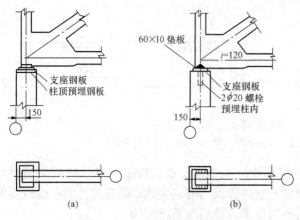

图 6-23　屋架与柱的连接方法
（a）焊接连接；（b）螺栓连接

头的预埋件与屋架上的预埋件焊接固定。

梁端部就位并校正后，将屋架或屋面梁端头底部的预埋件与柱顶的预埋钢板焊接牢固。螺栓连接方法是在柱顶预先埋置好固定螺栓，并在屋架或屋面梁端部支撑部位焊上带有缺口的支撑钢板，待屋架或屋面梁端部就位并校正后，将螺母拧紧来固定屋架。

6. 屋面板的安装

屋面板一般预埋有吊环，用带吊钩的吊索钩住吊环即可进行吊装。屋面板的安装顺序应自檐口两边左右对称地逐块铺向屋脊，避免屋架受力不均。屋面板对位后应立即用电焊将屋面板底部端

7. 天窗架的安装

天窗架的安装应在天窗架两侧的屋面板吊装方法完成后进行，其吊装方法与屋架的吊装基本相同。

三、吊装安全技术

在构件吊装过程中，因构件多，现场场地有限，使用的机械、材料、工具多种多样，极易发生物件碰撞和高空坠落的事故，因而必须做好安全保护工作，特别是在吊装中应做好以下几方面工作：

（1）吊装场地的电线电缆要妥善处理，防止起吊机具碰撞触及。

（2）起吊构件前，应由专人检查构件的绑扎牢固程度和吊点位置等，检查合格后，先进行试吊，即将构件吊离地面 10～20cm，检查起重机具的稳定性、制动可靠性及绑扎牢固程度，待检查正常后方可继续提升。

（3）起吊构件应均匀平稳起落，严禁突然刹车，严禁构件在空中停留或整修，不允许出现碰撞、振击、滑脱等现象，以免造成构件损坏、断裂和超出设计限度的变形。构件就位校正后应立即进行有效的固定，以防变位。

（4）设立吊装警戒线，吊装作业区域应禁止非工作人员入内，起吊构件下面不得站人，且车辆不得通行。

（5）遇六级以上大风、暴雨、打雷天气，应停止吊装作业。

（6）每天上班前，应向全体施工人员作详细的技术安全交底，使每个人都明确各自的责任。起吊过程中，必须有专人检查吊装设备、机具等是否有损坏和松动现象，并及时消除隐患，确保吊装安全。

有关大型起重机械吊装安全的若干管理规定见附录 B。

第七章 砌 体 工 程

砌体工程是指用砂浆将砖块、石材或砌块连接为整体的砌筑工程。不论是在地基基础中，还是在工程主体结构中，乃至在工程附属结构中，砌体工程都常以不同的方式出现，因此，砌体工程是工程项目中最普遍的施工项目。

第一节 砌 体 材 料

一、砌筑材料

在土建工程中，砌筑材料主要有砖块、各种类型的砌块和石材。

1. 砖块

砖的种类很多，主要有黏土砖、灰砂砖、粉煤灰砖和复合砖。目前，工程中使用的砖主要为普通烧结实心黏土砖，是经取土、调制、制坯、干燥、焙烧而制成的，分红砖和青砖两种。质量好的砖外表棱角整齐、质地坚实、无裂缝翘曲，吸水率小且强度高，敲打时声音发脆；色浅、声哑、强度低的砖为欠火砖，色较深且有弯曲变形的砖为过火砖。砖具有较高的抗压强度，也具有隔热和隔声等性能，因此，在工程中应用非常普遍。

砖的强度等级分为 MU30、MU25、MU20、MU15、MU10、MU7.5 共 6 个等级。普通黏土砖的尺寸为 53mm×115mm×240mm，若加上砌筑灰缝的厚度（一般为 10mm），则 4 块砖长、8 块砖宽、16 块砖厚都为 1m。1m³ 实心砖砌体需用砖 512 块。

2. 砌块

砌块的种类、规格很多，目前常用的砌块有普通混凝土小型空心砌块、轻骨料混凝土小型空心砌块、蒸汽加压混凝土砌块、粉煤灰砌块等。混凝土空心砌块可用作承重砌体。其他砌块则只能用于非承重砌体。普通混凝土和轻骨料混凝土小型砌块具有强度高、体积小和重量轻的特点，其外形尺寸为 390mm×190mm×190mm，施工中操作方便，并能节约砂浆和提高砌筑效率，所以在工程中应用也较为广泛。

3. 石材

天然石材具有很高的抗压强度、良好的耐久性和耐磨性，常用于砌筑基础、涵洞、挡土墙、护坡、沟渠及闸坝工程中。在工地上可通过看、听、称来判定石材质量。看，即观察打裂开的石材破碎面，若其颜色均匀一致，组织紧密，则石材较好；听就是用手锤敲击石块，听其声音是否清脆，声音清脆响亮的岩石为好；称就是通过称量计算出岩石的密度和吸水率，看它是否符合要求。一般要求石材的密度大于 2650kg/m³，吸水率小于 10%。工程常用的石材有片石、块石、粗料石、细料石和卵石。

片石是开采石料时的副产品，片石体积较小，形状不规则，多用于砌体中的填缝或一般性的护坡、护底工程，但不得用于拱圈、拱座及有磨损和冲刷的护面工程。

块石也叫毛料石，外形大致方正，一般不加工或仅稍加修整，叠砌面凹入深度不大于 25mm；每块质量以不小于 30kg 为宜，并具有两个大致平行的面，一般多用于防护工程和涵洞砌体工程。

粗料石外形较方正，截面的宽度、高度均不小于 20cm，且不小于长度的 1/4，叠砌面凹入深度不大于 20mm；除背面外，其他 5 个平面应加工凿平，常主要用于桥、涵墩台和直墙的砌筑。

细料石是经过细加工、外形规则方正、宽厚尺寸大于 20cm 且不小于其长度的 1/3 的石材，其叠砌面凹入深度不大于 10mm，多用于拱圈外脸、闸墩围头及墩墙等部位。

卵石分河卵石和山卵石两种，常用于砌筑河渠的护坡或挡土墙等。河卵石比较坚硬，强度高，山卵石则比河卵石强度低。有些山卵石表面已风化和变质，因此，使用前应进行检查。

二、胶结材料

砌筑施工常用的胶结材料按使用特点可分为砌筑砂浆和勾缝砂浆，按材料类型可分为水泥砂浆、石灰砂浆、水泥石灰砂浆、石灰黏土砂浆和黏土砂浆等。

1. 水泥砂浆

水泥砂浆是用水泥和砂子配置而成的砂浆，常用的水泥砂浆强度等级分为 M15、M10、M7.5、M5、M2.5、M1、M0.4 七个级别，水泥砂浆中的水泥强度等级不宜低于 32.5MPa。施工时，如用高强度等级的水泥配制低强度等级的砂浆，为改善和易性和减小水灰比，可掺入一定量的粉煤灰作混合材料。

配置水泥砂浆的砂子应无杂物，级配良好，含泥量应小于 3%。砂浆配合比应通过试验确定。拌制砂浆时可使用砂浆搅拌机，也可采用人工拌和。砂浆拌和量应配合砌体的砌筑速度和施工需要，一次拌和不宜过多，拌和好的砂浆应在砂浆初凝前用完。

2. 石灰砂浆

石灰砂浆是石灰膏与砂子配置而成的砂浆。石灰膏的淋制应在施工环境温暖且不结冰的条件下进行，淋好的石灰膏必须等表面浮水全部渗完，灰膏表面呈现不规则的裂缝后方可使用，一般是石灰石淋后两周再用，以便使石灰充分熟化。用石灰膏配制砂浆时，应按配合比取出石灰膏加水稀释成浆，再加入砂来拌和，直至颜色完全均匀一致为止。

3. 水泥石灰砂浆

水泥石灰砂浆是用水泥、石灰两种胶结材料与砂调制成的砂浆。拌和时，先将水泥砂子干拌均匀，然后将石灰膏稀释成浆倒入水泥砂子拌和物中并拌和均匀。这种砂浆比水泥砂浆凝结慢，和易性好，但不宜用于冬季施工。

三、砌筑的基本要求

砌体的抗压强度较大，但抗拉、抗剪强度较低，一般仅为其抗压强度的 1/10～1/8，因此，砌体常用于结构的受压部位。为了确保砌体发挥其相应的作用，在砌体的砖筑过程中，应遵循以下基本原则：

（1）砌体应分层砌筑，其砌筑面应与作用力的方向垂直，或使砌筑面的垂线与作用力方向间的夹角小于 13°～16°，否则受力时易产生层间滑动。

（2）砌块间的纵缝应与作用力方向平行，否则受力时易产生楔块作用，并对相邻砌块产生挤压作用。

（3）上下两层砌块间的纵缝必须互相错开，以保证砌体的整体性。

（4）砖的品种、强度等级必须符合设计要求，并应规格一致。用于清水墙、柱表面的砖，还应边角整齐、色泽均匀。无出厂证明的砖应进行试验鉴定。

（5）砂浆质量是保证施工质量的关键，配料时必须严格按设计配合比进行，要控制用水量。砂浆应拌和均匀，不得有砂团和离析现象。砂浆的运送工具在使用前后均应清洗干净，不得有杂质和淤泥；运送时不要急剧颠簸，防止砂浆水砂分离。分离的砂浆应重新拌和后才能使用。

第二节 砌 石 工 程

一、干砌石

干砌石是指不用任何胶凝材料把石块砌筑起来的砌体工程，包括干砌块石和干砌卵石，一般用于土坝迎水面护坡、渠系建筑物进出口护坡及渠道衬砌、水闸上下游护坡、河道护岸等工程。

1. 砌筑前的准备工作

进行砌石施工前，需要做好若干准备工作，这些工作主要有备料、地基处理、铺设反滤层等内容。

（1）备料。在砌石施工中，由于石块较重，搬运时费工费力，因此，为缩短场内运距，避免停工待料，提高施工效率，砌筑前应尽量按照工程部位及需要数量分片备料，并提前将石块的水锈、淤泥洗刷干净。

（2）地基处理。砌石前，应将地基开挖至设计高程，清除地基中的淤泥、腐殖土及混杂物等，将坡面或底面夯实，为石材铺砌做好准备。

（3）铺设反滤层。干砌石砌筑前，应铺设砂砾反滤层，其作用是将块石垫平，并可减少水流对砌体地基土壤的冲刷，防止地下水渗出时带走地基土粒，避免砌筑面下陷变形。反滤层的各层厚度、铺设位置、材料级配和粒径及含泥量均应满足设计和施工规范要求。铺设反滤层时，应与砌石施工相互配合，自下而上，随铺随砌，接头处各层之间的衔接要层次清楚，防止层间错动或断层。

2. 施工方法

干砌块石常采用的施工方法主要有花缝砌筑法和平缝砌筑法两种。

花缝砌筑法多用于干片（毛）石砌筑。砌筑时，依石块原有形状尖对拐或拐对尖联系砌成。砌石不分层，一般多将大面朝上，如图7-1所示。这种砌法的优点是表面平整，缺点是底部空虚，容易被水流淘刷变形，稳定性较差，一般多用于流速不大、不承受风浪淘刷的渠道护坡工程。

平缝砌筑法是将石块宽面与坡面竖向垂直，与横向平行，如图7-2所示。砌筑前，安放石块必须先进行试放，不合适处应用小锤修整，使石缝紧密。最好不塞或少塞石子来固定石料。这种砌法横向没有通缝，但竖向直缝必须错开。如砌缝底部或块石拐角处有空隙，则应选用适当的片石塞满填紧，以防止底部砂砾垫层由缝隙淘出，造成坍塌。

不论是花缝砌筑法还是平缝砌筑法，由于干砌块石是依靠块石之间的摩擦力来维持其整体稳定性的，若砌体发生局部移动或变形，则会导致其整体破坏，而干砌块石砌体的边口部位是最易损坏的地方，因此，干砌块石砌体的封边工作十分重要。对护坡水下部分的封边，常采用大块石单层或双层干砌封边，然后将边外部分用黏土回填夯实，有时也可采用浆砌石进行封边；对护坡水上部分的顶部封边，常采用比较大的方正块石砌成 40cm 左右宽度的平台，平台后所留的空隙用黏土回填夯实，如图 7-3 所示；对于挡土墙、闸翼墙等重力式墙身顶部，一般用混凝土封闭。

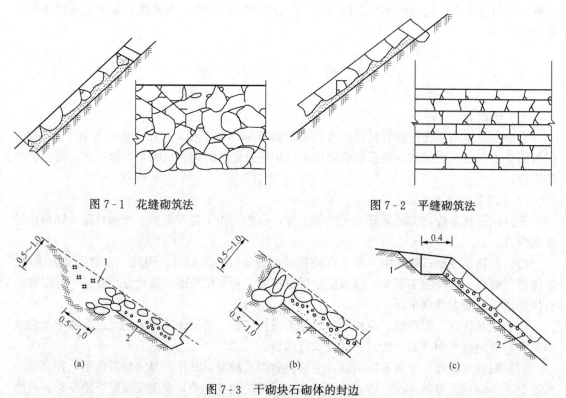

图 7-1 花缝砌筑法   图 7-2 平缝砌筑法

图 7-3 干砌块石砌体的封边
(a) 坡面封边；(b) 坡面封边；(c) 坡顶封边
1—黏土夯实；2—垫层

3. 干砌石的砌筑要点

干砌石施工缺陷主要有缝口不紧、底部空虚、鼓心凹肚、重缝、飞口（即用很薄的砌石且未经砸实便砌在坡口）、悬石（两石相接不是面的接触，而是点的接融）、浮塞、叠砌和蜂窝等问题，如图 7-4 所示。为此，干砌石施工必须注意如下事项：

（1）干砌石工程在施工前，应做好地基清理工作，并铺设好反滤层。

（2）凡受水流冲刷和浪击作用的干砌石工程应采用竖立砌筑，即石块的长边与水平面或斜面呈垂直方向砌筑，以便使石块稳固。

（3）重力式挡土墙施工时，严禁先砌墙里，后砌石面，中间用乱石充填并留下空隙和蜂窝。

（4）干砌块石的墙体必须每隔一段距离设置丁石（拉结石），丁石要均匀分布。同一层丁石的长度，如墙厚等于或小于 40cm，丁石长度应等于墙厚；如墙厚大于 40cm，则要求同一层内外的丁石相互交错搭接，搭接长度不小于 15cm，并且每块丁石的长度不得小于墙厚的 2/3。

（5）如用料石砌墙，则两层顺砌后应有一层丁砌，同一层采用丁顺组砌时，丁石间距不宜大于 2m。

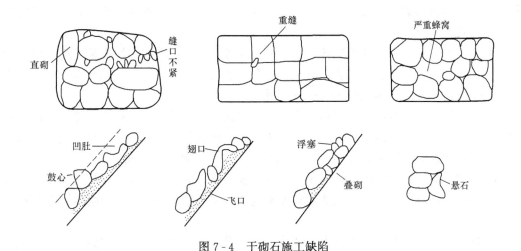

图 7-4　干砌石施工缺陷

（6）砌筑毛石基础时，基础断面应下大上小，呈阶梯状，底层应采用比较方正的大块石，上层阶梯至少应压住下层阶梯块石宽度的 2/3。

（7）当砌筑大体积的干砌块石挡土墙或其他构筑物时，在砌体每层转角和分段部位，应先采用大而平整的块石砌筑。

（8）护坡干砌石应自坡脚开始自下而上进行，砌体缝口要砌紧，空隙应用小石填塞紧密，防止砌体在受到水流的冲刷或外力撞击时滑脱沉陷，以保持砌体的坚固性。

（9）干砌石护坡的每一块石顶面一般不应低于设计位置 5cm，也不应高出设计位置 15cm。

二、浆砌石

浆砌石是用胶结材料把单个石块连接在一起，使石块依靠胶结材料的黏结力、摩擦力和块石本身重量结合成为新的整体，以保持建筑物或构筑物的整体稳固性。同时，胶结材料也充填了石块间的空隙，堵塞了一切可能产生的漏水通道，较好地防止了渗水和水流冲刷的可能。因此，浆砌石要比干砌石稳固的多，并具有良好的整体性、密实性和较高的强度，使用寿命也比干砌石更长。

浆砌石施工的砌筑要领可概括为"平、稳、满、错"四个字。平是相邻石块的高差宜小于 2~3cm，稳是单块石料的砌放需自身稳定，满是灰缝饱满密实，错是相邻石块应错缝砌筑，尤其不允许存在顺水流方向的通缝。

1. 砌筑工艺

砌筑浆砌石时，其施工工艺流程一般是准备好砌筑面，然后根据砌筑面选石料。选好石材后，在砌筑面上铺浆，安放选好的石料，并将石缝灌浆捣实。待全部或部分完成砌石工程后，进行石缝表面的勾缝和砌筑体养护，以便达到设计强度。

（1）砌筑面准备。对开挖成形的岩基面，在砌石开始之前应将表面已松散的岩块剔除，光滑表面的岩石需人工凿毛并清除所有岩屑、碎片、泥沙等杂物。土壤地基则应按设计要求处理。对于水平施工缝，一般要求在新一层块石砌筑前凿去已凝固的浮浆并进行清扫和冲洗，使新旧砌体紧密结合。对于临时施工缝，在恢复砌筑时，必须进行凿毛和冲洗处理。

（2）选料。砌筑所用石料应是质地均匀、没有裂缝、没明显风化迹象、不含杂质的坚硬石料，并且石料最外边缘不应有过尖、过薄等薄弱体。若是严寒地区使用的石料，还需具有一定的抗冻性。

（3）铺（座）浆。对于块石砌体，由于砌筑面参差不齐，必须逐块座浆、逐块安砌，在操作时还需调整摆放，务使块石座浆密实，以免形成空洞。座浆一般只需比砌石超前 $0.5\sim 1m$，不易铺切面过大，以免座浆干裂，失去黏结力。

（4）安放石料。把洗净的湿润石料安放在座浆面上，用铁锤轻击石面，使座浆开始溢出为度。石料之间的砌缝宽度应严格控制。采用水泥砂浆砌筑时，块石的灰缝宽度一般为 $2\sim 4cm$，石料的灰缝厚度为 $0.5\sim 2cm$。安放石料时不应产生碎石架空现象。

（5）竖缝灌浆。安放石料后，应及时进行竖缝灌浆。灌浆后，浆液应与石面齐平并用捣插棒捣实。细石混凝土则可用插入式振捣器振捣，振实后缝面下沉，待上层摊铺座浆时一并填满。

（6）振捣。水泥砂浆常用捣棒人工插捣，细石混凝土一般采用插入式振动器振捣。振捣时，应注意对角缝的振捣，防止重振或漏振。每一层铺砌完 $24\sim 36h$ 后即可冲洗石面，为上一层的铺砌做好准备。

2. 施工方法

（1）基础砌筑。浆砌石的基础施工应在地基验收合格后进行。基础砌筑前，应先检查基槽或基坑的尺寸和标高，并清除杂物，弹放出基础轴线及边线。

砌第一层石块时，基础底面应座浆。对于岩石基础，座浆前还应洒水并充分湿润。第一层使用的石块尽量选用石面大一些的石料，这样受力较好并便于错缝。石块第一层都必须大面向下放稳，用脚踩踏时不晃即可，但不要用小石块来支垫，要使石面平放在基础底面上，使地基受力均匀且石料稳固。砌筑基础转角时，应选择比较方正的石块（俗称角石）砌在各转角上，角石两边应与准线相合。角石砌好后，再砌他处石块，最后砌中间部分（俗称腹石）。砌筑腹石时，应根据石块自然形状交错放置，尽量使石块间缝隙最小，再将砂浆填入缝隙中，最后根据各缝隙形状和大小，选择合适的小石块放入并用小锤轻击，使石块全部挤入缝隙中。施工时，禁止采用先放小石块后灌浆的方法填充缝隙。

砌筑第二层以上石块时，每砌一块石块，应先铺好砂浆。砂浆不必大面积铺满，尤其在角石及面石处，砂浆应多于石料外边约 $0.5cm$，并铺得稍厚一些。灰缝厚度宜为 $20\sim 30mm$。阶梯形基础上的石块应至少压砌下级阶梯的 $1/2$，相邻阶梯的块石应相互错缝搭接。基础的最上一层石块宜选用较大的块石砌筑。基础的第一层及转角处和交接处，应选用较大的块石砌筑。块石基础的转角及交接处应同时砌筑。当不能同时砌筑又必须留槎时，应砌成斜槎。同时，石料基础每天砌筑高度不应超过 $2m$，以避免压裂变形。在砌筑基础时，不能在新砌好的砌体上抛掷块石，避免已粘在一起的砌体受振动而使浆石分开，影响砌体强度。

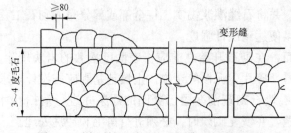

图 7 - 5　块石挡土墙两个分层高度间的错缝

（2）挡土墙砌筑。砌筑块石挡土墙时，块石的中部厚度不宜小于 $20cm$。每砌 $3\sim 4$ 皮为一分层高度，每个分层高度都应用砂浆找平一次。两个分层高度间的错缝不得小于 $80mm$，如图 7 - 5 所示。块石挡土墙宜采用同皮内丁顺相间的砌筑形式。当中间部分用块石填筑时，丁砌料石伸入到块石部分的长度应不小于 20cm。

（3）桥涵拱圈砌筑。浆砌拱圈的石料一般为经过加工的料石，石块厚度不应小于 15cm，石块的宽度为其厚度的 1.5～2.5 倍，长度为厚度的 2～4 倍。拱圈所用的石料应凿成楔形，如不用楔形石块，则应用砌缝宽度的变化来调整拱度；但砌缝厚薄相差最大不应超过 1cm，每一石块面应与拱压力线垂直，拱圈砌体的方向应对准拱的中心。

施工时，浆砌拱圈的砌缝应力求均匀，相邻两行拱石的平缝应相互错开，其相错的距离不得小于 10cm。砌缝的厚度取决于所选用的石料，当选用细料石时，砌缝厚度不应大于 1cm；当选用粗料石时，砌缝厚度不应大于 2cm。

拱圈砌筑之前，必须先做好拱座。为了使拱座与拱圈结合好，拱座需用起拱石。起拱石与拱圈相接的面，应与拱的压力线垂直。当跨度在 10m 以下时，拱圈的砌筑一般应沿拱的全长和全厚从两边同时起拱，对称地向拱顶砌筑。当跨度大于 10m 时，则拱圈砌筑应采用分段法进行。拱圈各段的砌筑顺序是先砌拱脚，再砌拱顶，最后砌其余各段。砌筑时一定要对称于圈跨中央，各段之间应预留一定的空缝，防止在砌筑中拱架变形而产生错缝。待全部拱圈砌筑完毕后，再将预留空缝填实。

（4）勾缝与分缝。对石砌体表面进行勾缝的目的主要是加强砌体的整体性，同时还可增加砌体的抗渗能力并美化外观。勾缝按其形式可分为凹缝、平缝和凸缝。勾缝的程序是在砌体砂浆未凝固前，先沿砌缝将灰缝挖深 20～30mm 形成缝槽，待砌体完成砂浆凝固后再进行勾缝。勾缝前，应将缝冲洗干净，自上而下，不整齐处应修整。勾缝的砂浆宜用水泥砂浆，砂用细砂。砂浆稠度要掌握好，过稠勾出的缝表面粗糙不光滑，过稀则容易坍落走样。最好不使用火山灰质水泥，因为这种水泥干缩性大，勾缝后容易开裂。

此外，为避免砌体发生裂缝，一般在设计中均要在砌体某些接头处设置伸缩缝或沉降缝。施工时，可按照设计规定的厚度、尺寸及不同材料做成缝板。缝板由油毛毡或沥青木板制成，其厚度为设计缝宽，缝板一般均被砌在缝中。如采用油毛毡，则需先立样架，将伸缩缝一边的砌体砌筑平整，然后贴上油毡，再砌另一边。如采用沥青木板做缝板，应先架好缝板，然后两面同时等高砌筑。

3. 砌体养护

为使水泥得到充分的水化反应，提高胶结材料的早期强度，防止胶结材料干裂，应在砌体胶结材料终凝后（一般为砌完后的 6～8h），及时洒水养护 14～21 天，最低限度不得少于 7 天。养护方法是通过洒水，使砌体保持湿润，也可在砌体上加盖湿草袋，以减少水分的蒸发。当冬季气温降至 0℃以下时，砌体一般不宜采用洒水养护，但要增加覆盖草袋的厚度，加强保温效果，在养护期内应保持正温。此外，养护期间不得在砌体上堆放材料、修凿石料、碰动块石，否则会引起胶结面松动脱离。

第三节　砖 砌 体 工 程

一、施工准备

砖砌体工程是砌体工程中最常采用的砌体砌筑形式之一。由于砌体砌筑的结构相对于其他砌体更为稳定，外观整洁，形状可变，易于施工，因此，在工程结构的一些重要部位常采用砖砌体作为结构的组成部分之一。

在砖砌体施工前,首先需要做的准备工作就是根据施工要求,将砌筑所需要的砖块运送到施工现场,并尽可能放置在施工的邻近部位。在常温下施工前,砌砖前一天应将砖浇水湿润,以免砌筑时砖吸收砂浆中大量的水分,使砂浆的流动性降低,砌筑困难,并影响砂浆的黏结力和强度,但也不能将砖浇得过湿而使砖不能吸收砂浆中的多余水分,影响砂浆的密实性、强度和黏结力,而且还会产生坠灰和砖块滑动现象,使墙面不洁净,灰缝不平整,墙面不平直。

施工所用砂浆的品种和强度等级必须符合设计要求,拌制中应保证砂浆的配合比和稠度,符合规范规定;运输中应不分层离析,以保证施工质量。

砌筑砖砌体需要准备的工具主要有铲灰铺灰与刮灰用的大铲,打砖的瓦刀(泥刀),砌筑时用于标志砖层、门窗、过梁洞及埋件标志的皮数杆及麻线、米尺、水平尺和小喷壶等。

二、施工方法

1. 砖砌体的砌法

在工程中,砖有各种砌筑方法,常用的有一顺一丁法、三顺一丁法、条砌法、顶砌法和两平一侧法等方法。在这些方法中,为了满足砌筑的尺寸要求,有时需要打砍砖块。打砍的砖块按其尺寸不同可分为"七分头"、"半砖"、"二寸头"、"二寸条"等,如图 7-6 所示。据此,砌入墙内的砖,由于放置位置不同,又分为卧砖(也称顺砖或眠砖)、陡砖(也称侧砖)、立砖及顶砖,水平方向的灰缝叫卧缝,垂直方向的灰缝叫立缝(头缝),如图 7-7 所示。在砖砌体的组砌中,砖缝要上下错缝,内外搭接,以保证砌体的整体性。同时组砌要有规律,少砍砖,以提高砌筑效率,节约材料。

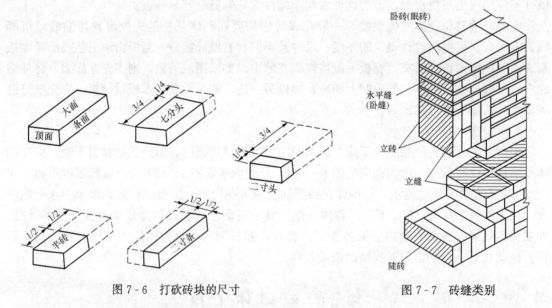

图 7-6 打砍砖块的尺寸　　　　　　　图 7-7 砖缝类别

(1) 一顺一丁法又称满丁满条法,这种砌法第一皮排顺砖,第二皮排丁砖,操作方便,施工效率高,又能保证搭接错缝满足施工质量要求,是一种常见的排砖形式,如图 7-8 所示。

(2) 三顺一丁法的组砌方式是先砌一皮丁砖,再砌三皮条砖。此法操作方便,容易使墙面达到平整美观的要求,在转角处可以减少打制七分头的操作时间,砌筑速度快,只是拉结

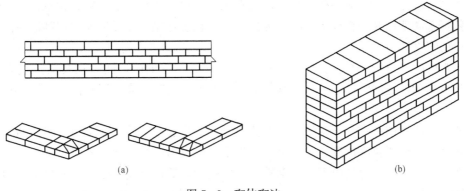

图 7-8 砌体砌法

(a) 一顺一丁法；(b) 三顺一丁法

及整体性不如一顺一丁法。

（3）条砌法又称全顺法，仅用于砌筑半砖隔墙，砖块全部顺砌。

（4）顶砌法又称全丁法，主要用于砌筑圆形建筑物（如水池）。顶砌法全部采用丁砖，便于砌筑成所需的弧度。

（5）两平一侧法是两皮平砌砖与一皮侧砌砖组合砌成，当墙厚为 3/4 砖时，平砌砖均为顺砖，上下皮竖缝相互错开 1/2 砖长。此砌法较费工，但可节约用砖。

2. 砖基础施工

砖基础一般做成阶梯形的大放脚。砖基础的大放脚通常采用等高式或间隔式两种，如图 7-9 所示。等高式大放脚基础是每两皮一收，每次收进 1/4 砖长，即高为 120mm，宽为 60mm。间隔式大放脚基础是二皮一收与一皮一收相间隔，每次收进 1/4 砖长，即高为 120mm 与 60mm，宽为 60mm。

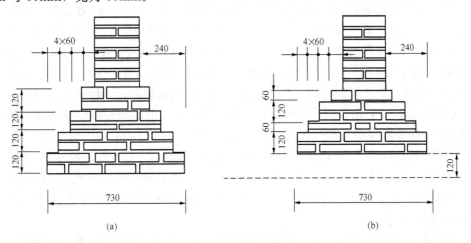

图 7-9 砖基础的大放脚

(a) 等高式；(b) 间隔式

砖基础施工前，一般先铺设一层厚约 100mm 的混凝土垫层或三合土垫层，因此，在确定基础的轴线前，应首先检查基础垫层的施工质量及标高。当垫层低于设计标高 2mm 以上时，应用 C10 细石混凝土找平。当垫层高于设计标高，但在规范许可范围内时，对于灰土垫层可将高出部分铲平。对混凝土垫层，则在砌砖时逐皮压小灰缝来到达找平目的。垫层找平后，依据基础四周龙门板或控制桩，弹出轴线。轴线弹完后，根据大放脚剖面弹出大放脚最下一皮的宽度线。

砌筑基础时，可依皮数杆先砌几层转角及交接处部分的砖，然后在其间拉线砌中间部分。内外墙砖基础应同时砌起，如因其他情况不能同时砌起，应留置斜槎，斜槎的长度不得小于高度的 2/3。

大放脚一般采用一顺一丁砌法。竖缝要错开，要注意十字及丁字接头处砖块的搭接。在这些交接处，纵横墙要隔皮砌通。大放脚的最下一皮及每层的上面一皮应以丁砌为主。若砖基础不在同一深度，则应先由下往上砌筑。在砖基础高低台阶接头处，下面台阶要砌一定长度（一般不小于 50mm）实砌体，砌到上面后和上面的砖一起退台。大放脚砌到最后一层时，应从龙门板上拉麻线将墙身轴线引下，以保证最后一层位置的正确。

砖基础中的洞口、管道、沟槽和预埋件等，应于砌筑时正确留置或预埋，宽度超过 50cm 的洞口，其上方应砌筑平拱或设置过梁。砌完砖基础后，应立即回填土，回填土要在基础两侧同时进行，并分层夯实。

3. 砖墙砌筑

墙体砌筑前，先核对砖墙位置，弹出墙身轴线及边线。开始砌筑时先要进行摆砖，排出灰缝宽度。摆砖时，应注意门窗位置、砖垛等对灰缝的影响，同时要考虑窗间墙的组砌方法及七分头砖、半砖砌在何处摆放为好，务必使各皮砖的竖缝相互错开。在同一墙面上，各部位的组砌方法应一致。

砌墙前，先要立皮数杆，皮数杆上划有砖的厚度和灰缝厚度位置。皮数杆竖立于墙角及墙体交接处，其间距以不超过 15m 为宜。立皮数杆时要用水准仪进行抄平，使皮数杆上的楼地面标高线位于设计标高位置上。

砌砖时，必须先拉准线。一砖半厚以上的墙要双面拉线，砌块依准线砌筑。砌筑实心砖墙宜采用三一砌砖法，即"一铲灰、一块砖、一挤揉"的操作方法。竖缝宜采用挤浆或加浆方法，使其砂浆饱满，严禁用水冲浆灌缝。水平灰缝厚度和竖向灰缝宽度一般为 10mm，不得小于 8mm，也不得大于 12mm。水平灰缝的砂浆饱满度应不低于 80%。砖墙的转角处和交接处应同时砌起。对不能同时砌筑而必须留槎时，应砌成斜槎，斜槎长度不应小于墙高度的 2/3。如留置斜槎确有困难时，除转角外，也可留直槎，但必须加设拉结钢筋。拉结钢筋的数量为每半砖墙厚放置 1 根，每层至少放置 2 根，直径为 6mm，间距沿墙高不超过 500mm，埋入长度从墙的留槎处算起，每边均不小于 500mm，其末端应有 90°弯钩。

隔墙与其他墙如不同时砌筑，可于墙中引出阳槎，并于墙的灰缝中预埋拉结钢筋。如纵横墙均为承重墙，在丁字交接处留槎，可在接槎处下部（约 1/3 槎高）留成斜槎，上部留成直槎，并加设拉结钢筋。

墙与构造柱应沿墙壁每 50cm 设置 2 根直径为 6mm 的水平拉结钢筋，每边伸入墙内不少于 100cm。

每层承重墙的最上一皮砖、梁或梁垫的下面、砖墙的台阶水平面上及挑檐、腰线等，应用丁砖砌筑。隔墙与填充墙的顶面与上层结构的接触处，宜用侧砖或立砖斜砌挤紧。

在半砖墙、砖过梁、宽度小于 1m 的窗间墙、梁或梁垫下及其左右各 50cm 的范围内，门窗洞口两侧不得留置脚手眼。

砖墙预留的过人洞，其侧边离交接处的墙面应不小于 50cm，洞口顶部应设置过梁。

砖墙每天砌筑高度以不超过 1.8m 为宜。墙中的洞口、管道、沟槽和预埋件等应在砌筑时正确留出或预埋宽度超过 30cm 的洞口，其上面应设置过梁。

4. 砖过梁砌筑

(1) 钢筋砖过梁。砌筑钢筋砖过梁适用于跨度不大于 2m 的门窗洞口。窗间墙砌至洞口顶标高时，支搭过梁胎模。支模时，应让模板中间起拱 0.5%～1.0%，将支好的模板润湿，并抹上厚 20mm 的 M10 砂浆。同时把加工好的钢筋埋入砂浆中，钢筋 90°弯钩向上，并将砖块卡砌在 90°弯钩内。钢筋伸入墙内 240mm 以上，从而将钢筋锚固于窗间墙内，最后与墙体同时砌筑。

(2) 平拱砖过梁。砌筑平拱砖过梁是用整砖侧砌而成的，拱的厚度与墙厚一致，拱高为一砖或一砖半。外观看似呈梯形，上大下小，拱脚部分伸入墙内 2～3cm，多用于最大跨度不超过 1.8m 的门窗洞口。

平拱砖过梁的砌筑方法是当砖砌至门窗洞口时，即开始砌拱脚，拱脚用砖事先砍好，砌第一皮拱脚时后退 2～3cm，以后各皮按砍好砖的斜面向上砌筑。砖拱厚为一砖时倾斜 4～5cm，一砖半为 6～7cm，斜度为 1/6～1/4。拱脚砌好后，即可支胎板，上铺湿砂，中部厚约 2cm，两端约 0.5cm，使平拱中部有 1‰的起拱。砌砖前要先行试摆，以确定砖数和灰缝大小。砖数必须是单数，灰缝底宽 0.5cm，顶宽 1.5cm，以保证平拱砖过梁上大下小呈梯形。砌筑时应自两边拱脚处同时向中间砌筑，正中一块砖可起楔子作用。砌好后，应进行灰缝溜浆，以使灰浆饱满。待砂浆强度达到设计强度的 50%以上时方可拆除下部胎板。

5. 砖墙面勾缝

砖墙面勾缝前，应清除墙面上黏结的砂浆、泥浆和杂物等，并洒水润湿，并对缺棱掉角的部位用与墙面相同颜色的砂浆修补平整。然后将脚手眼内清理干净并洒水润湿，用与原墙相同的砖补砌严密。砖墙面勾缝多采用 1:1.5 水泥砂浆（水泥:细砂），也可用砌筑砂浆，随砌随勾。

勾缝形式有平缝、斜缝、凹缝等，凹缝深度一般为 4～5mm；空斗墙勾缝应采用平缝。墙面勾缝应横平竖直、深浅一致、搭接平整并压实抹光，不得有丢缝、开裂和黏结不牢等现象。勾缝完毕后，应清扫墙面。

三、砖砌体的质量检查

砌体的质量检查工具主要有用以检查墙面垂直度和平整度的靠尺、检查墙面平整度的塞尺、检查灰缝大小及墙身厚度的米尺、检查灰缝砂浆饱满的百格网、检查房屋大角垂直度及墙体轴线的经纬仪。检查的基础项目有：

(1) 砌体厚度。用米尺测量墙身的厚度。

(2) 轴线位移。拉紧小线，两端拴在龙门板的轴线小钉上，用米尺检查轴线是否偏移。

(3) 砂浆饱满度。用百格网检查砖底面与砂浆的接触面积，取其平均值作为检查点的数值。

(4) 基础顶面标高。用水平尺与皮数杆或龙门板校对。

墙身检查项目除包含基础检查的项目内容外，还要检查以下几项：

(1) 墙面垂直度。每层可用 2m 长托线板检查，全高用吊线坠或经纬仪检查。

(2) 表面平整度。用 2m 靠尺板任选一点，用塞尺测出最凹处的读数，即为该点墙面偏差值。

（3）门窗洞口宽度。用米尺或钢卷尺检查。

（4）游丁走缝。吊线和尺量检查 2m 高度偏差值。

（5）水平灰缝平直度。用 10m 长小线，拉线检查，不足 10m 时则全长拉线检查。

（6）灰缝厚度。连续量取 10 皮砖，与皮数杆比较缝的最大、最小值。

（7）清水墙面整洁美观，未勾缝前的灰缝深度是否合乎要求。

（8）混水墙面残留灰是否刮净，有无瞎缝，有无透亮情况。

（9）砌体组砌是否合理，留槎质量、预留孔洞及预埋件是否合乎要求。

第四节　小型砌块砌体

一、砌筑前的准备工作

砌体砌筑前，其抄平、放线、制作皮数杆的技术准备工作与砖砌体工程相同；但由于砌块的体积较大、材料性能与砖、石材均有不同之处，因此，在砌筑前，还有一些具有自身特点的准备工作需要完成。

一般来说，砌块在使用前应检查其生产龄期，施工时所使用的小砌块生产龄期不应少于 28 天，以保证其具有足够的强度，并使其在砌筑前能完成大部分收缩，有效地控制墙体的收缩裂缝。

为控制小砌块砌筑时的含水率，普通混凝土小砌块一般不宜浇水。对轻骨料混凝土小砌块，可提前浇水湿润。底层室内地面以下或防潮层以下的砌体，应提前采用强度等级不低于 C20 的混凝土灌实小砌块的孔洞。

二、砌体的施工方法

小型砌块的施工工艺与砖砌体的施工工艺基本相同，但需要注意砌筑要点，以确保砌筑质量。施工时，由于墙厚等于砌块的宽度，所以其砌筑形式只有全部顺砌一种。在砌块的砌筑过程中，砌块应错缝砌筑，搭接长度不应小于 90mm。当墙体的个别部位不能满足要求时，应在水平灰缝中设置拉结钢筋或钢筋网片，但竖向通缝不得超过 2 皮小砌块。

砌体的灰缝应横平竖直，水平灰缝厚度和竖向灰缝宽度宜为 10mm，但不应大于 12mm，也不应小于 8mm。水平灰缝的砂浆饱满度应按净面积计算，不得低于 90%；竖向灰缝的饱满度不得低于 80%。竖向凹槽部位应采用加浆的方法，用砂浆填实，严禁用水冲浆灌缝，墙体不得出现瞎缝和透明缝。

墙体的转角处和纵横墙交接处应同时砌筑，临时间断处应砌成斜槎，斜槎的水平投影长度不应小于高度的 2/3。如留斜槎有困难，在非抗震设防地区，除外墙转角处外，临时间断处可留直槎，但应从墙面伸出 200mm 砌成凸槎，并应沿墙高每隔 600mm（3 皮砌块）设置拉结钢筋或钢筋网片，埋入长度从留槎处算起，每边均不应小于 600mm。钢筋外露部分不得任意弯曲，如图 7 - 10 所示。

砌块砌体内不宜设置脚手眼，如需要设置，可用辅助规格的单孔小砌块（190mm×190mm×190mm）侧砌，利用其孔眼作为脚手眼，墙体完工后用强度等级不低于 C15 的混凝土填实。在常温条件下，砌块墙的每日砌筑高度应控制在 1.8m 以内，轻骨料混凝土砌块的日砌筑高度应控制在 2.4m 以内，以保证墙体的稳定性。

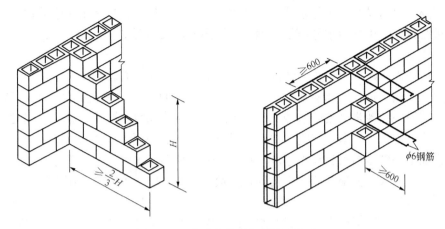

图 7-10 小型砌块的留料处理方式

三、填充墙的砌筑

钢筋混凝土结构和钢结构房屋中，在主体结构施工后，常采用轻质砌块填充砌筑，这些轻质砌块砌成的墙体称为填充墙砌体。填充墙砌体采用的轻质块材通常有蒸汽加压混凝土砌块、粉煤灰砌块、轻骨料混凝土小型空心砌块和烧结空心砖等。

填充墙砌体砌筑前，其抄平、放线、制作皮数杆的工作也与砖砌体工程一样，但在施工过程中，由于加气混凝土砌块和粉煤灰砌块的规格尺寸都较大，为了保证纵、横墙和门窗洞口位置的准确性，砌块砌筑前应根据建筑物的平面、立面图绘制砌块排列图。

砌块砌筑时，各类砌块均不应与其他块材混用，以便有效地控制因砌块不均匀而产生的收缩裂缝。但对于门窗洞口等局部位置，可酌情采用其他块材补砌。空心砖墙的转角、端部和门窗洞口处，应用普通实心砖砌筑。普通实心砖的砌筑长度不小于240mm。填充墙砌至接近梁、板底部时，应留一定空隙，待填充墙砌筑完并应至少间隔7天后，再用斜砌普通砖将其补砌挤紧，以保证砌体与梁、板底的紧密结合。

填充墙砌筑时应错缝搭砌，蒸压加气混凝土砌块和粉煤灰砌块的塔砌长度不应小于砌块长度的1/3，轻骨料混凝土小型砌块的搭接长度不应小于90mm，空心砖的搭砌长度为1/2砖长，竖向通缝均不得大于2皮块体。

填充墙砌体的灰缝厚度应分别对待。蒸压加气混凝土砌块、粉煤灰砌块砌体的水平灰缝厚度及竖向灰缝宽度分别宜为15mm和20mm，轻骨料混凝土空心砌块、空心砖砌体的灰缝宽度应为8～12mm。砌块砌体的水平及竖向灰缝的砂浆饱满度均不得低于80%，空心砖砌体的水平灰缝的砂浆饱满度不得低于80%，竖向灰缝不得有透明缝、瞎缝和假缝。

四、砌体的季节性施工

在不同的季节，由于施工环境温度和气候相差较大，因而会对砖砌体的施工带来不同程度的影响。为了消除这些因素给砖砌体施工质量带来的不利影响，应根据季节和气候条件的不同，提前制定和采取相应的措施，以确保施工的顺利进行。

1. 夏季施工

由于夏季天气炎热，气温较高，故在砌砖过程中，砖块与砂浆中的水分易于蒸发，容易造成砂浆脱水，使水泥的水化反应不能正常进行，严重影响砂浆强度的正常增长。因此，在夏季施工时，砌筑用砖要充分浇水润湿，严禁干砖上墙。当气温高于30℃时，要确保砌筑用砖充分润湿，最简易的办法是避开高温时段砌筑。对已施工完砌体要加强养护，也可用塑料薄膜等进行覆盖，以减少水分蒸发，确保水泥强度增长的要求。

2. 雨季施工

当施工适逢雨季时，由于砖块和砂浆用砂在这一段时间具有较高的含水量，因此应适当减小水灰比。在施工过程中如遇暴雨或大雨，应立即停止施工，覆盖砌体表面。如未覆盖，则由于砌体灰缝中的砂浆已被雨水冲洗，在砌筑前，应拔起第一层重新砌筑。同时，在雨季施工期间，若下雨较为频繁，则应用塑料布或其他材料覆盖砖块，避免雨水过度冲刷风化。此外，雨季施工的砌体淋雨后吸水过多，在砌体表面易形成水膜，并会产生坠灰和砖块起白现象，使砌体的耐久性大幅降低，影响砌浆质量，因此，应尽可能避免雨季施工。

3. 冬季施工

当最低气温在0℃以下时，由于砂浆容易冻结结冰，因此，水泥的正常硬化就会受到影响，并且由于砂浆冻结会使其体积膨胀，膨胀的体积会破坏砂浆内部结构，使其松散而降低黏结力，因此，冬季砌砖要严格控制砂浆用水量，并采取延缓和避免砂浆中水受冻结的措施，以保证砂浆的正常硬化，使砌体达到设计强度。

目前，砌体工程在冬季施工时，多采用的措施是掺盐砂浆法，也可用冻结法或其他方法施工。掺盐砂浆法是在拌和的水中掺入氯盐，如氯化钠、氯化钙，以降低冰点，使砂浆在负温条件下不冻结并可继续增长强度。采用该法时，砂浆的拌和水应加热，砂和石灰膏在搅拌前应保持正温，确保砂浆经过搅拌、运输和砌筑时仍具有一定的正温。在采用氯盐砂浆法砌筑时，砂浆的使用温度不应低于5℃。若设计无要求，当日最低气温等于或低于5℃时，砌筑承重砌体的砂浆强度等级应提高一级，砌体的每日砌筑高度不应超过1.2m。同时，由于氯盐对钢材有腐蚀作用，在砌体中配置的钢筋及钢预埋件，应预先做好防腐处理。此外，由于掺盐砂浆会使砌体产生析盐、吸湿现象，因此氯盐砂浆的砌体不得在下列情况下采用：对装饰工程有特殊要求的建筑物，使用湿度大于80%的建筑物，配筋和钢埋件无可靠防腐处理措施的砌体，接近高压电线的建筑物如变电所和发电站，经常处于地下水位变化范围内及在地下未设防水层的结构。

冻结法是在室外用热砂浆砌筑，砂浆中不使用任何防冻外加剂。砂浆在砌筑后很快冻结，待转入常温后强度才会逐渐增长。由于砂浆经过冻结、融化、硬化三个阶段，其强度可能有不同程度的降低，且砌体在解冻时变形大，稳定性差，因而使用范围受到限制。混凝土小型砌块砌体、承受侧压力的砌体、在解冻期间可能受到振动或动力荷载的砌体及在解冻时不允许发生沉降的结构，均不得采用冻结法施工。

当工程施工具有较好的条件时，也可采用暖棚法施工。暖棚法是利用简易结构和廉价的保温材料，将需要砌筑的砌体和工作面临时封闭起来，进行棚内加热，在正常温度条件下进行砌筑和养护。由于暖棚法施工成本较高，因此仅用于较寒冷地区的地下工程、基础工程和量小又紧急的工程。暖棚加热最好使用热风加热，棚内温度不应低于10℃，砂浆温度也不低于5℃。

第八章 装 饰 工 程

装饰工程包括室内装饰和室外装饰两大部分，其内容主要有抹灰、饰面、油漆、涂刷、喷浆、裱糊、吊顶、安装饰面板等。装饰工程的特点是工序相对较多、工作量较大、所耗时间较长、质量要求较高。特别是随着科学技术的进步，装饰的种类和方法也越来越多，但一些常规性的装饰工程施工工序基本不变。

第一节 抹 灰 工 程

抹灰工程分为室内抹灰和室外抹灰，按工程部位可分为墙面抹灰（内墙和外墙）、地面抹灰和顶棚抹灰；按使用材料和装饰效果可分为一般抹灰和装饰抹灰。

抹灰工程常用的材料有水泥、石灰或石灰膏等胶结材料，砂、石粒等集料，麻刀、纸筋等纤维材料。抹灰常用的水泥强度等级应不小于 32.5 级。抹灰用的石灰膏可用块状生石灰熟化，熟化期不应少于 3 天。抹灰用砂是中砂或粗砂与中砂混合掺用。使用的砂子应过筛，不得含有泥土及杂质。装饰抹灰用的集料，如彩色石粒、彩色瓷粒等，应耐光坚硬，使用前必须冲洗干净。纤维材料在抹灰中起拉结和骨架作用。麻刀应均匀、坚韧、干燥、不含杂质，长度以 20～30mm 为宜。纸筋应洁净、捣烂、用清水浸透，罩面用纸筋应用机碾磨细。

一、抹灰的分类与组成

抹灰据使用要求、操作工序和质量标准不同，可分为普通抹灰和高级抹灰。普通抹灰为一层底灰、一层中层和一层面层（或一层底层、一层面层）；高级抹灰为一层底灰，数层中层和一层面层，如图 8-1 所示。

底层的作用主要是与基层黏结和初步找平，厚度一般为 5～9mm，其所用材料与基层和所在环境有关。对于砖墙基层，室内墙面一般用石灰砂浆或水泥混合砂浆打底，室外墙面宜用水泥砂浆或水泥混合砂浆打底。对于混凝土基层，宜先刷素水泥浆一道，用水泥砂浆或混合砂浆打底，高级装修顶板宜用乳胶水泥浆打底。对于加气混凝土基层，应用水泥混合砂浆、聚合物水泥砂浆或掺入稠粉的水泥砂浆打底，并且打底前应先刷三遍胶水溶液。对于硅酸盐砌块基层，宜用水泥混合砂浆或掺增稠粉的水泥砂浆打底。对于平整光滑的混凝土基层，如顶棚、墙体基层，可不抹灰，采用刮粉刷石膏或刮腻子处理。在一些有防水、防潮要求的环境里，基层和中层都要求用水泥砂浆打底。

中层主要起找平作用，厚度为 5～9mm，其所用材料与底层基本相同，砖墙采用麻刀灰或纸筋灰，一般可一次抹成，也可分若干次进行。

面层主要起装饰作用，厚度为 2～5mm。室内一般

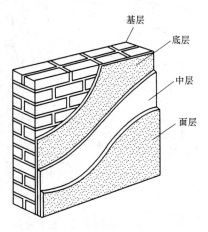

图 8-1 抹灰层组成

（图中标注：基层、底层、中层、面层）

用麻刀灰、纸筋灰或石膏灰，高级墙面用石膏灰，室外常用水泥砂浆。面层需仔细操作，确保表面平整、光滑、无裂痕。

各抹灰层厚度应根据基层材料、砂浆种类、墙面平整度、抹灰质量要求及气候、温度条件而定。抹灰层平均总厚度一般为 15～20mm，最厚不超过 25mm，抹灰层平整度均应符合规范要求。

二、施工工艺

抹灰的一般施工顺序为基层处理、润湿基层、阴阳角找方、设置标筋、抹护角、抹底层灰、抹中层灰、检查修整、表面压光。

1. 一般抹灰

一般抹灰的工序主要有基层处理、设置标筋和抹护角、抹灰施工。

（1）基层处理。为使抹灰砂浆与基层表面黏结牢固，防止抹灰层产生空鼓现象，抹灰前应对基层进行必要的处理。对基层表面的不平整处，要先剔平或用 1∶3 水泥砂浆补齐，表面太光滑时要剔毛或用掺 107 胶的水泥浆薄抹一层。墙面脚手孔洞应堵塞严密，门窗口与墙交接的缝隙处、水暖或通风管道通过的墙洞和楼板洞，应用水泥砂浆或水泥混合砂浆（加少量麻刀）填缝密实。基层表面的灰土、污垢、油渍等应清除干净（油污严重的应用浓度为10％的碱水洗刷），并洒水湿润。不同基层材料（如砖、砌块与混凝土结构）交接处应先铺钉一层金属网或纤维布，搭接宽度从缝边起始，每侧不小于 100mm，以免抹灰层因基层温度变化胀缩不一致而产生裂缝。对砖砌体的基层，应待砌体充分沉降后方可抹底层灰，以防砌体沉降拉裂抹灰层。

（2）设置标筋和抹护角。为了控制抹灰层的厚度和平整度，在抹灰前还需先找好规矩，即四角规方、横线找平、竖线吊直；应弹出各准线，并在墙面上做出灰饼标志和标筋，以便找平，如图 8-2 所示。

易受碰撞的室内墙面、柱面和门洞等处的阳角做法应符合设计要求。设计无要求时，应采用 1∶2 水泥砂浆做护角，其高度不应低于 2m，每侧宽度不应小于 50mm。

（3）抹灰施工。抹灰层施工采用分层涂抹、多遍成活的方法。如用水泥砂浆或混合砂浆，应待前一抹灰层凝结后再抹下一层；如用石灰砂浆，则应待前一层达到七八成干后再抹后一层。中层砂浆凝固前，可在层面上每隔一定距离交叉划出斜痕，以增强与面层的黏结。采用水泥砂浆面层时，应注意接槎，表面压光不得少于两遍，罩面后次日进行洒水养护。采用纸筋灰或麻刀灰罩面时，应在石灰砂浆或混合砂浆底灰五六成干时进行，若底灰过干，应浇水湿润，罩面灰一般分两遍抹平压光。石灰膏罩面宜在石灰砂浆或混合砂浆底灰尚潮湿的情况下刮抹石灰膏，刮抹后约 2h 待石灰膏尚未干时压实赶光，使表面光滑不裂。

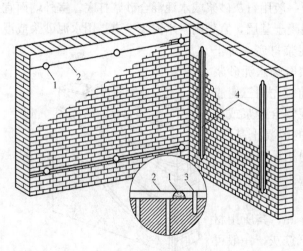

图 8-2　设置标筋

1—灰饼；2—引线；3—钉子；4—标筋

各种砂浆抹灰层，在凝结前应防止快干、水冲、撞击和振动，在凝结后应采取措施防止污染和损坏。

在钢筋混凝土板顶棚抹灰前，应用清水湿润并刷几遍水泥浆，以使抹灰层与基层黏结牢固。抹灰时，应在四周墙顶弹出水平线，以此作为依据，先抹顶棚四周，圈边找平，再抹顶棚中部。顶棚表面应平顺，并压实赶光，不应有抹纹、气泡和接槎不平现象，顶棚与墙面相交的阴阳角应成一条直线。

冬期抹灰时，应采取保温防冻措施。抹灰时，砂浆的温度不宜低于5℃。气温低于5℃时，室外不宜抹灰，室内抹灰的养护温度也不应低于5℃。冬季施工时，抹灰层可采取加温措施以加速干燥，如采用热空气加温，应注意通风，排除湿气。

2. 装饰性抹灰

装饰抹灰的种类很多，目前常用的有水磨石饰面、水刷石饰面、假面砖饰面、喷涂饰面、弹涂饰面。装饰抹灰的底层和中层的做法与一般抹灰基本相同，仅面层的材料和做法不同。

(1) 水磨石饰面。水磨石多用于地面，其花纹美观、润滑细腻。水磨石的施工过程是先在水泥砂浆底层上按设计的图案弹线分格，并用水泥浆固定分格用条（铜条、铝条、玻璃条）。面层铺设前，底层应洒水湿润，刮1mm厚的水泥浆一层，作为黏结层。随后将水泥和彩色石子按1：(1.5～2.5)的比例填入分格块中，厚度比嵌条高出1～2mm，应铺设平整，并用滚筒滚压密实，待表面出浆后用抹子抹平。1天后洒水养护，然后根据气温和水泥品种，3～5天后便可以用磨石机浇水开磨。

磨水磨石可分为粗磨、中磨和细磨三个过程，磨至光滑发亮为止。粗磨、中磨后要用同色水泥浆填补砂眼，并养护2～3天。面层细磨后要用草酸擦洗，干燥后再打蜡，使其光亮如镜。水磨石可在现场制作，也可在工厂预制。

现浇水磨石面层的质量要求是面层应光滑，无明显裂纹、砂眼和磨纹；石粒密实，显露均匀；颜色图案一致，不混色；分格条牢固、顺直和清晰。

(2) 水刷石饰面。水刷石多用于外墙面，其装饰效果美观、施工方便。水刷石的施工过程是在水泥砂浆底层上按设计的分格弹线，并用素水泥浆固定分格木条，然后将底层浇水湿润，再刮厚为1mm的水泥浆一层，以增强与底层的黏结，随即抹厚为10mm的水泥石浆[水泥：石粒＝1：(1～1.5)]，拍实压平。待其达到一定强度（用手指按指痕）时，再用刷子蘸水刷掉面层的水泥浆，使石子表面全部外露，并可用喷雾器喷水冲洗干净。

水刷石的制作要求是表面应颗粒清晰、分布均匀、紧密平整、色泽一致，应无掉粒和接槎痕迹。

(3) 假面砖饰面。假面砖抹灰是用水泥配合一定量的矿物颜料制成彩色砂浆涂抹而成。假面砖的施工是在水泥砂浆底层达到一定强度后再浇水湿润并弹水平线，然后抹厚度为3mm的1：1水泥砂浆层，之后抹3～4mm厚的面层砂浆。面层稍收水后，用铁梳子沿靠尺板由上向下竖向划纹，深度不超过1mm。再根据面砖的宽度，用铁钩子沿标尺板划3～4mm深的横向沟，露出垫层砂浆，最后清扫墙面。

假面砖的质量要求是表面平整、沟纹清晰、留缝整齐、色泽一致，无掉角、脱皮、起砂等缺陷。

(4) 喷涂饰面。喷涂饰面是用喷枪将聚合物水泥砂浆均匀涂在底层上形成面层装饰效果，通过调整砂浆的稠度和喷射压力的大小，可喷成砂浆饱满、波纹起伏的波面或表面不出浆而布满细碎颗粒的"粒状"，也可在表面涂层上再喷以不同色调的砂浆点，形成"花点套色"。

喷涂饰面的施工过程是首先用 1∶3 水泥砂浆打 10～13mm 厚的底；在喷涂前，先喷或刷一道胶水溶液（107 胶∶水＝1∶3），以保证喷涂层黏结牢固；然后喷涂 3～4mm 厚的饰面层，粒状喷涂应连续三遍成活，波面喷涂必须连续操作。待饰面层收水后，按分格位置用铁皮刮子沿靠尺板刮出分格缝，缝内可涂刷聚合物水泥浆；面层干燥后，再喷涂一层有机硅憎水剂，以提高涂层的耐久性，减少对饰面的污染。

喷涂饰面的质量要求是表面应平整，颜色一致，花纹均匀，无接槎痕迹。

（5）弹涂饰面。弹涂饰面是用电动弹涂器分几遍将聚合物水泥色浆弹到墙面上，形成1～3mm 大小的扁圆状色点，由于色浆一般由 2～3 种颜色组成，因此不同色点在墙面上相互交错、相互衬托，犹如水刷石、干黏石效果；也可做成单色光面、细麻面、小拉毛拍平等多种形式。

弹涂饰面可在墙面上抹底灰再做弹涂饰面，也可直接弹涂在基层较平整的混凝土板、加气板、石膏板、水泥石棉板等板材上，其施工流程为基层找平修整或做水泥砂浆底灰、喷刷底色浆一道（掺 107 胶）、弹头道色点、弹二道色点、局部补弹、喷树脂罩面防护层。

第二节　饰面板及幕墙工程

饰面板工程就是将预制的饰面板铺贴或安装在基层上的一种装饰方法。常用的饰面板有饰面砖、石材饰面板和金属、塑料、玻璃饰面板及饰面墙板等。饰面板可采用常规的镶贴法、胶黏剂等方法粘贴。

幕墙是由金属构件与玻璃、金属、石材等面板材料组成的大片连续的建筑外围护结构。它装饰效果好、自重小、安装速度快，是建筑物外墙轻型化、装配化的较为理想的形式，因而在现代建筑中得到了广泛应用。

一、饰面材料

目前，工程使用的饰面材料有很多，从材料的种类上分有釉面瓷砖、石材饰面板、金属饰面板、塑料饰面板等。

（1）釉面瓷砖。釉面瓷砖是用于室内外墙面装饰的陶瓷面砖，按质地可分为陶底和瓷底两种，按表面处理又可分为有釉和无釉两种。陶瓷锦砖（又称马赛克）可用于室内外墙面和地面装饰；玻璃锦砖（也称玻璃马赛克）主要用于室外墙面装饰。

（2）石材饰面板。天然石材饰面板主要有大理石和花岗石饰面板，一般用于较重要建筑物的内外墙面和地面铺饰。人造石饰面板主要有人造大理石和花岗石地面板，常用于室内墙面和柱面的装饰。预制水磨石饰面板可用于室内墙面、柱面和地面的装饰。

（3）金属饰面板。金属饰面板有铝合金板、彩色涂层板、彩色不锈钢板、镜面不锈钢饰面板、塑铝板等多种，是一种高档次的装饰板材。

（4）塑料饰面板。塑料饰面板有塑料镜面板、塑料纹板、塑料彩绘板、有机玻璃饰面板等。

（5）饰面墙板。饰面墙板是将墙板制作与饰面结合而一次成型的面板，它将结构与装饰合一，从而加速了工程进度。按生产方式不同，饰面墙板可分为露石混凝土饰面板、混凝土饰面板、模塑混凝土饰面板等。

二、饰面砖镶贴

1. 釉面瓷砖和外墙面砖镶贴

釉面瓷砖和外墙面砖施工的主要工序为基层处理、湿润基层表面、水泥砂浆打底、选砖浸砖、放线和预排、镶贴面砖、勾缝、清理面层。

（1）基层处理。基层表面应平整且粗糙，镶贴面砖前应清理干净并洒水湿润，然后用 1：3 水泥砂浆打底，厚 7～10mm，需找平划毛。底灰抹灰后一般应养护 1～2d，方可进行镶贴。

（2）选砖和浸砖。铺贴的面砖应进行挑选，即挑选规格一致、形状平整方正、颜色一致、无缺陷的面砖，面砖应在清水中浸泡 2h 以上，取出阴干备用。

（3）放线和预排。铺贴面砖前应进行放线定位和预排，接缝宽度一般为 1～1.5mm，非整砖应排在次要部位或墙的阴角处。

（4）镶贴面砖。镶贴面砖时，先浇水湿润墙面，再根据已弹好的水平线在最下面一皮砖的下口放好垫尺板，作为贴第一皮砖的依据。贴皮砖时，一般从下向上逐层黏贴，除采用掺107 胶水泥浆作黏结层时，可以抹一行贴一行外，其他均应将砂浆满铺在面砖背面，逐块进行粘贴。贴皮砖时，一般从阳角开始，使不成整块的面砖留在阴角，即先贴阳角大面，后贴阴角、凹槽等难度较大的部位。

镶贴面砖时，可用铲把轻轻敲击击实；当采用 107 胶水泥浆黏结层时，可用手轻压，并用橡皮锤轻轻敲击，使其与基层黏结密实牢固。每层砖缝需横平竖直，应用靠尺随时检查平正方直情况，修整缝隙。凡遇黏结不密实的，应取下重新粘贴。要随时用棉纱将缝中挤出的浆液擦净。

（5）勾缝和清理面层。面砖镶贴完毕后应进行质量检查，用清水、棉纱将面砖表面清洗干净，接缝处用与面砖同色的水泥浆擦嵌密实。全部工作完成后要根据不同污染情况，用棉纱、砂纸清理，最后用清水冲刷干净。

2. 陶瓷锦砖和玻璃锦砖镶贴

镶贴锦砖前应按设计图案要求及图纸尺寸，核实基面的实际尺寸，根据模数和分格要求绘出施工大样图，加工好分格条，并对要镶贴的锦砖统一编号，以便对号粘贴。

基层上要用 1：3 水泥砂浆打底 12～15mm 厚，找平划毛，洒水养护。粘贴前，弹出水平和垂直分格线，按线稳定好平尺板，然后在湿润的底灰上刷一道素水泥浆，再抹一层 2～3mm 厚的 1：1 的水泥砂浆（掺 2％乳胶）黏结层，同时将锦砖底面朝上铺在木垫板上，缝里散入 1：2 干水泥砂，然后涂上一层黏结灰浆，逐张拿起，按平尺板上口沿线由下往上对齐接缝粘贴于墙面上，并仔细拍实。待黏结层初凝后，用软毛刷将锦砖护纸刷水润湿，约半小时后揭纸，并检查缝的平直大小，拨正调直。粘贴 48h 后，用 1：1 水泥砂浆勾缝，小缝均用素水泥浆嵌平。待填缝材料硬化后，用稀盐酸溶液刷洗表面，并随即用清水冲洗干净。

三、饰面板安装

饰面板与饰面砖相比，重量和体积都要大的多，因此，饰面板的安装与饰面砖就有所不同，目前主要有湿法安装和干法安装两种。

1. 湿法安装

石材饰面板因尺寸较大，重量也大，因而需采取一定方法固定在墙、柱面上，传统上一般多采用湿法安装。

安装前，先按设计要求在基层表面绑扎钢筋网，钢筋网应与结构的预埋件连接牢固。同时，在饰面板材的上下边侧面钻孔，孔的位置应与钢筋网中横向钢筋的位置相对应，以便与钢筋网连接，如图 8-3 所示。安装时，要按照事先弹好的水平、垂直控制线进行预排，然后从下往上安装，每层从中间或一端开始，依次将饰面板用钢丝或不锈钢丝与钢筋网绑扎固定。板材与基层的缝隙一般为 20～50mm，需灌浆黏结。灌浆前，应先用石膏或塑料条在竖缝内塞实，以防漏浆。然后用 1∶2.5 水泥砂浆分层灌注，每层高 200～300mm，待下层初凝后再灌上层，直到距上口 50～100mm 处为止。待安装好上层面板后再继续灌浆处理，依次逐层往上操作。每日安装固定后应将饰面板清理干净，如饰面层光泽受到影响，可以重新打蜡出光。要注意采取措施，保护板材棱角。饰面板全部安装完毕后，清洁表面，并用与饰面相同颜色的水泥浆或油腻子镶嵌缝隙，边嵌边擦，使缝隙密实、色泽一致。

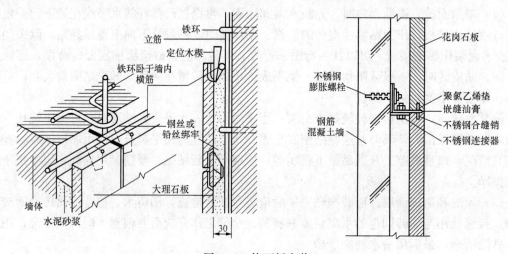

图 8-3　饰面板安装

2. 干法安装

饰面板干法安装有直接干挂式和骨架干挂式两种，前者用于墙体为钢筋混凝土的结构，后者用于框架结构。钩挂饰面板时需通过金属骨架与框架结构的梁、柱连接。安装时，直接在板材上打孔，然后用钢丝或连接器将板材与埋在混凝土墙体内的膨胀螺栓相连，或与金属骨架连接，板材与墙体间形成 80～90mm 厚的空间。饰面石材全部安装完毕后，进行表面清理，随即用密封胶嵌缝。

四、幕墙安装

幕墙是由金属构件与玻璃、金属、石材等面板材料组成的大片连续的建筑外表围护结构，它是将面板构成的幕墙构件连接在横梁上，横梁连接在立柱上，立柱悬挂在主体结构上。为使立柱在温度变化及主体结构侧移时有变形的余地，立柱上下由活动接头连接，使立柱各段可上下相对移动。幕墙结构如图 8-4 所示。

1. 玻璃幕墙的分类

玻璃幕墙按结构及构造形式不同，可分为明框玻璃幕墙、全隐框玻璃幕墙、半隐框玻璃

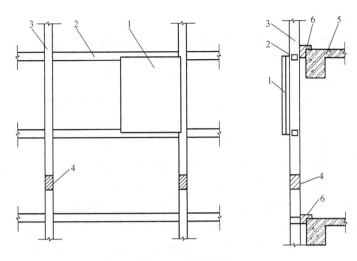

图 8-4 幕墙结构

1—幕墙；2—横梁；3—立柱；4—立柱活动接头；5—立体结构；6—立柱悬挂点

幕墙和全玻璃幕墙等；按施工方法不同，可分为现场组合的分件式玻璃幕墙和工厂预制后在现场安装的单元式玻璃幕墙。

明框玻璃幕墙是用型钢作为幕墙的骨架，玻璃板镶嵌在铝合金框内，其工作性能可靠，相对于隐框玻璃幕墙更容易满足施工技术水平的要求，应用较为广泛。

全隐框玻璃幕墙是在铝合金构件组成的框架上固定玻璃框，将玻璃用结构密封胶预先黏结在玻璃框上，玻璃框之间用结构密封胶密封。玻璃框及铝合金框全部隐蔽在玻璃后面，形成大面积的全玻璃镜面幕墙。此种幕墙的全部荷载均由玻璃通过结构胶传递给铝合金框处，因此，结构胶是保证隐框玻璃幕墙安全的主要因素。

半隐框玻璃幕墙是将玻璃的两对边粘贴在玻璃框上，玻璃框固定在铝合金框格上，而另外两对边用结构胶黏结在铝合金框格的镶嵌槽内，形成半隐框玻璃幕墙。其中，立柱外露、横梁隐蔽的称隐横显竖玻璃幕墙；横梁外露、立柱隐蔽的称隐竖显横玻璃幕墙。

全玻璃幕墙也称无框玻璃幕墙，此种幕墙的骨架除主框架之外，次骨架均采用玻璃肋，玻璃及次骨架用结构胶固定。玻璃本身既是饰面材料，又是承受荷载的结构构件，常用于建筑物底层、顶层及旋转餐厅的外墙装饰。

2. 玻璃幕墙常用材料

玻璃幕墙常用材料包括骨架及配件材料、面板材料、黏结材料、填缝材料等。幕墙作为建筑物外围护结构，经常受自然环境不利因素的影响，因此，要求幕墙材料有足够的耐气候性和耐久性。

玻璃是玻璃幕墙的主要材料之一，直接影响幕墙的各项性能，同时也是幕墙艺术风格的主要体现者。幕墙所采用的玻璃通常有钢化玻璃、夹层玻璃、双层中空玻璃、热反射玻璃、吸热玻璃、夹丝（网）玻璃和防火玻璃等。幕墙玻璃应具有防风雨、防日晒、防撞击和保温隔热等功能。

隐框、半隐框和全玻璃幕墙所使用的硅酮结构密封胶必须与接触材料具有相容性，接触材料主要是铝合金型材和玻璃等。所谓相容性是指硅酮密封胶与这些材料接触后，起黏结作用而不发生影响黏结性能的任何化学变化。

3. 玻璃幕墙的安装

玻璃幕墙现场安装分单元式和分件式两种方式。单元式安装是将立柱、横梁和玻璃板材在工厂拼成一个安装单元（一般为一个楼层高度），然后到现场整体吊装就位。分件式安装是将立柱、横梁、玻璃板材等分别运到工地，在现场逐件安装。分件式安装的施工顺序为测量放线定位、检查预埋件、安装骨架、安装玻璃、密封处理、清洗维护。

（1）测量放线定位。测量放线定位是将骨架的位置线弹到主体结构上。放线工作应根据结构中心线及标高控制点进行。对于由横梁、立柱组成的骨架，一般先弹出立柱位置线，再确定立柱的锚固点。待立柱通长安装完后，再将横梁线弹到立柱上。如果是全玻璃安装，则应先将玻璃的位置线弹到地面，再根据外缘尺寸确定锚固点。

（2）检查预埋件。为保证幕墙与主体结构连接可靠，幕墙与主体结构连接的预埋件应在主体结构施工时按设计规定的数量、规格、位置和防腐要求进行埋设。安装前，应检查各连接位置预埋件是否齐全，位置是否准确。当有遗漏、倾斜、位置偏差过大时，应采取补救措施。

（3）安装骨架。骨架的安装需依据放线位置进行。因立柱与主体结构相连，骨架的安装一般先用连接件将立柱固定。连接件与主体结构可通过预埋件或后埋锚栓固定。当采用后埋锚栓固定时，应通过试验确定其承载力。横梁与立柱的连接可采用焊接、螺栓连接、穿插件连接、角钢或角铝连接等方法。

（4）安装玻璃。安装玻璃一般在人工吊篮中进行，并用手动或电动吸盘器配合安装。玻璃幕墙的类型不同，固定玻璃的方法也不同。型钢骨架因型钢没有固定玻璃的凹槽，多用窗框过渡，将玻璃安装在铝合金窗框上，再将窗框与骨架相连。铝合金型材在成型时已经有固定玻璃的凹槽，可直接安装玻璃。为避免玻璃与硬性金属之间直接接触，应用密封填缝材料过渡。对于隐框玻璃幕墙，在安装时，应对玻璃及四周的铝框进行必要的清洁，以保证结构胶可靠地黏结。安装前，玻璃的镀膜应粘贴保护膜，交工时再全部揭去。

（5）密封处理和清洗维护。玻璃安装完后，需及时嵌缝密封，以保证玻璃幕墙的气密性。然后从上至下用中性清洁剂对幕墙表面及外露构件进行清洁维护，并应符合验收规定的各项要求。

4. 金属幕墙安装

金属幕墙由金属饰面板和骨架组成，骨架的立柱、横梁通过连接件与主体结构固定。铝合金饰面板是金属饰面板中比较典型的一种，因其强度高、质量轻、易加工成型、精度高、防火及防腐性能好、装饰效果好、质感丰富，因而被广泛采用。铝合金板有各种定型产品，也可按设计要求与厂家协商定做，常规的金属幕墙板材断面如图 8-5 所示。

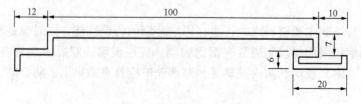

图 8-5　铝合金饰面板材断面

铝板幕墙的施工顺序为放线、安装骨架的连接件、固定骨架、安装铝合金饰面板、收口构造处理。

　　放线是按设计要求将骨架的位置线弹放到基层上，以保证骨架安装的准确性。连接件与基层的连接可通过预埋铁件焊接，也可用膨胀螺栓固定。由于连接件要与骨架横、竖杆相连，承受荷载，因此，要求其位置准确、固定牢固、不易锈蚀。承载骨架多为铝合金型材或型钢制作，骨架应预先做防腐处理。

　　根据铝板的截面形式，铝板与骨架的连接，可直接用螺钉将铝板拧到骨架上，也可采用特制的卡具将铝板卡在特制的骨架上。铝板安装要求稳固、平整，无翘曲、卷边现象。铝合金饰面板之间的间隙一般为10～20mm，应采用密封胶或橡胶条等弹性材料嵌缝。安装后验收前，要注意成品保护，对易被碰撞的部位，应设置临时栏杆；对易受污染的部位，要用塑料薄膜覆盖。饰面板安装后，对水平部位的压顶、端部的收口、变形缝处及不同材料交接处，需采用配套专用的铝合金成型板进行妥善处理。

第三节　涂饰和裱糊工程

一、涂饰工程

　　涂饰工程主要包含有油漆涂刷和涂料涂刷，它是将胶体的溶液涂敷在物体表面上，使之与基层黏结而形成一层完整且坚韧的保护薄膜，以达到装饰、美化和保护基层免受外界侵蚀的目的。

　　1. 油漆涂饰

　　工程中常用的油漆主要有调和漆、清漆、耐热漆、耐火漆、防锈漆及防腐漆等，其中调和漆和防锈漆使用较多。调和漆分为油性和磁性两类。油性调和漆漆膜附着力强，耐大气作用好，适用于室内外金属、木材和水泥面层的涂刷。磁性调和漆漆膜较硬，颜色鲜明，光亮平滑，能耐水洗，但耐气候性差，仅适用于室内面层的涂刷。

　　清漆分为油质清漆和挥发性清漆两类。油质清漆漆膜干燥慢，光泽透明，适用于木材面、金属面的罩光。挥发性清漆漆膜干燥快、坚硬光亮，但耐大气作用差，易失光，多用于室内木材面层打底或家具罩面。

　　油漆涂饰施工的工序为基层处理、打底、抹腻子、涂饰油漆。

　　(1) 基层处理。为使油漆和基层表面黏结牢固并节省材料，必须对需涂饰的木材、金属、抹灰层和混凝土等基层表面进行处理。对木材基层表面，应将表面的灰尘、污垢消除干净，将表面上的缝隙、毛刺、节疤和凹陷处修整后，需用腻子补平。对金属基层表面，应清除表面的锈斑、尘土、油渍、焊渣等杂物。对抹灰层和混凝土基层表面，要求表面干燥、洁净，不得有起皮和松散等缺陷，粗糙的表面应磨光，缝隙和小孔应用腻子刮平。

　　(2) 打底。在处理好的基层表面上刷一遍底子油，以保证整个油漆面的色泽均匀。

　　(3) 抹腻子。腻子是由油料加上填料（石膏粉或大白粉）、水或松香水拌制成的膏状物。抹腻子的目的是使其表面平整，待其干后用砂纸打磨。对于高级油漆施工，需在基层上全部抹一层腻子，多次重复打磨，直至表面平整光滑为止。

　　(4) 涂饰油漆。油漆施工按要求不同分为普通、中级和高级三个等级。一般松软木材表面、金属面多采用普通或中级油漆；硬质水材面、抹灰面则采用中级或高级油漆。涂饰的方法有刷涂、喷涂、擦涂和滚涂等多种。

　　刷涂法是用棕刷蘸油漆涂刷物体的表面,其设备简单、操作方便、用油省、不受物体形状大小的限制,但工效低。

　　喷涂法是用喷雾器将油漆均匀喷射在物体表面上,一次不能喷得过厚,需分几次喷涂,以达到厚而不流。此法特点是工效高、漆膜分散均匀、平整光滑、干燥快;但油漆耗量大,施工时应采取通风、防火、防爆的安全措施。

　　擦涂法是用棉花团外包纱布蘸油擦涂几遍,待漆膜稍干后再连续擦涂多遍,直到均匀擦亮为止。此法漆膜光亮、质量好,但效率低。

　　滚涂法是用滚筒滚上油漆后,再滚涂于物体表面上。此法漆膜均匀,可使用较稠的油料,适用于墙面滚花涂饰。

　　在整个涂刷油漆的过程中,油漆不得任意稀释,最后一遍油漆不宜加催干剂。涂刷施工时,应待前一遍油漆干燥后方可涂刷后一遍油漆。

　　2. 涂料涂饰

　　建筑涂料的品种很多,按成膜物质可分为有机涂料、无机涂料和复合型涂料,其中有机涂料又分为水溶性涂料、溶剂型涂料、乳液型涂料;按涂料功能分类有装饰涂料、防火涂料、防水涂料、防腐涂料、防霉涂料及防结露涂料等;按涂层质感分类有薄质涂料、厚质涂料、复层涂料、多彩涂料等;按使用部位分类有外墙涂料、内墙涂料、地面涂料、顶棚涂料、门窗涂料等。

　　外墙涂料的主要功能是装饰和保护建筑物外墙面,并使其外貌整洁美观,增加室外整体环境的美感。为此,外墙涂料一般具有良好的装饰性、保色性、耐水性、抗水性、耐污染性和耐气候性。常用的外墙涂料有溶剂型外墙涂料和乳液型外墙涂料。

　　室内涂料的主要功能是装饰和保护室内墙面和顶棚,使其整洁美观,环境舒适。室内涂料色彩丰富协调,涂层平滑细腻,有良好的耐碱性、耐水性、耐风化性、防火功能、防霉功能和透气性,有的涂料还具有耐擦洗性。常用的室内涂料有合成树脂乳液涂料(又称乳胶漆)、水溶性内墙涂料、复层涂料等。涂料涂饰施工的工序一般为基层处理、刮腻子和涂饰涂料。

　　(1)基层处理。涂刷前,基层应先进行清理,基层要平整但又不应太光滑,光滑的表面对涂料黏结性能有影响,太粗糙的表面,涂料消耗量较大。孔洞和沟槽应进行修补,基层应干燥。在涂饰涂料前一般要先喷刷一道与涂料性质相适应的稀释乳液,稀释乳液渗透能力强,可使基层坚实、增强黏结性能并节省涂料。

　　(2)刮腻子。刮腻子的目的是将表面气孔、裂缝及不平之处嵌平。腻子材料通常由涂料制造厂配套生产供应,应尽量选用现成的配套腻子。对于普通涂饰,应满刮一遍腻子并磨平;中级涂饰除满刮一遍腻子并磨平外,在涂饰第一遍涂料后需再刮补腻子并磨平;高级涂饰则应满刮腻子并磨平两遍,并在装饰第一遍涂料后仍需复补腻子并磨平。

　　(3)涂饰涂料。涂饰的方法有刷涂、喷涂、滚涂、弹涂等。

　　涂饰时,涂饰方向的接槎最好在分格缝处。涂饰次数一般不少于两遍。

　　喷涂施工时,对涂料的稠度、空气压力、喷射距离、喷枪运行的角度和速度等方面均有一定要求,应按具体涂料所要求的操作规程进行。室内喷涂一般两遍成活,间隔时间约为2h。外墙喷涂一般也为两遍,较好的饰面为三遍。

　　滚涂施工是用滚子蘸上涂料后,在墙面来回滚动来涂刷墙面。

弹涂施工时，应先在基层上涂饰1～2遍涂料，作为底色涂层，待底色涂层干燥后，才能进行弹涂。弹涂时，用弹涂机将不同色彩的涂料弹在底色涂层上，形成1～3mm的花点。外墙面涂饰时，风雨天不得施工。

二、裱糊工程

裱糊是将壁纸、麻纸或墙布用黏结剂粘贴在室内墙面、柱面或顶棚上的一种装饰方法。

此种装饰具有色彩丰富、质感性强，既耐用又易清洗的特点，并且施工速度快、湿作业少，多用于高级室内装饰。常用的壁纸有普通壁纸、发泡壁纸、纺织纤维壁纸等。墙布有玻璃纤维墙布、纯棉装饰墙布、化纤墙布和无纺墙布等。

裱糊施工的工序一般为基层处理、弹线和裁料、湿润、刷胶、裱糊、赶压黏结剂和气泡、擦净挤出的胶液、清理修整。

（1）基层处理。粘贴的基层必须坚固密实、表面平整，无疏松和剥落，无孔洞裂缝、毛刺和空鼓等，否则应对基层进行处理。为防止基层吸水过快，可在基层先刷一道用水稀释的107胶作底胶进行封闭处理。

（2）弹线和裁料。为使裱糊的壁纸或墙布粘贴的花纹、图案、线条纵横连贯，应先弹好分格线。墙面应从墙的阳角开始，按裱糊材料宽度弹垂直线，作为裱糊时的操作准线。裱糊顶棚时也应弹线。裁料时，应根据实际尺寸统筹规划，并进行编号，以便按顺序粘贴。

（3）湿润和刷胶。以纸为底层的壁纸遇水后会膨胀，干燥后又会收缩，因此壁纸施工前应浸水湿润几分钟并在基层表面涂刷黏结剂，粘贴上墙，可以使壁纸贴得平整。裱贴顶棚时，基层和壁纸背面均应涂刷黏结剂。在基层表面涂刷黏结剂时，宽度应比裱糊材料宽出20～30mm，涂刷一段，裱糊一段，否则提前涂刷的黏结剂会失去作用。

（4）裱糊。裱糊的方法有搭接法、拼接法和推贴法。搭接法多用于壁纸的裱糊，此法是指壁纸上墙后，进行对花拼缝并使相邻的两幅重叠，然后在搭接处的中间将双层壁纸切透，分别撕掉切断的两幅壁纸边条。拼接法可用于壁纸和墙布的裱糊，此方法是指裱糊材料上墙前先对花拼缝裁料，上墙后，相邻的两幅裱糊材料直接拼缝对花。推贴法多用于顶棚的裱糊，裱糊时，先将裱糊材料卷成一卷，一人推着前进，另一人压实赶平。采用推贴法时，黏结剂宜刷在基层上，不宜刷在材料上。

（5）赶压黏结剂和气泡。裱糊材料拼缝对齐后，要将黏结剂赶平压实，挤出气泡，一般可用刮板刮平。但发泡和复合壁纸则不得使用刮板，可用毛巾、海绵或毛刷赶平。

（6）擦净挤出的胶液，斜视时应无胶痕。

（7）清理修整。整个房间裱糊完成后、应进行全面细致的检查。壁纸、墙布应表面平整，色泽一致，不得有波纹起伏、裂缝及皱折，修整处不留痕迹。

第四节 吊顶与隔墙

一、吊顶施工

吊顶是空内装饰的重要组成部分之一，它不仅可以使建筑室内空间美观，而且还有隔声、吸声、保温、隔热的作用。吊顶主要由吊筋、龙骨和饰面板三部分组成。

（1）吊筋。吊筋是吊顶承受荷载的部分，它由吊杆和吊头组成。吊筋的材料及固定可采用预埋直径为6mm的钢筋或8号镀锌铁丝，也可采用膨胀螺栓、射钉等固定吊筋。吊筋的间距一般为 1.2~1.5m。

（2）安装龙骨。吊顶龙骨一般由方木、轻钢或铝合金等材料制作。木质龙骨由大龙骨、小龙骨、横撑龙骨和吊木等组成。轻钢龙骨和铝合金龙骨的断面形式有 U 形、T 形、L 形等数种，每根长 2~3m，可在现场拼接加长。U 形轻钢龙骨吊顶构造如图 8-6 所示。

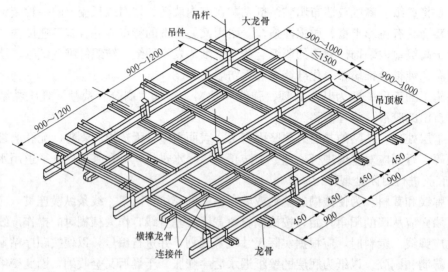

图 8-6　U 形轻钢龙骨吊顶构造

轻钢和铝合金吊顶龙骨安装的工序为弹线、安装大龙骨吊筋、安装大龙骨、安装小龙骨、安装横撑龙骨。安装龙骨前，应沿墙四周弹出顶棚标高水平线，并在墙上划出龙骨分档位置线。吊杆固定后，将大龙骨吊挂件穿入相应的吊杆螺栓上，拧紧螺栓，安装大龙骨和连接件。安装时，应以房间为单元，拉线调整大龙骨的高度，中间起拱高度一般为房间短跨的 1/300~1/200。四周墙边的龙骨用射钉固定在墙上，间距为 1m。小龙骨通过连接件垂直固定在大龙骨上。小龙骨的间距应根据装饰面板的尺寸和接缝要求确定。横撑与小龙骨连接，横撑龙骨间距应根据饰面板尺寸确定。组装好的小龙骨和横撑龙骨底面应平齐。

（3）安装饰面板。饰面板安装前，吊顶内的各种管道和设备应安装完毕，并先调试和验收。

饰面板应先按规格、颜色等进行分类选配。饰面板安装应对称于顶棚的中线，并由中心向四个方向推进，不可由一边推向另一边。当吊顶上设有灯具孔、通风排气等孔洞时，应组成对称排列图案。饰面板的安装方法有搁置法、嵌入法和胶黏法。搁置法即将饰面板直接放在龙骨组成的格框内，并用卡子固定。嵌入法即将饰面板插入龙骨的企口缝内。胶黏法即将饰面板用黏结剂粘贴在龙骨上。此外，还可用钉子、螺钉等工具将饰面板固定在龙骨上。

轻型灯具可吊在大龙骨或附加龙骨上，重型灯具、电扇及其他大型设备严禁安装在龙骨上，应另设吊钩。

二、隔墙施工

隔墙在建筑中起着分隔房间的作用，常见的隔墙可分为砌筑隔墙、立筋隔墙和板材式隔墙。其中，立筋石膏板隔墙较为常用。

用于隔墙的石膏板有普通纸面石膏板、防水石膏板、防火石膏板和纤维石膏板等。石膏板的长度有 2400、2500、2600、2700、3000、3300mm 等，宽度有 900mm 和 1200mm；厚度有 9.5、12、15、18、25mm 等。

隔墙的安装工序为先安装轻钢龙骨，再将石膏板用自攻螺钉或黏结剂等将石膏板固定在龙骨上，如图 8-7 所示。施工时，首先用射钉或膨胀螺件按 0.6～1m 的间距将铺有橡胶条或沥青泡沫塑料条的龙骨固定在地面和顶板上，然后将预先截好的竖向龙骨，推入沿屋顶和地面固定好的龙骨内，固定后再安装横撑龙骨。安装石膏板时，要把板材贴在龙骨上，然后用电钻打孔，再拧上自攻螺钉。石膏板间的接缝分为明缝和暗缝两种，对公共建筑大房间可采用明缝处理，对于一般建筑的房间可采用暗缝处理，如图 8-8 所示。石膏板防潮、防水性能较差，可通过涂刷中和甲基硅醇钠、汽油稀释熟桐油等进行表面处理。

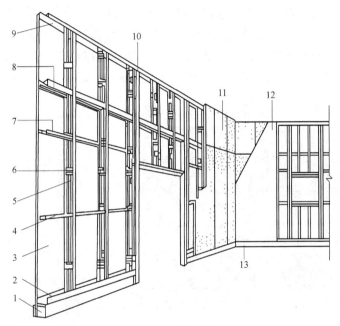

图 8-7 隔墙龙骨

1—混凝土踢脚座；2—地龙骨；3—石膏板；4—横撑；5—龙骨；6—支撑卡；7—横撑龙骨；
8—横向加强龙骨；9—沿顶龙骨；10—竖向加强龙骨；11—石膏板；12—塑料壁纸；13—踢脚板

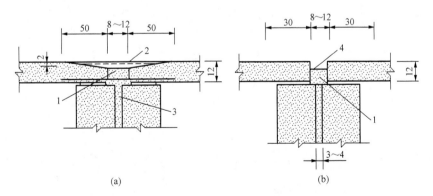

图 8-8 石膏板接缝处理方式

(a) 暗缝做法；(b) 明缝做法

1—石膏腻子；2—接缝纸带；3—107 胶水泥砂浆；4—明缝

三、隔断施工

隔断是用来分隔室内空间的装修构件，与隔墙虽有相似之处，但也有区别。隔断的作用主要是通过局部分割来满足工作空间的变化和遮挡视线，给人提供较好的工作空间或视觉空间。隔断的形式很多，常见的有屏风式、镂空式、玻璃、家具式等隔断。

屏风式隔断的高度通常在 2m 以下，空间通透性强，形成大空间。在大房间内，若要分出若干人的工作小空间，常使用这种方式。

镂空花格式隔断常在公共建筑门厅、客厅等处使用，有木质、竹制、混凝土等多种形式。隔断一般与地面、顶棚固定起来。

玻璃隔断有玻璃砖隔断和玻璃板隔断两种。玻璃板隔断可采用普通平板玻璃、磨砂玻璃、刻花玻璃、压花玻璃、彩色玻璃及各种颜色的有机玻璃等，将玻璃板嵌入木框或金属框的骨架中，使隔断具有透光性、遮挡性和装饰性。玻璃砖隔断由玻璃砖砌筑而成，既能分隔空间，又能采光，常用在公共建筑的接待室、会议室等处，如图 8-9 所示。

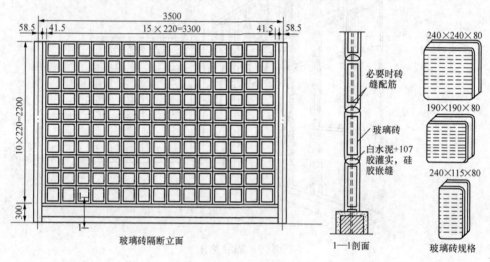

图 8-9　玻璃砖隔断

第九章 防 水 工 程

防水工程的目的是保证建筑物或构筑物不受水侵蚀和影响。防水工程按其构造做法可分为结构自防水和防水层防水两大类。结构自防水主要是依靠结构材料自身的密实性及某些构造措施（如设坡度、埋设止水带等），使其起到防水作用。防水层防水是在结构构件的迎水面或背水面及接缝处附加防水材料，构成防水层，以此起到防水作用，如卷材防水、涂膜防水、刚性防水层等。防水工程按其防护部位又可分为屋面防水、地下防水及室内防水等；按其材料可分为柔性防水（如卷材防水、涂膜防水等）和刚性防水（如结构自防水、水泥砂浆防水层等）。防水的等级根据防水要求来确定，一般分为四级，如表 9-1 所示。

表 9-1 防水等级及其适用范围

等 级		一级	二级	三级	四级
屋面	标准	三道或三道以上防水	二道防水	一道防水	一道防水
	适用范围	特别重要的建筑物	重要建筑物	一般建筑物	非永久性建筑物
地下工程	标准	不允许渗水，表面无湿渍	不允许渗水	有渗水，但不得有线流和泥沙流出，且一天渗出的水应少于2.5L	不得有线流和泥沙流出，且一天渗出的水应少于4L
	适用范围	人员长期停留场所，重要战备工程，有潮湿会使物质变质	人员长期停留场所，重要战备工程，有湿渍不会使物质变质	人员长期停留场所，一般战备工程	对渗水无严格要求的工程
选用材料		高分子合成材料、高聚物改性材料、金属板材	高分子合成材料、高聚物改性材料、金属板材	三毡四油沥青卷材、高分子合成材料、高聚物改性材料、金属板材	二毡三油沥青卷材、防水涂料等

第一节 屋 面 防 水

一、屋面分类
屋面按结构组成可分为常规性屋面、倒置式屋面、通风屋面、种植屋面等。

1. 常规性屋面

常规性屋面的防水一般都是采用卷材防水，按照屋面的结构组成，从下至上分别是结构层、找平层、隔气层、保温层、找平层、防水层和保护层。一般不允许在这种屋面上经常性走动，屋面的防水主要是通过防水层来解决的，屋面积聚的雨水通过排水沟聚集到落水口处，通过落水管排除。这种屋面的防水层施工方法简单，易于施工组织；但由于卷材位于表层，长期受到风吹日晒和雨淋，使得卷材老化加速，寿命缩短，而且容易受到损坏，如图 9-1所示。

2. 倒置式屋面

倒置式屋面就是将传统屋面构造中的保温隔热层与防水层颠倒,将保温层放在防水层上面,故称倒置,如图 9-2 所示。这种屋面对室外的温度首先通过保温层进行衰减,然后通过温度的传递而使整个屋面温度均匀分布,并通过保温层内湿气的吸收,降低了一部分温度,因而起到了保温隔热的效果。同时,由于防水层置于保温层之下,受到了很好的保护,不受冻融循环的影响,因此,防水层使用寿命很长,是一般防水层使用寿命的 2~4 倍。

图 9-1　常规性卷材屋面

图 9-2　倒置式屋面

倒置式屋面的施工顺序是先清理结构表层,然后施工找坡层、找平层和铺设防水卷材,之后铺设保温材料,最后施工找平层。在施工过程中,找坡层的坡度要大于 3%,以防积水,且保温层材料应采用吸水性低的材料。铺设保温层时应拼缝严密,铺设平稳。

3. 通风屋面

通风屋面大多用于夏季比较炎热的地区,由于该屋面在屋顶增加了通风层,因此使得通过空气的流通而降低了屋面的温度,屋面的架空层一般采用能满足屋面上承载人的要求。这种屋面构造形式简单,屋面和风道的长度不应大于 15m,空气间层以 200mm 高为宜;冬季为了保温,一般将通风口关闭,支座的布置应整齐规律,保证通风畅通,施工中要避免破坏防水层,如图 9-3 所示。

4. 种植屋面

种植屋面是指在屋顶通过种植花草和灌木,形成一种生态屋面来解决屋面防水保温的问题。由于屋顶的植物吸收了照射屋面的热量,因此改善了屋面的热环境。种植屋面一般由结构层、找平层、防水层、蓄水层、滤水层、种植层等构造层组成,如图 9-4 所示。

图 9-3　通风屋面

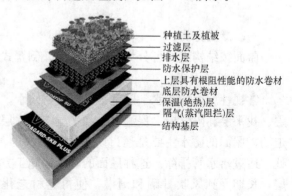

种植土及植被
过滤层
排水层
防水保护层
上层具有根阻性能的防水卷材
底层防水卷材
保温(绝热)层
隔气(蒸汽阻拦)层
结构基层

图 9-4　种植屋面

一般屋面种植分为有土栽培和无土栽培，有土栽培是在屋面覆盖一层 100～150mm 厚的水渣、锯末或蛭石来代替土壤，它们与土壤相比具有重量轻、热导率小的特点，因此常被用作覆盖层和保温层。屋面的隔热保温效果与种植密度有关，当覆土较厚种植花木时，需要人工的管理。而种植草被时，由于草的生命力和耐候性比较强，因此可粗放式管理，其施工顺序为屋面防水层、保护层、人行道板铺设，在屋面排水口前安置排水卵石，防止泥土流失，然后铺设土壤层，种植植物即可。选取种植的植物最好是草被或根系浅的植物，防止根系生长破坏防水层，泄水口要注意及时清理，防止堵塞。

二、屋面防水方法

不论屋面的分类有几种，屋面防水方法总体上可分为柔性防水和刚性防水两大类。

1. 柔性防水

柔性防水是指用胶黏材料将柔性卷材粘贴于屋面基层，形成一整片不透水的覆盖层，从而起到防水的作用。卷材防水屋面的一般构造如图 9-5 所示。

(1) 结构层。结构层是屋面的承载结构，除满足要求的承载能力外，其表面应清理干净。结构找坡宜为 3%，天沟檐沟纵向坡度不应小于 1%，天沟内排水口周围应做成圆弧低洼坑。

(2) 找平层。找平层是结构层或保温层与防水层的中间过渡层，找平层可用水泥砂浆、细石混凝土

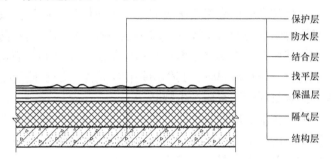

图 9-5 卷材防水屋面的一般构造

制作。找平层应留设分格缝，缝宽宜为 20mm，并嵌填密封材料。找平层表面应压实平整，排水坡度应符合设计要求。

(3) 隔气层。隔气层是用来防止保温层和找平层存在潮气并致使卷材鼓胀而铺设的。因此，隔气层铺设前，基层必须保持干燥、干净，隔气层应整体连续施工。隔气层材料可采用防水卷材或涂膜材料。

(4) 保温层。保温材料有松散材料和板状材料两类。松散保温材料一般采用膨胀珍珠岩，施工应分层铺设，并适当压实，每层虚铺厚度不宜大于 150mm，压实程度与铺料厚度应经试验确定。压实后不得直接在保温层上行车或堆放重物。保温层施工完后，应及时进行下道工序，尽快完成上部防水层的施工，在雨季施工时应采取防雨措施。此外，膨胀珍珠岩也可用水泥或沥青拌和，现浇为整体。为防止保温层和找平层的潮气使卷材鼓胀，应设置排气屋面孔。

板状保温材料有泡沫塑料板、微孔混凝土板、纤维板等，板状保温材料应紧靠在需保温的基层表面上并应铺平垫稳。分层铺设的板块上下层接缝应相互错开，板间需用同类材料嵌填密实。泡沫塑料板可在基层上直接平铺。

(5) 防水层。铺设屋面防水层前，基层必须干净且干燥。铺设卷材时，当屋面坡度小于 3% 时，卷材应平行屋脊铺贴；当屋面坡度为 3%～15% 时，卷材可平行或垂直屋脊铺贴；当屋面坡度大于 15% 时，沥青防水卷材应垂直屋脊铺贴。沥青防水卷材施工工序一般是在基层浇上或涂刷冷底子油，然后浇油和粘贴卷材，在铺贴卷材时收边挤压。

涂膜防水是通过涂刷一定厚度的液态改性沥青或高分子合成材料进行的防水，它经过常温交联固化后形成了具有一定弹性的防水薄膜。涂膜防水层施工应分层涂刷，待先涂刷的涂层干燥成膜后，方可涂刷上面一层。涂膜防水需铺设如玻璃纤维布、合成纤维薄毡、玻璃丝布、聚配纤维无纺布等胎体增强材料。当屋面坡度小于 15% 时，可平行屋脊铺贴；当屋面坡度大于 15% 时，应垂直于屋脊铺贴，并由屋面最低处向上铺贴。涂膜材料为多组分时，配料应准确并搅拌均匀。涂膜应由两层以上涂层组成，每层涂刷的推进方向宜与前一遍垂直，其总厚度应满足设计要求，涂层应厚薄均匀，表面平整。涂层中间夹铺胎体增强材料时，宜边涂刷边铺胎体，胎体应刮平并排除气泡，胎体与涂料应黏结良好。在胎体上涂刷时，应使涂料浸透胎体，覆盖完全。

（6）保护层。为了防止和减缓防水材料的老化，一般需设保护层。保护层根据防水材料的不同，有很多类型，如绿豆砂、反光膜等，其施工方法应根据设计要求选择。

2. 刚性防水

刚性防水屋面是指用细石混凝土、块体材料或补偿收缩混凝土等材料做防水层，它主要依靠混凝土自身的密实性并采取一定的构造措施以达到防水目的，坡度一般为 3%，并应采用结构找坡。刚性防水屋面在结构层与防水层之间设置隔离层，一般采用低强度水泥砂浆、干铺卷材、塑料薄膜等，其作用是使结构层与防水层的变形互不制约，以减少防水层产生拉应力而导致刚性防水层产生裂缝。

刚性防水层应设分隔缝，缝内采用嵌填密封材料。细石混凝土防水层中的钢筋网应设置在混凝土内的上部，混凝土材料中应掺减水剂或防水剂，每个分格板块内混凝土必须一次浇筑完成；混凝土收浆后应进行二次压光。

块体刚性防水层施工时，应用 1∶3 水泥砂浆铺砌，块体之间的缝宽应为 12～15mm，座浆厚度不应小于 25mm，水泥砂浆中应掺防水剂。面层施工时，块料之间的缝隙应用水泥砂浆灌满灌实。

第二节　地　下　防　水

地下工程的防水可分为三大类：①混凝土结构防水，即利用提高混凝土结构本身的密实性和抗渗性来进行防水；②附加防水层防水，即在结构表面设防水层，使地下水与结构隔离，以达到防水的目的；③防排水结合，即利用盲沟、渗排水层等措施，将地下水排走，以辅助防水结构达到防水要求。

一、混凝土结构防水

混凝土结构防水是工程结构采用防水混凝土，使得结构承重和防水功能合为一体，具有施工简单、工期较短、防水可靠、耐久性好、成本较低等优点，因而在地下工程中广泛应用。

1. 防水混凝土的配制

防水混凝土主要有普通防水混凝土和外加剂防水混凝土。

配制普通防水混凝土通常以控制水灰比、适当增加砂率和水泥用量的方法来提高混凝土的密实性和抗渗性。水灰比一般不大于 0.55，水泥用量不少于 320kg/m³，砂率一般为 35%～45%，灰砂比宜为 1∶2～1∶2.5，坍落度不宜大于 50mm。防水混凝土的配合比不仅要满足结构的强度要求，还要满足结构的抗渗要求，需通过试验确定，而且一般按设计抗渗等级提高 0.2MPa 来选定施工配合比。

外加剂防水混凝土常通过添加引气剂、减水剂、三乙醇胺、氯化铁等来达到防水目的。

混凝土中渗入引气剂后，会产生大量微小、密闭、稳定而均匀的气泡，使其黏滞性增大，不易松散和离析，改善混凝土的和易性，并抑制了沉降离析和泌水作用，减少混凝土的结构缺陷。同时，由于大量气泡的存在，因此使得毛细管的形状及分布发生改变，切断了渗水通路，从而提高了混凝土的密实性和抗渗性。

混凝土中掺入减水剂，利用减水剂强烈的分散作用，使水泥成为细小的单个粒子，均匀分散于水中。因此，混凝土中掺入减水剂后，在满足和易性的条件下，可大大减少拌和用水量，使其硬化后的毛细孔减少，提高混凝土的抗渗性。此外，由于高度分散的水泥颗粒能更加充分地水化，使得水泥石结构更加密实，从而提高了混凝土的密实性和抗渗性。

混凝土中掺入三乙醇胺防水剂后，能增强水泥颗粒的吸附分散与化学分散作用，加速水泥的水化，水化生成物增多，水泥石结晶变细，结构密实，从而提高混凝土的抗渗性，抗渗压力可提高 3 倍以上。

由于氯化铁防水剂可与水泥水化析出物产生化学反应，其生成物能填充混凝土内部孔隙，堵塞和切断贯通的毛细孔道，因此增加了混凝土的密实性，使其具有良好的抗渗性。

2. 防水混凝土施工

防水混凝土的防水效果除了与材料因素有关以外，还主要取决于施工的质量，因此，施工中的各个环节均应严格遵守施工操作规程和验收规范的有关规定，精心地组织施工。

(1) 模板。防水混凝土工程的模板面应平整，吸水性小，拼缝严密不漏浆，并应牢固稳定。当采用对拉螺栓固定模板时，为防止水沿螺栓渗入，因此须采取一定措施，其做法如下：

当采用在对拉螺栓中部加焊止水环时，止水环与螺栓必须满焊严密，拆模后应沿混凝土结构边缘将螺栓割断，如图 9-6 (a) 所示。

当在结构两侧螺栓的周围做凹槽时，拆模后将螺栓沿平凹底割去，再用膨胀水泥砂浆将凹槽封堵，如图 9-6 (b) 所示。

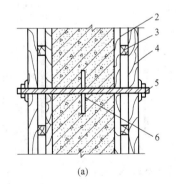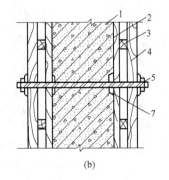

(a)　　　　　　　　　　　　(b)

图 9-6　混凝土防水处理

1—墙面；2—模块；3—小龙骨；4—大龙骨；5—螺栓；6—止水环；7—堵头

当采用预埋套管加焊止水环做法时，套管采用钢管，其长度等于墙厚，兼具撑头的作用，以保证模板之间的设计尺寸。止水环与套管必须满焊严密。支模时，在顶埋套管内穿入对拉螺栓固定模板，拆模后将螺栓抽出，套管内用膨胀水泥砂浆封堵密实。套管两端有垫木的，拆模时连同垫木一并拆除，垫木留下的凹槽同套管一起用膨胀水泥砂浆封实。此螺栓可周转使用，可用于抗渗要求一般的结构，如图 9-7 所示。

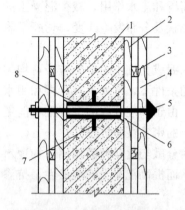

图 9-7　混凝土防水处理

1—防水结构；2—模板；3—小龙骨；
4—大龙骨；5—螺栓；6—垫土；
7—止水环；8—预埋套管

（2）施工要求。在防水混凝土工程施工中，防水混凝土必须采用机械搅拌，搅拌时间不应少于 120s。掺外加剂时，应根据外加剂的技术要求确定搅拌时间。

混凝土运输过程中，应采取措施防止混凝土拌和物产生离析及坍落度和含气量的损失，同时要防止漏浆。浇筑混凝土时的自由下落高度不得超过 1.5m，否则应使用溜槽、套筒等工具进行浇筑。

混凝土应分层浇筑，每层厚度不超过 300～400mm，相邻两层浇筑的时间间隔不应超过 2h，夏季应适当缩短。振捣时，防水混凝土必须采用高频机械振捣，振捣时间宜为 20～30s，以混凝土泛浆和不冒气泡为准。

一般在混凝土进入终凝后（浇筑后 4～6h）即应覆盖浇水，浇水湿润养护的时间不少于 14 天。严禁在完工后的混凝土自防水结构上打洞。

（3）施工缝的留置。防水混凝土应连续浇筑，尽量不留或少留施工缝。当留设施工缝时，应遵循下列规定：

顶板、底板不宜留施工缝，墙体与底板间的水平施工缝，应留在高出底板表面不小于 300mm 的墙体上；顶板与墙体间的施工缝，应留在顶板以下 150～300mm 处；当墙体上有孔洞时，施工缝距孔洞边缘不小于 300mm。垂直施工缝应避开地下水和裂隙水较多的地段，并与变形缝或后浇带相结合，且必须加强防水措施。

施工缝必须加强防水措施，其构造可按图 9-8 所示方式选用。

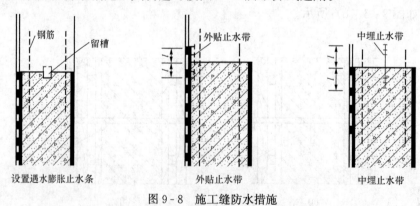

图 9-8　施工缝防水措施

（4）后浇带的设置。当地下结构面积较大时，为避免结构中因过大的温度和收缩应力产生有害裂缝，可设置后浇带将结构临时分为若干段，或在结构中用后浇带取代必须设置的沉降缝。后浇带宽度一般为 700～1000mm，两条后浇带间距一般为 30～60m。对于收缩性后浇带，可采取外贴止水带的措施以加强后浇带处的防水。对于沉降性后浇带，为避免后浇带两侧底板产生沉降差后使得防水层受拉而断裂，应局部加厚垫层并附加钢筋，如图 9-9 所示。

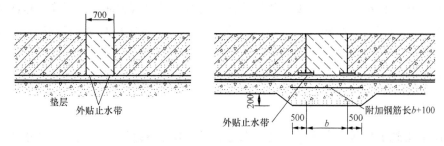

图 9-9 后浇带的设置

对于收缩性后浇带，后浇带的填筑时间应在混凝土浇筑 30～40 天，其两侧的混凝土基本停止收缩后再浇筑；对于沉降性后浇带，则应待整个主体结构施工完后，其两侧的混凝土沉降基本完成后再浇筑。后浇带在浇筑混凝土前，必须将整个混凝土表面按照施工缝的要求进行处理。填筑后浇带的混凝土宜采用微膨胀或无收缩水泥，也可采用普通水泥加相应外加剂配制，但其强度均应比原结构强度提高一个等级，并保持不少于 15 天的湿润养护。

二、附加防水层防水

附加防水层是在结构的迎水面上做一层防水层。附加防水层有卷材防水层、涂膜防水层、水泥砂浆防水层等，可根据不同的对象、防水要求和施工条件选用。

1. 卷材防水层施工

地下卷材防水层是一种柔性防水层，一般把卷材防水层只设置在地下结构的外侧（迎水面），称为外防水。它具有防水性和良好的韧性，能适应结构的振动和微小变形，并能抵抗侵蚀性介质。地下防水工程的卷材应选用高聚物改性沥青防水卷材或合成高分子防水卷材，卷材的铺贴方法与屋面防水工程相同，具体施工程序如下：

（1）先浇筑防水结构的底面混凝土垫层。

（2）在垫层上砌筑永久性卷材防水层的永久性保护墙，墙下干铺油毡一层。墙的高度不小于防水结构底板再加 100mm 的厚度。

（3）在永久性保护墙上用石灰砂浆砌临时保护墙，墙高约为 300mm。

（4）在底板垫层和永久性保护墙上抹 1：3 的水泥砂浆找平层，在临时保护墙上抹石灰砂浆找平层，并刷石灰浆。

（5）待找平层基本干燥后，即可根据所选用卷材的施工要求铺贴卷材。在大面积铺贴前，应先在转角处粘贴一层卷材附加层，然后进行大面积铺贴，先铺平面后铺立面。在垫层和永久性保护墙上应将卷材防水层空铺，而在临时保护墙（或模板）上应将卷材防水层临时贴附，并分层临时固定在其顶端。当不设保护层时，从底面折向立面的卷材接槎部位应采取可靠的保护措施，其构造如图 9-10 所示。

（6）在底板卷材防水层上浇筑细石混凝土保护层，其厚度不应小于 50mm，侧墙卷材防水层应铺抹 20mm 厚的水泥砂浆保护层，然后进行防水结构的混凝土底板和墙体

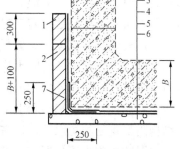

图 9-10 卷材防水层
1—临时保护墙；2—永久性保护墙；
3—细石混凝土保护层；4—卷材防水层；
5—水泥砂浆找平层；6—混凝土垫层；
7—卷材附加层

的施工。

（7）墙体拆模后，在防水结构的外墙外表面抹水泥砂浆找平层。

（8）拆除临时保护墙，揭开接槎部位的各层卷材，并将其表面清理干净，依次逐层在外墙外表面铺贴立面卷材防水层。卷材搭接长度一般为：高聚物改性沥青卷材为150mm，合成高分子卷材为100mm。使用两层卷材时，卷材应错槎接缝，上层卷材应盖过下层卷材。

（9）待卷材防水层施工完毕，并经过检查验收合格后，即应及时做好卷材防水层的保护结构。

2. 涂膜防水层施工

涂膜防水层施工具有较大的便利性，无论是形状复杂的基面，还是面积窄小的节点，凡是能涂刷到的部位，均可做涂膜防水层，因此在地下防水工程中得到广泛应用。地下工程涂膜防水层的设置有内防水、外防水和内外结合防水。

涂膜防水层施工的一般程序为清理、修理基层、涂刷基层处理剂、节点部位附加增强处理、涂布防水涂料及铺贴胎体增强材料、清理及检查修理、基坑回填。

地下工程涂膜防水层的施工方法和一般要求与屋面工程基本相同。要保证涂膜防水层的质量，主要是应合理选择涂膜材料及其配套的胎体增强材料，施工中注意基层条件和施工的自然条件，要做好保护层的设置；更重要的是应严格按照工艺规定进行施工操作，如确定涂膜防水层的总厚度、涂刷的遍数和每层的厚度、胎体增强材料的铺设、涂刷的间隔时间等。只有精心施工，才能满足防水工程的质量要求。

3. 水泥砂浆防水层施工

水泥砂浆抹面防水层是一种刚性防水层，即在需防水结构的底面和侧面分层抹压一定厚度的水泥砂浆和素灰（纯水泥浆），各层的残留毛细孔道互相堵塞，阻止了水分的渗透，从而达到抗渗防水的效果。但这种防水层抵抗变形的能力差，不适用于受振动荷载影响的和易产生不均匀沉降的工程结构。

为了提高水泥砂浆防水层的抗渗能力，可适当掺入外加剂，常用的外加剂有小分子防水剂、塑化膨胀剂、聚合物防水剂等。

用水泥砂浆防水时，其基层处理十分重要，它是保证防水层与基层表面结合牢固、不空鼓和密实不透水的关键。基层处理包括清理、浇水、刷洗、补平等工作，使基层表面平整、坚实、粗糙、清洁并充分湿润、无积水。水泥砂浆防水层的总厚度宜为15～20mm，其构造有三层做法和五层做法，施工时水泥浆和水泥砂浆需分层交替，抹压均匀密实。

采用五层交替抹面的具体做法是：第一、三层为素灰层，每层厚度为2mm，每层均需分两次抹压密实，主要起防水作用；第二、四层为水泥砂浆层，每层厚度为4～6mm，主要是对素灰层的保护、养护和加固，同时也具有一定的防水作用；第五层为水泥浆层，厚度为1mm，在第四层水泥砂浆抹压两遍后，用毛刷均匀涂刷水泥浆一道并随第四层抹平压光。在结构阴阳角处的防水层，均需抹成圆角，阴角直径为50mm，阳角直径为10mm。

水泥砂浆防水层各层宜连续施工，不留施工缝。如必须设施工缝，留槎应符合如下规定：平面留槎应采用阶梯坡形槎，接槎要依层次顺序操作，层层紧密搭接；地面与墙面防水层的搭槎一般留在地面上，也可留在墙上，但均需离开阴阳角处200mm，转角处留槎与接槎如图9-11所示。

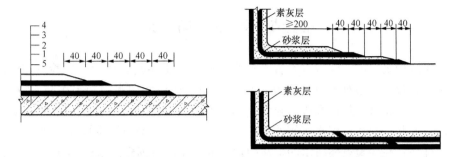

图 9 - 11　水泥砂浆防水层转角处留槎与接槎处理

1、3—素灰层；2、4—砂浆层；5—结构基层

三、防排水法

防排水法是在防水的同时，利用疏导的方法将地下水有组织地经过排水系统排走，以削弱地下水对结构的压力，减小水的渗透作用，从而使地下防水工程达到防水目的。

1. 渗排水

渗排水法是将渗排水层设置在工程结构底板下面，由粗砂过滤层与集水管组成，如图 9 - 12 所示。渗排水层总厚度一般不小于 200mm，若较厚，应分层铺填，总层厚度不得超过 300mm，并拍实铺平。在粗砂过滤层与混凝土垫层之间应设隔浆层，可采用 30～50mm 的水泥砂浆或干铺一层卷材。集水管可采用无砂混凝土管，或选用壁厚为 6mm、内径为 100mm 的硬质塑料管，沿管周按六等份、间隔 150mm、隔行交错钻直径为 12mm 的孔眼制作成透水管。集水管的坡度不小于 1‰，间隔 5～10m 布置一根。

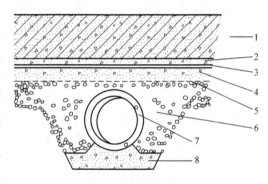

图 9 - 12　渗排水法

1—结构底板；2—细石混凝土；3—底板防水层；

4—混凝土垫层；5—隔浆层；6—粗砂过滤层；

7—集水管；8—集水管座

2. 盲沟排水

盲沟排水是尽可能利用自流排水条件，使水排走。当不具备自流排水条件时，水可经过集水管流至集水井，用水泵抽走。盲沟排水构造如图 9 - 13 所示，其集水管采用硬质塑料管，做法与渗排水相同。

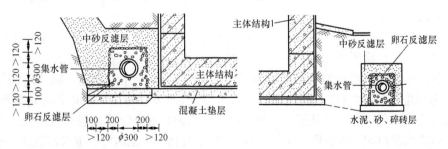

图 9 - 13　盲沟排水构造

第三节 室 内 防 水

在建筑物或构筑物内，通常设有若干用水房间，如卫生间、浴室、实验室和盥洗室等。由于用水房间有较多穿过楼地面或墙体的管道，如果在这些用水房间采用防水卷材进行防水，则会由于防水卷材的接口和接缝较多、封闭不密，不易形成一个整体防水层而容易发生渗漏水现象。因此，为达到用水房间的防漏水的目的，一般均采用涂膜材料进行防水。常用的防水涂料有高弹性的聚氨酯防水涂料、弹塑性的氯丁胶乳沥青防水涂料等，必要时也可增设胎体增强材料。

一、室内房间防水工艺

用水房间防水施工的工艺程序一般为管件安装、用水器具安装、找平层施工、防水层施工、蓄水试验、保护层施工、面层施工。施工要点如下：

（1）管件安装。穿过楼地面或墙壁的管件（如套管、地漏等）必须安装牢固，下水管转角处的坡度及其与墙面之间的距离，应按图 9-14 所示的方式施工。管件定位后应对管道孔洞、套管周围的缝隙用掺有膨胀剂的细石混凝土浇筑严实，孔洞较大时应吊底模进行浇筑。对管道根部处应用密封材料进行封闭，并向上刮涂高度为 30～50mm 的密封材料。

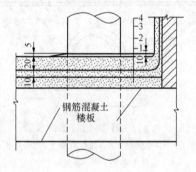
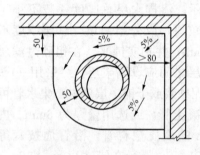

图 9-14 下水管转角处

1—垫层；2—找平层；3—防水层；4—抹面层

（2）用水器具安装。用水器具的周边必须用密封材料进行封闭。

（3）找平层施工。找平层一般用 1:3 水泥砂浆抹平压光，找平层应平整坚实，不应有空鼓、起砂、掉灰现象。找平层的坡度以 1%～2% 为宜，在管道根部的周围应使其略高于地面，在地漏的周围应做成略低于地面的凹坑。所有转角处应做成半径不小于 10mm 且均匀一致的平滑小圆角。

（4）防水层施工。当找平层干燥后，才能进行防水层施工。施工前，要把找平层表面的杂土彻底清扫干净。涂刷防水涂料时，穿过楼地面管道四周处应向上刷涂，并超过套管上口；在靠近墙面处，防水涂料应按设计高度向上涂刷，如设计无规定，应高出面层 200～300mm；明阳角及穿过楼板的管道根部和地漏等部位易发生渗漏，所以，可增设胎体增强材料并涂刷防水涂料以作增强处理。当使用高档防水涂料时，涂膜成膜厚度需大于 1.5mm；当使用中档防水涂料时，成膜厚度为 2mm；当使用低档防水涂料时，成膜厚度为 3mm。

（5）蓄水试验。防水层施工完毕并阴干后应进行蓄水试验，灌水高度应达到找坡最高点出水处 20mm 以上，蓄水时间不低于 24h。如发现渗漏，应立即进行修补后再做蓄水试验，不渗漏方为合格。

（6）保护层施工。在蓄水试验合格和防水层完全固化后，即可铺设一层厚度为 15～25mm 的水泥砂浆保护层，并应对保护层进行保湿养护。

（7）面层施工。在水泥砂浆保护层上可铺贴地面砖或其他面层装饰材料。铺贴面层时所采用的水泥砂浆中宜加 107 胶，同时砂浆要充填密实，不得有空鼓和高低不平现象。施工时，应注意房间内的排水坡度和坡向，在地漏周边 50mm 处，排水坡度可适量加大。

二、室内房间渗漏处理

用水房间楼地面发生渗漏，主要有以下几种原因：

（1）楼地面裂缝引起渗漏。对于楼地面裂缝引起的渗漏，根据裂缝情况可分别采用贴缝法、填缝法和填缝加贴缝法进行处理。贴缝法主要适用于宽度小于 0.5mm 的微小裂缝，施工时，可沿裂缝剔除出 40mm 宽的饰面层，在裂缝处涂刷防水涂料并铺贴胎体增强材料进行处理。

填缝法主要用于宽度小于 2mm 的裂缝。处理时，沿裂缝剔除 40mm 宽的饰面层后，将裂缝扩展成 10mm×10mm 左右的 V 形槽，清除裂缝内的浮灰杂物后，在沟槽内填密封材料。

填缝加贴缝法用于宽度大于 2mm 的裂缝，此时应沿裂缝局部清除饰面层和防水层，沿裂缝剔凿出宽度和深度均不小于 10mm 的沟槽。消除浮灰杂物后，在沟槽内嵌填密封材料，并在表面铺设胎体增强材料的涂膜防水层，再与原防水层搭接封严。当渗漏不严重时，也可在铲除饰面层、清理裂缝表面后，直接沿裂缝涂刷两遍宽度不小于 100mm 的无色或浅色高分子防水涂料。对裂缝进行修补后，均应进行蓄水检查，无渗漏后方可修复面层。

（2）管道穿过楼地面部位渗漏。管道穿过楼地面部位出现渗漏的原因主要有管道根部积水、管道与楼地面间裂缝和穿过楼地面的套管损坏三种情况。

对于管道根部积水渗漏，应沿管道根部轻轻剔出宽度和深度均不小于 10mm 的沟槽。在清理浮灰杂物后，槽内填入密封材料，并在管道与地面交接部位涂刷高分子防水涂料。沿管道涂刷的高度及沿地面的宽度均不小于 100mm，涂刷厚度不小于 1mm。

对于管道与楼地面间的裂缝，应将裂缝部位清理干净后，绕管道及管道根部地面涂刷两遍合成高分子防水涂料，涂料的高度及宽度均不小于 100mm，厚度不小于 1mm。

对因套管损坏引起的漏水，应更换套管，对所更换的套管封口，并高于楼地面 20mm 以上，在根部进行密封处理。

第十章　电缆铺设工程

电缆在电力系统中是用来传输电能的,电缆线路一般由三部分组成,即电缆、电缆附件及线路构筑物。其中,电缆是电力线路的主体,电缆附件是指电力线路中除电缆本体外的其他部件,如中间接头盒、终端盒、电抗器等。线路构筑物是指电缆线路中用来支撑电缆和安装电缆附件的部分,如塔架、线杆、线井或电缆沟等。

不管何种电缆,其结构均由导电线芯、绝缘层和保护层三个部分组成。由于电缆采用不同的结构形式和材料制成,因此使用条件也就具有较大的差别。按绝缘材料不同,电缆可分为油浸纸绝缘电缆、塑料绝缘电缆和橡胶绝缘电缆;按传输电能形式不同,电缆可分为交流电缆和直流电缆;按结构特征不同,电缆可分为统包型、分相型、钢管型、扁平型、自容型电缆;按敷设环境条件不同,电缆可分为地下直埋、地下管道、架空等类型。

第一节　电缆型号及选用

一、电缆的型号

电缆的型号是由汉语拼音字母和阿拉伯数字组成的。每一个型号表示一种电缆的结构组成,同时也表示该种电缆的使用条件和要求。我国电缆产品型号的编制原则按下列次序排列:绝缘种类—线芯材料—内护层—其他结构特点—外护层—电缆的工作电压—芯数—截面大小。例如,截面积为120mm²、电压为10kV的三芯铝芯油浸纸绝缘、铅包、钢带铅装电缆的表示方法是 ZLQ2-10 3×120。表10-1中列出了电缆型号每个字母的含义。

表 10-1　电缆型号字母的含义

类别（按绝缘材料）	导体*	内护层	特征	外护层
V—聚氯乙烯塑料 X—橡皮 XD—丁基橡皮 Y—聚乙烯 YJ—交联聚乙烯 Z—纸	L—铝芯	H—橡胶 HF—非燃性橡胶 L—铝包 Q—铅包 V—聚氯乙烯护套 Y—聚乙烯护套	CY—充油 D—不滴流 F—分相 G—高压 P—贫油干绝缘 P—屏蔽 Z—直流	0—相应的裸外护层 1——级防腐麻被外护层 2—二级护腐、钢带铠装、铜带加强层（对充油电缆） 3—单层细钢丝铠装 4—双层细钢丝铠装 5—单层粗钢丝铠装 6—多层粗钢丝铠装 29—双层钢带铠装外加聚氯乙烯护套 39—细钢丝铠装外加聚氯乙烯护套 59—粗钢丝铠装外加聚氯乙烯护套

＊　铜芯导体不作标注。

二、电缆的选用

不同的电缆适用于不同的环境和场合,因此,在选择电缆时不仅要了解和掌握电缆的类别与特点，而且还需遵循一定的原则。

1. 电缆的特点

电力工程中，常用的电缆主要为油浸纸绝缘电缆、塑料绝缘电缆和橡胶绝缘电缆。其中，油浸纸绝缘电缆系列规格完整，广泛用于 330kV 及以下电压等级的输配电线路中。这种电缆的优点是耐压强度高、介电性能稳定、寿命较长、热稳定性较好、允许载流量大、材料资源丰富、价格比较便宜；缺点是不适合在落差较大的地区敷设、制造工艺较为复杂、生产过程长、电缆接头技术比较复杂。

塑料绝缘电缆与油浸纸绝缘电缆相比，制造工艺简单，不受敷设落差的限制，电线的敷设、维护、接头方便，再加上有耐化学腐蚀性等优点，现已成为电力电缆中广泛使用的品种。目前，塑料绝缘电缆包括聚氯乙烯绝缘电缆、聚乙烯绝缘电缆和交联聚乙烯绝缘电缆三种。由于聚氯乙烯全塑电力铝芯电缆价格低廉，使用方便，故使用较为广泛。但这种电缆的不足之处是介质损耗较大，耐压强度不高，机械性能受工作温度影响较大，通常只用于 10kV 以下的场合。

橡胶绝缘电缆可分为天然橡胶绝缘型电缆和合成橡胶绝缘型电缆。其中，天然橡胶绝缘型电缆柔软性好，易弯曲，在很大的温差范围内具有高弹性，气体、潮气、水分等抗渗透性低，化学稳定性高，电气性能好；其缺点是耐油、耐热、耐臭氧、耐电晕性能差，抗撕强度低，价格较高。因而，天然橡胶绝缘型电缆长期以来只用于低压及可曲度要求高的场合，适于在多次拆装的线路上使用。

2. 电缆的选用原则

电缆的选用包括正确选择电缆的型号、使用环境和电缆截面，选择的正确与否不仅事关电缆能否正常使用，而且与电缆投入使用后能否确保电力系统安全运行紧密相关。实际工作中，在选择电缆型号时，首先根据用电负荷要求选择电缆截面和工作电压，然后还需考虑是否能满足敷设场合的施工要求。在此前提下，还应尽量考虑我国电缆工业发展的技术政策，即以铝导线代替铜导线、以铝护套代替铅护套、以橡塑绝缘代替油纸绝缘的要求。考虑到以上因素，对电缆选用的一般性原则是：

（1）有剧烈振动的机房和向移动机械供电的电缆可采用铜芯电缆，除此之外应以使用铝芯电缆为主。

（2）在沼泽地带或水中敷设电缆时，应选用具有一定抗拉力且密封性较高的电缆。

（3）电缆的额定电压应大于或等于所在网络的额定电压，电缆的最高工作电压不得超过其额定电压的 15%。

（4）地下直埋电缆一般应选用裸塑料护套电缆。当电缆穿越铁路、跨越隧道、桥梁、路基等有可能受到机械损伤的场所时，可选用有铠装的电缆。

（5）电缆在不同土壤和不同环境敷设时，其型号应按最不利条件选择。

第二节　电缆敷设的一般性要求

电缆敷设是一项专业性较强的工程作业项目，由于其施工作业涉及范围大、安全性要求高，因此，对电缆敷设除必须遵循国家有关电力工程的有关规范外，还有其他多方面的一般性要求，这些要求主要有：

（1）电缆敷设前应对电缆进行绝缘性检查、密封性检查、潮湿性检查和耐压试验。

（2）敷设的电缆应排列整齐，不宜交叉。在电缆终端头、电缆接头处、隧道和竖井的两端及人井内应装设标识牌，标识牌上应注明线路编号和电缆型号、规格、起讫地点等。

（3）油浸纸绝缘电缆在切断后，应将端头立即铅封；橡胶绝缘电缆和塑料绝缘电缆在切断后则应用绝缘带严密包扎好，以防潮气进入。

（4）电缆敷设时，应留出足够的备用长度，以备因温度引起变形时的补偿和检修使用。如电缆从垂直面引向水平面、保护管的出（入）口、建筑物处、电缆终端头及中间接头处等均应留有备用长度，通常 6kV 以上的电缆预留 3～5m，3kV 及以下的电缆预留 1.5～2m。

（5）并列敷设的电缆，其接头盒的位置宜相互错开；电缆敷设时的接头盒，需用托板托置，并用耐电弧隔板与其他电缆隔开，以便缩小由于接头盒故障引起的事故范围。托板及隔板应伸出接头两端的长度不小于 0.6m。位于冻土层内的保护盒，盒内宜注入沥青，以防水分进入。

（6）敷设于电气化铁路区段的电缆，应将电缆装在陶瓷或浸过沥青的石棉水管中，以防止地中杂散电流对电缆铅包的影响。对于交流电气铁道，电缆与钢轨间最小净距为 3m，对于直流电气铁道则为 10m。

（7）电缆进入电缆沟、隧道、竖井、建筑物、盘（柜）及穿入管子时，管口、出入口应封闭，以防止小动物进入并引起短路，防止水汽、垃圾侵入管沟内腐蚀电缆。

（8）电缆线路应尽量减少穿越各种管道、道路、河流和沟渠，避开防护林区及需砍伐树木较多的地段。如果在市区安装电缆，应尽量不穿越或少穿越繁华街道，尽可能利用现有的预留电力电缆管道。若必须采用直埋电缆，电缆路径应尽量选择在人行道下。

（9）电缆线路的敷设应考虑沿线的发展规划，并应设在排水沟或日常动土范围以外；应考虑道路、河堤等有无扩宽的可能，避开拟建房屋和其他建筑物的位置，以免日后影响电缆的运行和维修工作。

（10）采用机械敷设电缆时，电缆最大牵引强度不宜大于表 10 - 2 的数值。

表 10 - 2   电缆最大牵引强度

牵 引 方 式	牵 引 头		钢 丝 网 套	
受力部位	铜芯	铝芯	铅套	铝套
允许牵引强度（kPa）	686.5	392.3	98.1	392.3

（11）敷设电缆时，如电缆存放地点在敷设前 24h 内的平均温度及敷设现场的温度低于表 10 - 3 中的数值，则不宜敷设。如因特殊情况必须施工，应将电缆预先加热。加热电缆时，可采用电流通过电缆导体的方法，但加热电流不得大于电缆的额定电流。所需的加热电流和时间应根据计算确定，也可参考表 10 - 4 确定。同时，为了不损伤电缆，电流加热电缆不应使其表面温度超过下列数值：3kV 及以下电缆为 40℃；6～10kV 电缆为 35℃。测量温度时，可将普通温度计的水银头贴在电缆外皮上监视温度上升状况。加热后，电缆表面温度不得低于 5℃。经过烘热的电缆应尽快敷设，敷设前放置的时间一般不超过 1h。当电缆冷至低于电缆敷设最低允许温度时，不得弯曲电缆。

表 10 - 3　　　　　　　　　　　　　电缆最低允许敷设温度

电 缆 类 型	电 缆 结 构	最低允许敷设温度（℃）
油浸纸绝缘电缆	充油电缆	−10
	其他油纸电缆	0
橡胶绝缘电缆	橡胶或聚氯乙烯护套	−15
	裸铅套	−20
	铅护套钢带铠装	−7
塑料绝缘电缆		0
控制电缆	耐寒护套	−20
	橡胶绝缘聚氯乙烯护套	−15
	聚氯乙烯绝缘聚氯乙烯护套	−10

表 10 - 4　　　　　　　　　电流加热 10kV 及以下电缆所需的时间

电缆截面积（mm²）	最大容许加热.电流（A）	加热所需时间（min）			不同长度电缆所需电压（V）				
		0℃	−10℃	−20℃	100m	200m	300m	400m	500m
3×16	102	56	73	94	19	39	58	77	97
3×25	130	71	88	106	16	32	48	64	80
3×35	160	74	93	112	14	28	42	56	70
3×50	190	90	112	134	11.6	23	34.5	46	58
3×70	230	97	122	149	10	20	30	40	50
3×95	285	99	124	151	9	18	27	36	45
3×120	330	111	138	173	8.5	17	25	34	42
3×150	375	124	150	185	7.5	15	23	31	38
3×185	425	134	167	198	6	12	17	23	29
3×240	490	152	190	234	5.3	10.6	15.9	21.2	26.5

第三节　电缆的敷设方法

　　电缆有多种敷设形式，如直埋敷设、室内支架设、电缆沟敷设、管中敷设、水底敷设、桥梁支架敷设、隧道敷设等。其中，直埋敷设较为简单经济，而且散热较好，有利于提高电缆载流量，因而使用最为广泛。

一、直埋敷设

1. 电缆直埋敷设的方式

　　电缆直埋敷设通常有两种方式：一种方式是用电缆敷设机（俗称敷缆机）开沟、敷缆和填土，三项工序同时进行；另一种方式是用人工方法挖掘地沟，然后将电缆放入沟中，最后填土夯实。

　　当敷设电缆的地段地形平坦、土质松软、无其他建筑物与地下设施及树木等障碍物较少时，可采用敷缆机敷设电缆。有时，当敷设电缆的地段有部分不平坦地区，或部分有树林、水渠等障碍物的地带，也可采用敷缆机敷设电缆。一般说来，在条件允许的情况下，最好采用敷缆机敷设电缆，既可保证电缆埋置深度，又可节省大量劳力。但当埋设电缆的所在地区与地形复杂，或给敷缆机的使用带来一定不便时，人工开沟敷缆仍然是电缆敷设必不可缺的有效方式之一。

2. 电缆直埋敷设的方法

电缆直埋敷设一般包括两个阶段，即准备阶段和施工阶段。

（1）准备阶段。电缆直埋敷设是一个涉及面较广、需要相互配合的专业和部门较多、施工连贯性很强的施工项目，如果因前期准备工作不周而出现问题，常会给后期的施工带来不利影响。为此，需要充分做好以下几方面的准备工作：

1）复测路径。复测路径就是按照施工设计图中所标示的电缆路径，找出设计定测时所确定的电缆路径位置，并在路径上的重要地点如长直线段的中点、上下坡处、过障碍处、拐弯处、中间接头处、特殊预留电缆的地点等补加标桩。对于穿越障碍的地点，应提出具体的施工方法。为便于组织施工，复测时，应查清沿线地形、地物、土质种类、街道公路的路面级别，河流沼泽地的性质、积水时间和每年干湿变化情况及与电缆路径平行或交叉穿越的各种地下设施，以确定施工时间和方法；还要了解沿线交通情况，初步确定材料安置地点，调查可供施工住宿的住所；如发现原设计不合理，需变更设计，应根据变更范围确定设计变更内容，并按规定办理设计变更手续。对于与电缆路径发生矛盾的建筑物、构筑物、道路、管道、桥梁、隧道等管理单位，要提前取得联系，并办理正式施工手续。此外，还要与沿线有关单位联系好有关施工征地、青苗赔偿等事宜。

同时，在现场复测时还应完成定线、测距、绘制路径图三项工作。定线就是根据设计图纸，找到图纸上标出的关键点（通常是线路拐角点）并进行核对。测距就是测量电缆路径长度，通常的方法有经纬仪测距法、直接丈量法、铁路（公路）里数计算法、量图法等。绘制路径图就是将复测结果绘制成施工台账，供施工班组使用。图的内容应包括路径附近的地形地物、控制点和固定目标的相互位置、路径转弯角度、穿越复杂地形时的防护方法、土质种类、采取防腐措施的地点、方法和电缆线路的长度等。

2）制定方案。在施工前，应组织施工人员了解施工内容，制定详细的施工步骤、技术措施和安全措施，并核对设计用料是否正确，工程预算有无遗漏，以便增补。同时，根据电缆截面的大小和用量、整盘电缆的重量、敷设路径是否弯曲及是否穿越地下管线等情况来决定电缆的敷设方式。若采用敷缆机敷设，则应明确机具的型号与数量及具体的实施方法；若采用人工敷设，则应制定详细的施工人员组织计划和进度计划。

3）检查材料和工具。完成上述准备工作后，为了确保施工的顺利进行，还应检查电缆敷设所需的各种材料，如穿越道路和其他管线处的预埋管、电缆保护盖板、电缆接头保护盒、电缆防护用砂等是否备齐，材料质量是否合格；检查电缆的型号、规格、耐压等级、截面积、芯数、外护层结构、长度等是否与设计相符，电缆是否受潮，对电缆盘上的电缆应进行直流耐压试验，测定泄漏电流数值和绝缘电阻值，并做好试验记录；检查电线敷设各道工序所需的工具备品是否准备齐全，数量是否足够，是否便于操作使用等。

4）确定电缆中间接头地点。由于电缆中间接头出现的故障率比电缆本体多，而故障修理时需要重新开挖出来，因此要求接头地点尽可能设在便于施工检修且不影响交通的地点。施工负责人应事先了解每盘电缆标明的长度，并按照复测及规定的预留长度计算所需要的电线长度，合理安排电缆接头地点。

（2）施工阶段。在施工阶段，应根据施工图和制定的施工方案对电缆进行施工。尽管每个工程有其各自的特点，但一般通用性的施工内容有：

1）放样划线。施工的第一步就是根据设计图纸和复测台账，在现场制定出电缆线路的走向并划线标注，一般可用石灰粉在路面上标明电缆的位置。若为人工挖沟，还应划出电缆沟的开挖宽度。划线时，应使电缆沟尽量保持直线；在拐弯处，电缆沟的曲率半径应大于电缆盘的半径。

2）敷设导管。对于需要穿越道路、管沟之处，应事先将过路导管全部敷设完毕，以便于电缆敷设的顺利进行。敷设导管的方法有两种：①采用不开挖路面的顶管法，即在道路的两侧各掘一个作业坑，用液压动力顶管机将钢管从一侧顶至路的另一侧。顶管时，为防止钢管头变形并阻止泥土进入钢管和提高顶进速度，可在钢管头部装上圆锥体钻头，在钢管层部装上钻尾，钻头和钻尾的规格均应与钢管直径相配套；也可用电动机为动力带动机械系统撞打钢管的一端，使钢管平行向前移动。②当道路很宽或地下管线复杂而顶管有困难时，只得采用开挖路面的施工方法，这是为了不中断交通，应按路宽分半施工，必要时，应在夜间车少或无车行驶时施工。

3）挖沟。在电缆沟的开挖过程中，要同时将沟内的坚硬物清除掉，以免损伤电缆。开挖出来的泥土可置放于距沟边 0.3m 的两旁，既可避免雨水石块等滑进沟内使电缆受到损伤，又可留出拉引电缆时的通道。此外，电缆沟的挖掘还必须保证电缆敷设后的弯曲半径不小于规定数值。在土质松软地施工时，应在沟壁上加装护板，以防电缆沟坍塌。

4）敷设。敷设电线之前，应认真检查电缆沟的走向、宽度、深度、转弯处曲率半径等是否符合设计和有关规定，电缆需防护处是否已将保护管预埋好，管口是否已做成喇叭口，管内是否已穿好铁线或麻绳。当电缆沟经验收合格后，即可在沟底铺上 100mm 厚的砂层，其厚度应在各段用铁丝插入，认真进行检查并做好记录。

当采用人力敷设电缆时，由于人员较多，电缆较长，因此对动作的协调性要求较高。为了提高施工效率，应设专人指挥、专人领线、专人看盘。在线路转角处，穿越道路及其他障碍地点，要派有经验的电缆工看守，以便及时发现和处理施工中出现的问题。

在施放电缆前，应向全体施放人员交待清楚"停"、"走"的信号和口笛声响的规定。线路上每隔 50m 左右，应安排技工协助指挥，以保证信号传达及时、准确。敷设电线的当天，还应安排部分人员把保护电缆的盖板或砖块沿着开挖好的电缆沟分放于所需要的地方。同时，将电缆盘沿着盘上指示的滚动方向推滚到所需的位置，再将直径不小于 45mm 的放线钢轴穿入电缆盘的轴孔中，然后用千斤顶将其顶起。调节千斤顶的高度，务必使电缆盘转动时不会向千斤顶移动。为使电缆盘转动轻快，可在其与钢轴接触处抹黄油润滑。施放电缆过程中，应安排看盘人员在电缆盘的两侧协助推盘和负责刹住电缆盘滚动。电缆盘无刹车装置时，应备有适当的工具以便随时刹住电缆盘。将电缆从盘上松下，由专人领线拖曳沿电缆沟向前行走时，电缆应从盘的上端引出，以防止牵引停止瞬间由于电缆盘的惯性而刹不住车，造成电缆碰地而弯曲或损伤电缆保护层。为了使电缆在铺放时不发生铅皮折裂，应每隔 2m 左右设一人扛着电缆向前拉。所有人员均应站在电缆的同一侧，拐弯处应站在外侧。当电缆穿越管道及障碍物时，由守候的电缆工用手传递的办法进行铺放。

为了节省人力，也可以采用机械牵引进行电缆敷设，具体做法是，先沿沟底每隔 2m 左右放好一只滚轮，将电缆放在滚轮上，以便在牵引时不至于与地面摩擦。然后由机械如卷扬机牵引电缆。电缆牵引的一端，应用特制的钢丝网套套上。敷设时，要缓慢牵引电缆，速度不超过 8m/min。电缆线路中间各点最好配合几个人帮助拖动，这样可以减少对电缆的损伤。

5）覆土填沟。电缆放在沟底后，上面应覆盖约 100mm 厚的软土或砂层，然后盖上混凝土保护盖板或机制砖。保护板内应有钢筋，厚度为 30mm，以便有适当的机械强度抵抗外力；板的宽度不小于 150mm，以便能够使覆盖宽度超过电缆直径两侧以外各 50mm，板的长度为 300～400mm，板与板的连接处应紧靠。当用砖作防护盖板时，所选择的砖不应含有石灰石或硅酸盐等成分，以免日后砖遇水后分解出碳酸钙，对电缆铅皮产生侵蚀。

回填土时，应注意去掉杂物，并且每填约 200mm 厚就夯实一次，最后在地面上堆高土层约 0.2m，以备回填土沉落后补平。

6）埋设电缆标示桩。电线沟回填完毕后，即可在规定地点埋设电缆标示桩。标示桩一般采用钢筋混凝土预制而成，埋置深度一般为 450mm，地面上外露 500mm 高。

7）绘制竣工图。施工完毕后，应与原施工图进行对照，结合具体施工情况，修正和完善原设计图纸。凡与原设计方案不符的部分，均应按实际敷设情况在竣工图中予以更正，同时还应标明中间接头点的编号和详细坐标及自接续点算起的各段电缆长度，这个长度应是未填土前测量的实际电缆长度。

3. 敷设直埋电缆的若干规定

直埋敷设的电缆，除必须遵循有关规范规定之外，还应符合下述要求：

（1）电缆应埋设于冻土层以下，电缆表面距地面的距离不应小于 0.7m，穿越农田时不应小于 1m。

（2）电缆之间及电缆与其他管道、道路、建筑物等之间平行和交叉时的最小距离，应符合表 10-5 的规定，严禁将电缆平行敷设于管道的上面或下面。

表 10-5　　　　　　　　　　电缆与其他物体之间的最小距离规定

序号	项目	最小允许净距/m		备注
		平行	交叉	
1	电力电缆间及其与控制电缆间			（1）控制电缆间平行敷设的间距不作规定，序号第"1"、"3"项，当电缆穿管或用隔板隔开时，平行净距可降低为 0.1m。 （2）在交叉点前后 1m 范围内，如电缆穿入管中或用隔板隔开，交叉净距可降低为 0.25m
	10kV 及以上	0.10	0.50	
	10kV 以下	0.25	0.50	
2	控制电缆间	—	0.50	
3	不同使用部门的电缆间	0.50	0.50	
4	热管道（管沟）及热力设备	2.00	0.50	（1）虽净距能满足要求，但检修管路可能伤及电缆时，在交叉点前后 1m 范围内，尚应采取保护措施。 （2）当交叉净距不能满足要求时，应将电缆穿入管中，则其净距可减为 0.25m。 （3）对序号第"4"项，应采取隔热措施，使电缆周围土壤的温升不超过 10℃
5	油管道（管沟）	1.00	0.50	
6	可燃气体及易燃液体管道（管沟）	1.00	0.50	
7	其他管道（管沟）	0.50	0.50	
8	铁路路轨	3.00	1.00	

续表

序号	项目		最小允许净距/m		备 注
			平行	交叉	
9	电气化铁路路轨	交流	3.00	1.00	
		直流	10.00	1.00	如不能满足要求，应采取适当防蚀措施
10	公路		1.50	1.00	
11	城市街道路面		1.00	0.70	特殊情况，平行净距可酌减
12	电杆基础（边线）		1.00	—	
13	建筑物基础（边线）		0.60	—	
14	排水沟		1.00	0.50	

（3）在20°～50°斜坡地段敷设电缆时，其倾斜角不应大于地形的自然坡度。在斜坡开始及最高点处须将电缆加以固定。坡度在30°以下时，每15m固定一次；坡度在30°以上时，每10m固定一次。

（4）在同一沟内敷设不同用途的电缆时，每层电缆之间要用砂层隔开，砂层厚度不小于100mm。一般高压电缆在最底层，弱电电缆在最上层，上面用砂层覆盖并放上盖板。沟底有可能浸水时，底层铺垫的砂子应厚一些。同时，同沟敷设的电缆不得相互重叠、交叉、扭绞。电缆沟内可放电缆的根数与沟宽要求见表10-6。

表 10-6　　　　　　　　　　电缆根数与沟宽要求

电缆沟底宽度 B (mm)		控 制 电 缆 根 数						
		0	1	2	3	4	5	6
10kV 及以下电缆根数	0	—	240	320	400	480	560	640
	1	270	410	490	570	650	730	810
	2	440	580	660	740	820	900	980
	3	610	750	830	910	990	1070	1150
	4	780	920	1000	1080	1160	1240	1320
	5	950	1090	1170	1250	1330	1410	1490

（5）为防止地下电缆从地面引出时受到机械损伤，从地下0.5m至地面以上2m范围内应加钢管或角钢防护。

（6）直埋电缆应在线路拐弯处、中间接头处、长度超过500m的直线段中间点附近埋设电缆标示桩，以便巡线时了解线路情况，有利于检修电缆。

（7）电缆应缠绕在电缆盘上搬运。在装卸和搬运过程中，应防止电缆和电缆盘受伤。

二、电缆明敷

电缆明敷可以悬挂在钢索上，也可以在支架上沿墙敷设，它具有施工方便、易于安装和检查等特点，但预埋铁件的工作量较大，不美观、易堆积灰尘。

1. 在钢索上悬挂敷设

电缆在钢索上悬挂敷设时，先在墙上设置铁架，然后在铁架上张拉铁索。在固定好铁索后，把电缆通过挂钩和铁托片悬挂在钢索上。当悬挂电力电缆时，悬挂点间的距离一般为

1m 左右；当悬挂控制电缆时，悬挂点间的距离一般为 0.5m 左右。当有两条电缆悬挂敷设时，电力电缆间的垂直距离为 1.5m 左右，控制电缆间的垂直距离为 0.75m 左右。

2. 在支架上敷设

电缆在支架上沿墙面敷设时，应先在墙上设立支架，常用的工具有铁架、夹头、螺栓和垫圈。支架的设置位置与数量和电缆的敷设数量与重量有关，水平敷设时，电力电缆支架的间距为 1m，控制电缆为 0.8m。当水平敷设电缆时，需在线路终端点、拐弯处、接头盒处及与房屋伸缩缝交叉点两侧固定。当垂直敷设电缆或倾角超过 45°时，需在每一个支撑点处固定电缆。电缆在支架上的安装方法如图 10-1 所示。

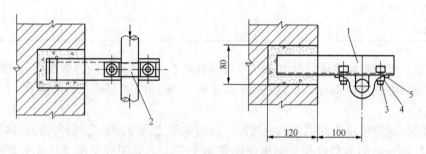

图 10-1　电缆在支架上的安装方法
1—角钢支架；2—夹头；3—六角螺栓；4—六角螺母；5—垫圈

并列敷设的电力电缆，其相互间的净距应符合设计要求。电缆与热力管道、热力设备之间的净距，平行时应不小于 1m，交叉时应不小于 0.5m。如无法达到，应采取隔热保护措施。电缆不宜平行敷设于热管道的上部。为便于防火，明敷在室内的电缆应剥除麻皮护层，并应对其铠装加以防腐处理。电缆敷设在可能腐蚀外皮的地方时，也应涂防锈漆。

三、电缆沟敷设

在电缆沟中敷设电缆，具有占地面积小、走线容易灵活、更换电缆方便、检修方便等优点；其缺点是造价高、施工检查及更换电缆时沟内活动空间小。

电缆沟有砖砌的，也有混凝土制作的。砖砌的电缆沟应抹灰，沟底应清洁整齐并有符合设计要求的坡度、集水池或排水道。电缆沟的转弯角度应和电缆的允许弯曲半径相配合。盖板常采用钢筋混凝土制作，沟顶的盖板应与地板齐平。电缆沟通向室外的地方应有防止地下水浸入沟内的措施。电缆从电缆沟引出到地上的部分离地 2m 高度内的一段，必须用保护套管防护以免被外物碰伤。电缆在地沟内被置放在预先固定的铁支架上，支架应牢固可靠并作防腐处理，如图 10-2 所示（图中符号含义见表 10-7）。

沟道内预埋电缆支架的垂直净距：10kV 及以下为 150mm；35kV 为 200mm；控制电缆为 100mm。支架横挡至沟顶净距为 150~200mm，至沟底净距为 50~100mm。电缆在沟道内并列敷设时，其相互间净距应符合设计要求。电缆敷设排列的顺序，当设计无规定时，对于单侧支架应符合表 10-7 的规定。对于双侧支架应符合表 10-8 的规定。

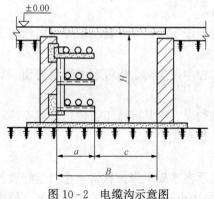

图 10-2　电缆沟示意图

表 10 - 7 　　　　　　　　　　　　　　单侧支架电缆沟尺寸

层数	主架（mm）	层架 a（mm）	沟宽 B（mm）	沟深 H（mm）	通道 c（mm）
2	320	200	650	600	450
		300	750		
3	520	200	700	700	500
		300	800		
4	720	200	800	900	600
		300	900		
5	920	200	800	1100	600
		300	900		

表 10 - 8 　　　　　　　　　　　　　　双侧支架电缆沟尺寸

层数	主架（mm）	层架 a（mm）	沟宽 B（mm）	沟深 H（mm）	通道 c（mm）
2	320	200	900	700	500
		300	1100		
3	520	200	1000	800	600
		300	1200		
4	720	200	1100	1000	700
		300	1300		
5	920	200	1100	1300	700
		300	1300		

四、穿管敷设

电缆在地下穿管敷设时，具有占地小、能承受较大荷载、电缆相互间无影响等优点；但这种敷设方式适用于室内电缆条数较少且有其他障碍不便于明敷设的场合，并需采用特制的加厚铅皮电缆，以免穿管时擦伤。敷设电缆用的钢管不应有穿孔、裂缝及显著的凹凸不平等情况，内壁应光滑无毛刺、外壁涂热沥青防腐，管口应做成喇叭形或磨光；钢管连接宜采用大一级的短管套接，短管两端焊牢密封。

穿管敷设电缆的方法与直埋敷设电缆基本相同，但电缆长度相对较短。敷设时，先敷设集中的电缆，再敷设分散的电缆；先敷设电力电缆，再敷设控制电缆；先敷设长电缆，再敷设短电缆。电缆转弯处应相互平行地弯转，以求美观。在十字形交叉处，应力求把分向一边的电缆进行一次敷设，另一方向的电缆再做一次敷设，使交叉口只成两层交叉压叠。

五、桥梁电缆敷设

在桥梁上敷设电缆时，敷设方法应根据桥梁结构的特点来决定。对已经使用的桥梁需要敷设电缆时，当电缆通过跨度小于 32m 的小桥时，电缆可采用钢管防护，安装于人行道栏杆立柱外侧的电缆支架上。栏杆立柱有角钢立柱和混凝土立柱两种，电缆支架可在每一栏杆立柱上安装固定。

当电缆通过跨度大于 32m 的大桥时，多采用金属槽道敷设电缆。电缆槽道一般安装在桥梁人行道栏杆的外侧。电缆槽道支架的间距一般为 1.5～2m，所有槽道及支架金属配件均应在组装后成组镀锌，安装后，支架焊接部分应刷防锈漆。

为了保证电缆不受桥梁振动影响而缩短其使用寿命，在电缆槽道内应衬垫泡沫塑料。此外，为了提高电缆的抗振性能，在桥梁上敷设电缆时应优先选用塑料电缆。电缆槽道在经过桥梁伸缩缝时应留有余量。

电缆在桥梁上敷设时必须做好接地，包括电缆中间对接头接地及电缆槽道两端的接地。在槽道上任意一点的接地电阻值均应小于 10Ω，当不能满足规定要求时，应加装辅助接地装置。

桥梁敷设电缆的方法也需要分两步进行：①前期准备；②组织施工。前期准备包括材料和工具准备，详细丈量并记录桥梁上电缆线路的长度，桥梁伸缩缝的位置、数量，电缆预留长度和位置及电缆中间接头的位置和安装方式。按照施工图纸，确定过桥电缆与桥两侧陆地部分架空电缆线路的衔接地点及该衔接点至桥头的电缆路径，确定电缆在路基与桥头电缆槽道或保护钢管衔接处的安装方式，确认电缆支架、电线槽道或保护管的正确安装位置和安装方法，核对桥梁结构是否与电缆施工安装图纸一致，核对穿越障碍物的地点，提出具体的施工方案。同时，还需详细了解桥上列车通过的次数、时间，并确定施工安全防护方法和电线敷设方法，与桥梁电缆敷设发生相互关系的工务、电务、机务、桥梁等有关单位联系好施工配合事宜，办理正式施工手续并取得施工执照。

在桥梁上敷设电缆前，应首先安装电缆支架和槽道，同时挖掘陆上部分的电缆沟、预埋穿越障碍处的电缆导管和桥头与陆地衔接处的保护管或电缆槽道。这些工作完成后才能施放电缆。施放电缆时，通常将电缆盘支放在桥头的陆地部分上，施工人员在桥上牵引电缆行进时，应位于敷设电缆一侧的人行道上，不应在铁道上来回乱窜。当桥上有列车通过时，应暂时停止放电缆，以免发生危险。在敷设电缆时，桥头两侧必须设专人防护，以保证安全。

在桥梁上敷设电缆的方法与直埋敷设电缆相同。在整盘电缆敷设后，即可从和陆上架空线路或电缆线路的衔接点开始将电缆依次放入电缆沟内和电线槽道内。电缆放入槽道内时，应预先衬垫自熄性泡沫塑料，最后盖上槽道盖板并加以固定，并在上下坡处、过障碍物处、拐弯处及除规定外需特殊预留的地点补加标示桩，同时做好竣工资料的记录，如图 10-3 所示。

六、隧道敷设

在隧道中敷设电缆主要有两种方式：①在隧道侧壁上悬挂敷设；②在地槽内敷设。

1. 地槽敷设

当在槽内敷设电缆时，通常采用混凝土预制槽。混凝土预制槽一般被安放在隧道下部紧靠隧道壁处，如图 10-4 所示。

若是新建隧道，敷设电缆用的混凝土槽可由施工单位按照设计图纸在隧道边侧砌筑；对于已建隧道，则由电线敷设单位预制好混凝土槽并安放于隧道边墙侧。电缆在槽内敷设时，应铺垫细砂或其他耐振材料。对于无人看守的隧道，槽盖板应用水泥砂浆密封。进出水泥槽处，电缆应用钢管防护，管口缠麻丝涂沥青封口。敷设在混凝土槽内的电缆中间接头，应浇注绝缘胶加以保护，电缆预留则放置于附近的避车洞内。

2. 侧壁悬挂

电缆在隧道侧壁上悬挂敷设是一种较为简单的敷设方式，根据悬挂方式的不同，可分为钢索悬挂和挂钩悬挂两种形式。钢索悬挂就是在隧道侧壁上安装张拉钢索的托架，用挂钩将电缆挂在钢索上，与电缆明敷的钢索悬挂方式基本相同。但由于这种悬挂方式采用大量钢件，在隧道中易腐蚀且不易察觉，因此很少使用。

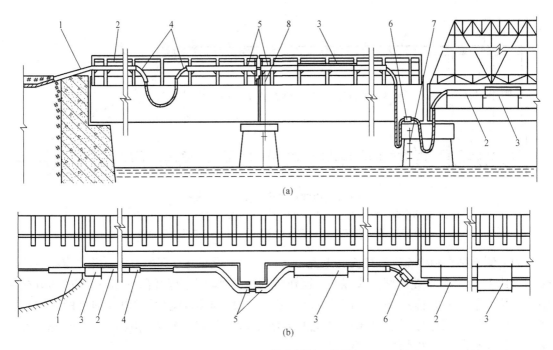

图 10-3 电缆在桥梁上敷设

（a）侧视图；（b）平面图

1—槽道在桥头衔接处的安装；2——般槽道及支架的安装；3—加宽槽道及支架的安装；4—电缆预留段槽道的安装；5—槽道在避车台处的安装；6—电缆中间对接头在桥墩上的安装；7—电缆中间对接头接地线；8—电缆槽道接地装置

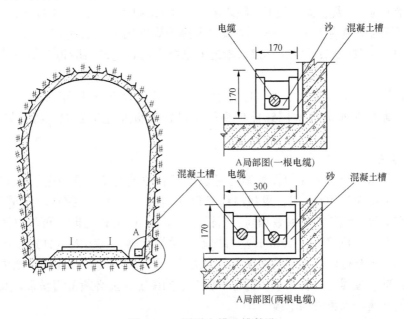

图 10-4 隧道电缆地槽敷设

挂钩悬挂是在隧道壁上安装悬挂电缆用的钢骨尼龙挂钩，将电缆直接挂在挂钩上，挂钩间距一般为1m，安装在距轨面4m高的隧道壁上。这种悬挂方式具有结构简单、便于施工、节省钢材、减少投资、使用寿命长等优点，在隧道电线敷设中得到了广泛采用，如图10-5所示。

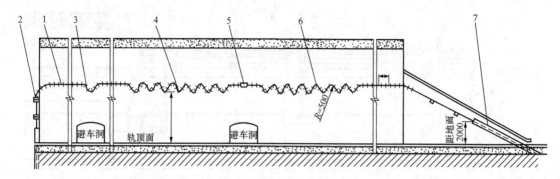

图 10-5　电缆在隧道侧壁上悬挂敷设
1—电力电缆；2—电缆在隧道口的安装；3—电缆伸缩段；4—电缆预留段；
5—电缆中间对接头安装；6—钢骨尼龙挂钩的安装；7—电缆在隧道口的安装

　　为了便于制作和检修电缆接头，电缆中间接头通常设在避车洞的上方，并应留有足够的长度（约 10m）；除满足中间接头能在地面作业的需要外，还应预留 3～5m；考虑到电缆受温度变化的影响，每隔 250～300m 要预留一处伸缩段。电缆预留段和电缆伸缩段采用如图 10-5 所示的波状敷设方式。波形的半径通常为 0.5m，每周波预留电缆长度约 0.4m，可根据所需长度确定预留电缆的周波数。

　　电缆从隧道内引出，可以采用埋地敷设方式，也可以采用钢索悬挂架空敷设方式。由于架空敷设引出方式结构简单，造价较低，因此在条件许可时应尽量采用。通过隧道的电缆，其两端终端头的固定有在隧道口墙上固定和在隧道口附近的电杆上固定两种方式。当终端头固定在隧道口墙上时，电缆盒固定架下边距离地面应在 5m 以上，电缆盒各相导电部分距墙，对于 10kV 及以下的电缆应大于 0.2m。电缆用卡箍固定在墙上，从地面下 0.5m 至地面以上 2m 应加以防护。当终端头固定在隧道口附近的电杆上时，电缆由隧道口架空或由地面引上电杆。

　　当电缆连续通过两个隧道之间，但在两隧道之间敷设地下电缆线路有困难时，可采用架空电缆线路，即可在水泥杆上用螺栓抱箍固定吊线夹板并挂钢绞线，将电缆悬挂在钢绞线上。

　　3. 敷设方法

　　不论是在隧道侧壁上悬挂敷设电缆还是在地槽内敷设电缆，敷设电缆的方法主要有两种：当隧道长度不超过 400m 时，可将电缆盘放在隧道口，用人工拉线向隧道里铺放电缆，其方法与直埋敷设电缆的方法大致相同。当隧道长度在 400m 以上时，可将电缆盘放在轨道车牵引的平板车上，轨道车以 3km/h 左右的速度缓慢行驶，施工人员分别站在平板车上电缆盘侧或在车下随车行走，将电缆铺放置于轨道外，然后再将电缆移至电缆槽内或悬挂在隧道侧壁上。在铺放过程中，轨道车司机与平板车上的施工人员必须密切联系，及时停车处理敷设中出现的问题，以免损伤电缆。

　　预埋混凝土槽或安装钢骨尼龙挂钩时，也可利用轨道车将各项用料运进隧道，分散置放于安全处。在混凝土槽中敷设电缆前，应在电缆槽放入用作衬垫的细砂后再放置电缆。安装钢骨尼龙挂钩，则可利用风枪先在隧道侧壁上打出孔洞，然后用水泥砂浆将挂钩埋设牢固并且在达到要求的强度后，才能挂设电缆。

第十一章 电 缆 接 头

电缆接头是整个电缆线路的薄弱环节，电缆发生故障时，发生在电缆接头处的故障概率约70％，因此，确保电缆接头的质量是十分重要的。

在电缆线路中，电缆接头包含电缆终端头和中间接头。中间接头是将若干条电缆连接起来，使其构成一条完成电缆线路的中间连接装置。电缆终端头是电缆与其他电气设备的连接装置。由于电缆接头的连接质量对线路的正常运行意义重大，因此，对电缆接头具有一定的要求，这些要求主要包括：

（1）电缆接头需绝缘可靠，其绝缘结构应能满足电缆线路在各种状态下长期安全运行的要求，并有一定裕度。

（2）电缆接头应密封良好，一方面要确保外界水分及导电介质不侵入电缆，另一方面要确保电缆绝缘剂不流失，以保证电缆具有可靠的绝缘性。

（3）电缆接头应有足够的机械强度，其连接点的抗拉强度不应低于导体本身抗拉强度的60％，以抵御电缆在线路上可能受到的外力作用。

（4）电缆接头应连接良好，即连接点的电阻与相同长度和截面导体的电阻之比应不大于1。

（5）电缆接头应能耐振动，即在振动的条件下，接点的电阻仍应能达到规定的要求。

（6）电缆接头应能耐腐蚀，特别是当铜和铝材料连接时，应使这两种金属分子相互渗透，避免铝被电化腐蚀及因铜、铝热膨胀系数和弹性模数的差异使连接点产生较大间隙而影响导电性能。

（7）电缆接头应尽可能结构简单，体积小，质量轻，材料省，成本低，安装维修简便并兼顾造型美观。

第一节 电 缆 线 芯 连 接

电缆根据线芯种类的不同可分为铝芯电缆和铜芯电缆，因此，电缆线芯连接就包含有铝芯电缆连接和铜芯电缆连接。

一、铝芯电缆连接

铝芯电缆一般采用压接连接。压接就是使用相应的连接管和压接模具，借助于专用工具——压接钳的压力，将连接管紧压在线芯上，并使连接管与线芯接触面之间产生金属表面渗透，从而形成可靠的导电通路。

压接可分为局部压接和整体压接两种类型。局部压接也称为点压，整体压接也称为围压。局部压接就是将连接管或接线端子接管部分的局部压接成特殊规格的坑状，使电缆与连接管紧密连接，形成可靠的电路。整体压接则是沿整个连接管或接线端子接管部分均匀地进行挤压，确保电缆的每一个部分与连接管紧密连接。但实际证明，局部压接的质量优于整体压接，这是因为采用局部压接后形成的特殊形状，在运行中铝接管不易扩张，能保持稳定的压缩比；整体压接则会使铝接管因温度变化而伸长，以致达不到足够的压缩比。虽然局部压接优于整体压接，但因整体压接管比较平直，容易解决接管处电场过分集中的问题，因此应用也较为广泛。

铝芯电缆具体的压接方法是：

（1）选择连接管或接线端子。选择的连接管或接线端子除了要考虑外界设备端口的尺寸外，还应考虑电缆线芯的直径，应使其截面积不小于被连接导体截面积的 1.5 倍。压接之后，无论连接管或接线端子，均不得有明显裂纹。

（2）剥线芯外层。采用压接时，线芯端部外层及绝缘层都需剥离掉，露出线芯。剥切长度一般为接线端子的孔深加 5mm，有图纸规定的应按图纸规定尺寸剥切。

（3）清除连接管或接线端子的氧化层。压接前，应将端子管孔或连接管的内壁和线芯表面擦拭干净，清除氧化层和油渍，以确保电缆和连接管金属的有效接触。

（4）线芯压接。按线芯截面选择相应的压模，然后根据压接类型进行压接。采用局部压接时，压接线端子应先压端子末端的压坑，压连接管时应先压连接管两端的压坑，然后再压中间的两个压坑，即压接顺序是先外后内。

采用整体压接时，顺序是先内后外。压连接管时，应先从连接管的中间一段开始向两端逐步施压。为了保持压接表面的平整，必须使每一相邻的受压段互相稍稍重叠。不同的连接管，所压的段数多少要由连接管的具体尺寸大小来决定，压好后其压边毛刺要磨平修整。

二、铜芯电缆连接

铜芯电缆的连接一般可采用焊接或压接，压接时，其操作工艺与铝芯电缆的连接相同；焊接时，操作方法如下：

（1）剥线芯外层。采用焊接时，线芯端部外层及绝缘层都需剥离掉，露出线芯。剥切长度一般为接线端子的孔深加 15mm，有图纸规定的应按图纸尺寸剥切。

（2）清除连接管或接线端子的氧化层。焊接前，用汽油布清擦端子管孔或连接管的内壁和线芯表面，除去氧化层及油渍。

（3）线芯焊接。焊接时，先用焊锡浇线芯和接线端子或连接管内孔，将端子或连接管套上线芯后，将熔好的焊锡灌进端子孔，务必使孔内饱满，待凝固焊牢后，清洁焊区。焊接连接管时，在向连接管内浇注焊锡前，需用石棉绳或玻璃丝带将连接管两端包堵，以防焊锡流出，然后从连接管上部切开的槽口将焊锡浇满，待凝固焊牢后拆除包堵物，清洁焊面。

第二节　电缆接头的绝缘与密封

绝缘与密封是电缆接头中一项非常重要的施工内容，接头质量的高低不仅与绝缘处理的效果有关，而且与密封质量有关。

一、电缆接头的绝缘

电缆接头的绝缘可采用沥青胶绝缘，也可采用绕包绝缘带绝缘。

1. 沥青胶绝缘

沥青胶绝缘是用沥青作为绝缘材料，在将沥青熔化后，将其注入电缆连接头内，以作为电缆与外界的绝缘层。但在浇注沥青绝缘胶时，沥青绝缘胶的浇注应分三次进行，每一次浇注应在上一次浇注的胶已凝固或不流动时再进行下一次，这是因为一次灌满的胶收缩性较大，若分三次浇注，由于每一次浇注都可将前一次出现的收缩坑填满，从而使总的收缩坑大大减小。其次，一次灌满绝缘胶会使胶内杂质集中并降至电缆线芯三叉口附近，而该处正是电场最集中的地方，容易造成击穿。若分三次灌胶，则可使后胶内杂质分散在离三叉口较远的地方，相对地提高了三叉口的耐压水平。

2. 绝缘带绝缘

采用绝缘带进行绕包绝缘时，主要是要做好绝缘带的排潮并确保绝缘带的完好。绝缘带的排潮常采用恒温干燥法或油浸排潮法。其中，恒温干燥法是将绝缘带卷成直径为 30mm 左右的小卷，然后放入恒温干燥箱内，在 110～120℃ 的温度下烘干 4～5h，待冷却后从恒温箱中取出，放入干燥的密封筒内，供现场使用。油浸排潮法是将绝缘带卷成小卷，放入用铜线做的笼内，浸入恒温 120～130℃ 的电线油中。当装有绝缘带的笼子浸入电缆油中后，若在油面有泡沫泛出，说明绝缘带已受潮，经一定时间后油面不再产生泡沫，证明潮气已被排除。然后将绝缘带取出，装入贮有电缆油的桶中，并将桶密封，供现场使用。

二、电缆接头的密封

对电缆密封主要是为了防止外界水分和导电介质的侵入并使电缆接头内的绝缘材料不被损坏。电缆头的密封质量主要取决于密封方法。目前，电缆接头的密封方法主要有封铅密封、橡皮压装密封、环氧树脂密封、尼龙绳绑扎密封、自黏性橡胶带绕包密封和热收缩管密封。

1. 封铅密封

封铅密封是采用铅锡合金作为封铅焊料对电缆接头进行的密封方法。采用这一方法时，需要先将封铅材料制作好。制作前，按需要量根据配比要求在熔缸放入适量锡并使之完全熔化，然后将定量的铅投入锡熔液中，继续加热将铅全部熔化。在熔液达到 400° 左右时，用铁勺均匀搅拌，使铅锡均匀熔合，然后即可浇铸。

封铅的操作方法常有两种，一种是涂擦法，另一种是浇焊法。涂擦法是以喷灯加热封铅部位，同时熔化封铅焊条，将其在封铅部位上粘牢，并用喷灯继续加热，同时用牛（羊）油浸渍过的抹布将封铅加工成所要求的形状和大小。浇焊法是将熔缸内已熔化的封铅用铁勺浇到封铅部位，并用浸渍过牛油或羊油的抹布沿铅套管圆周来回揉拭，边浇边揉。待焊料有适当的堆集量后，用喷灯将堆集的焊料再加温变软，并揉拭成所要求的尺寸。浇焊法具有成型速度快，黏合紧密而牢固，使用喷灯加热时间短，有利于避免纸绝缘烧焦，同时也减少了汽油消耗量的特点，故使用较多。

2. 橡皮压装密封

橡皮压装密封是在电缆接头盒的衔接部分采用紧固螺栓压装橡皮的办法达到密封的效果，这种密封结构比封铅密封施工简便，因此，虽然其密封性能、耐老化性能和机械性能不如封铅密封，但仍得到广泛应用。

橡皮压装密封结构的质量主要取决于橡皮的性能，并与施工操作水平有关。采用橡皮压装密封时，要求橡皮耐油性能好、永久变形小、几何尺寸符合设计要求，进线套橡皮密封圈的内径要据电缆铅（铝）包的外径大小而选用，其内径不得大于铅（铝）包外径 3mm。施工操作时，要特别注意使各压装螺栓受力均匀，以保证压装的密封质量。

3. 环氧树脂密封

环氧树脂密封是利用环氧树脂复合物与铅（铝）包及接线端子的黏结力来达到密封目的

的方法。密封的质量主要取决于铅（铝）包和接线端子黏结面的处理情况。

为了确保密封效果，铅（铝）包及接线端子黏结部分的处理要既干净又粗糙。接线端子结合面处理可在压接后进行，操作时采用粗齿锉刀交叉挫动，将结合面的氧化层和油污去除，并用塑料带或白纱带包绕两层，以防再次油污。

4. 尼龙绳绑扎密封

尼龙绳绑扎密封是在采用聚氯乙烯软手套、聚氯乙烯软管及聚氯乙烯带制作电缆堵油密封套后，再用直径为 1～1.5mm 的尼龙绳绑扎密封套的各个端部和衔接部分，以达到密封的效果。为了保证密封套的密封强度，需在密封套外包设加固层，加固层的材料应选用强度高、吸水性小的绝缘带，一段可采用黄蜡带、黑蜡带、黑玻璃漆带等。

5. 自黏性橡胶带绕包密封

自黏性橡胶带绕包密封是利用自黏性橡胶带良好的自黏性，包绕电缆接头并经一定时间后自黏成一整体而起到电线接头密封堵油的作用。这种密封结构的缺点是耐油压水平远不如环氧树脂密封，并且机械强度低、不耐光、易龟裂。所以，电缆密封时，还要在其绕包层外面加两层黑色聚氯乙烯带作保护。

6. 热收缩管密封

热收缩预制件密封是利用聚合物调料弹性记忆效应的原理制成的热收缩预制件，在使用中对其加热，使与其配套的密封剂和黏着剂在加热过程中熔化，流满预制件与电缆间的空隙。预制件遇热收缩而与电缆紧密固结，起到电线附件的保护密封与绝缘等作用。这种方法具有耐热、耐裂及防腐蚀、防潮、寿命长、抗放射性等优点，并使电缆接头工艺大为简化，且轻巧、廉价、便于维修，因此，将逐步成为电缆密封的主要方法。

第三节 中间接头的制作

一、中间接头的分类

电缆中间接头可分为铅套管式、铸铁盒式和环氧树脂浇注式三种类型。

铅套管式中间接头是在铅套管内将电缆芯线连接并包绕绝缘，然后将套管两端封铅密封，管内灌满高压绝缘胶，套管外用桑皮纸涂以沥青包绕层防腐，最后将铅套管置于金属或水泥槽内加以保护。这种接头具有密封性能好、绝缘强度高、化学性能稳定、使用寿命长等优点，不足之处是铅套管消耗有色金属较多，机械强度差。

铸铁盒式中间接头是采用铸铁壳体密封和保护中间接头，其主要部分是铸铁壳，壳内灌绝缘胶，两端及浇注孔等处采用橡皮压装密封。铸铁盆式中间接头由于采用橡皮压装密封而简化了施工工艺，机械强度高，但密封性能不如铅套管式中间接头，因而使用受到一定限制。

环氧树脂浇注式中间接头是采用适当模具，现场浇灌环氧树脂复合物而制作的中间接头。模具种类有铁皮模、铝合金模、塑料模及瓷质模。金属模具一般需要脱模，塑料和瓷质两种模具不需脱模，并可兼作环氧树脂的保护外壳。环氧树脂中间接头与其他种类中间接头相比，具有工艺简单、体积较小、成本较低等优点，但质量比铅套管式中间接头稍差，特别是线路负荷较大时，故障率较高。其原因主要是中间接头的环氧树脂复合物浇注量大，不易搅拌均匀，容易形成气泡；同时接头壳体两端及外表面与接头内部冷却速度不一样，产生应力，在接头内部出现纵向和横向裂纹，在运行电压下沿裂纹进行树枝状放电，最后导致击穿。

针对这三种接头各自的特点，目前，铅套管式中间接头的使用较为普遍。铅套管式中间接头结构如图 11 - 1 所示。

二、铅套管式中间接头的制作

铅套管式中间接头适用于 10kV 及以下电力电缆，宜用于直埋地下、电缆沟或隧道内。当用于直埋地下时，必须设水泥保护盒或其他保护装置。这种中间接头所用的铅套管一般用挤压法制成，也可以直接用无缝铅管加工而成。铅套管应无砂眼、裂缝、弯曲现象，厚度要均匀，并能承受 245kPa 的压力试验。

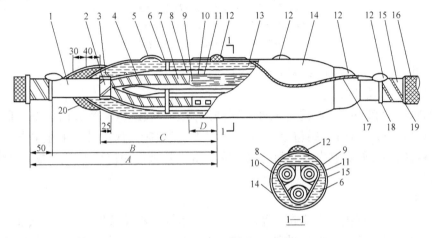

图 11 - 1　铅套管式中间接头结构

1—铅（铝）包；2—统包绝缘；3—油浸黑玻璃漆带 6 层；4—油浸黑玻璃漆带 4 层；5—封铅盖；
6—瓷隔板；7—线芯绝缘；8—线芯增绕绝缘；9—线芯；10—铝箔纸填满压坑；11—连接管；
12—封铅；13—沥青绝缘胶；14—铅套管；15—铠装；16—麻被护层；17—接地线；
18—扎线Ⅰ；19—扎线Ⅱ；20—油浸白布带

为了使电缆铝包可靠地封铅密封，铅套管的两端需要敲打成渐缩形，如图 11 - 2 所示。为了避免在敲打过程中损伤电缆接头的绝缘，一种方法是将通信电缆中间接头铅套肩应用于电力电缆接头中；另一种是在接头制作前，预先将铅套管敲打成，并沿套管纵向切开一道裂缝，待接头绕包完毕后掰开铅套管套到接头上，再将裂缝封焊住。

铅套管中间接头的绝缘材料多采用油浸黑玻璃漆带，芯间加三岔瓷隔板，也有采用聚四氯乙烯带或成型纸卷带作为绝缘绕包材料的，这样可以相应缩小接头的直径和铅套管的规格。铅套管中间接头的通用制作程序如下：

1. 准备套管

根据制作要求，准备铅套管并冲开浇注孔，将套管一端敲成渐缩形，内径要比电缆包外径略大，然后清理套管内壁。

2. 电缆剥切

确定电缆剥切尺寸，并剥开麻被护层、铠装和内垫层。

3. 套铅套管

在电缆的麻被护层外包白纱带或白布，以防脏物进入套管内，将电缆从铅套管渐缩口的

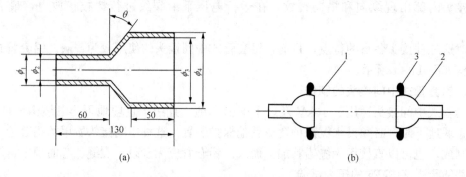

图 11 - 2 铅套肩结构及组装图

(a) 铅套肩结构图；(b) 铅套肩组装图

1—铅套管；2—铅套肩；3—封铅

一端套入，并剖铅包、胀喇叭口和撕屏蔽纸。

4. 撕统包绝缘及分线芯

在距喇叭口约 25mm 长的统包纸外，用油浸白纱带顺绝缘包绕方向包绕五层，最后一层包至喇叭口以下约 5mm 的铅包上，作临时保护。然后撕去保护带以上至电缆末端的统包绝缘纸，再将线芯分开，割去线芯间的填充物，沿线芯顺绝缘包统方向用油浸白纱带包绕，作临时保护。

5. 连接线芯

将三根线芯稍加弯扭，使其成为等边三角形，尽量使两根线芯在上，一根线芯在下，用三角木架临时支开三芯。于木架的外端距喇叭口 110~120mm 处，用油浸白纱带十字交叉扎紧，然后把三芯弯成一个操作间隙，间距起始弯点距木架约 50mm，如图 11 - 3 所示。弯曲线芯时，应注意不要损伤绝缘，绝缘线芯的弯曲半径不得小于线芯直径的 10 倍。

将两端同相序线芯的重叠部分用铜扎线绑扎整齐，按图 11 - 2 中的设计尺寸由接头中心处锯断线芯，从末端量取连接管长度的一半加 5mm，将该段线芯绝缘剥除。为避免剥切时损伤线芯，最里面三层绝缘纸应用手撕。然后用汽油布将线芯表面和接管内壁擦拭干净，并清除氧化层和油渍，把连接管套到线芯上进行压接。压接完毕后，用汽油布将连接部分清擦干净，拆去临时保护带和三角木架等。

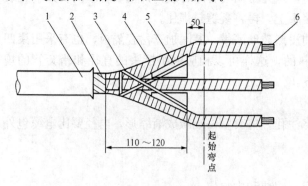

图 11 - 3 安装三角木架

1—铅（铝）包；2—统包绝缘；3—油浸纱带；
4—线芯绝缘；5—三角木架；6—线芯

6. 包绕绝缘层

在完成去污与排潮后，从线芯根部起，两根连接电缆各用油浸黑玻璃漆带顺线芯绝缘包绕方向半叠包绕一层至连接管，并填平连接管两端与绝缘纸的间隙。用铝箔纸将接管压坑填平，再将两段包绕层在连接管段收紧，然后沿整个成型线芯来回包绕三层。最后将线芯增绕绝缘层包紧，统包绝缘处包绕五层。

7. 装隔板

在线芯增绕绝缘的直线段两端装入

隔板，绑扎固定之后，二次排潮。

8．装铝套管并封铅

将铝套管移至接头位置，拆去电缆外的临时保护带，用木锤将未成型的一端敲成渐缩口，并使铝套管两端缩口紧贴住电缆铅包的圆周，灌胶口应在向上位置。敲击时，可在电缆铝包上缠一层胶布作临时保护，待敲击接近缩口时，再将胶布拆掉。敲击不能用力太大或集中一点，以防缩口开裂或损伤内部绝缘。如采用铅套管套肩，则可省去这一敲渐缩口的步骤。

封铅时，可采用浇焊法或涂擦法。封铅过程中不得在操作时移动铅套管或电缆，以免炽热的焊锡层上出现裂缝。

9．浇注沥青胶

将沥青绝缘胶加热熔化，然后将熔化的沥青胶倒入具有筛网的灌胶壶，即准备浇注。浇注前，先将铅套管适当预热，然后从浇注孔将沥青胶注入铅套管内。第一次浇至浸没线芯为止。待冷却到60～70℃时，再补浇加满铅套管。最后待铅套管外壁冷却到周围环境温度时再补浇一次。浇注完毕后，将两个浇注孔盖上封铅盖，然后进行封焊。

10．焊接地线

将两端接地线焊区内的铠装、铅包擦拭干净并将铠装焊面打毛，将截面积为 $25mm^2$ 的铜绞线两端退火处理，用砂布擦去氧化层后排列在两端电缆的铅包和铠装上，接地线端头与铠装的接触长度为10～15mm，用铜绑线做临时绑扎。然后用涂擦法进行焊接，焊接要求牢固，上、下两层铠装均应焊久在地线跨过铅套管的中部，要用同样方法封焊在铅套管上，最后拆除临时绑扎线。

11．防腐保护

将铅套管及铅包表面用汽油布擦拭干净，均匀地刷上热沥青胶。每刷一层，包一层桑皮纸，包缠厚度为3～5mm，最外面一层桑皮纸表面也应刷上沥青胶。然后，在铅套管下面垫两块经过防腐处理的木块，装上水泥保护盒的侧壁。两端进线口处的电缆用沥青黄麻带包缠，再用经防腐处理的木块将电缆垫起，使电缆的中心与铅套管的中心在一条水平线上，以防电缆的铅（铝）包扭折。最后，按照设计要求在盒内填满细土或浇沥青，并盖上顶板，经验收后覆土。

第四节　电缆终端头的制作

一、终端头的种类

10kV 及以下户内终端头一般分为八种类型，即铸铁终端头、铁皮漏斗终端头、铅手套终端头、瓷手套终端头、塑料手套终端头、干包式终端头、塑料外壳式终端头和环氧树脂终端头。

1．铸铁终端头

铸铁电缆终端头是使用年代最久的一种，到目前已有70余年的历史。它以铸铁盒作外壳，采用沥青绝缘胶充填盒内，以固定线芯和增加绝缘强度，其外形见图11-4。铸铁终端头的优点是运行稳定、使用寿命长、机械强度大；缺点是金属损耗多、体积大、笨重、安装工艺要求高、操作时间长。当发生事故时，铸铁盒体有爆炸的可能，从而危及人身和设备安全，所以需设防爆间隔，增加了投资费用。同时，由于绝缘胶能溶解于电缆油，在壳体底部和线芯周围形成空隙，从而降低了密封性能和绝缘性能。

2. 铁皮漏斗终端头

铁皮漏斗终端头是用铁皮外壳代替铸铁外壳，做成一个漏斗形状，有圆形和椭圆形两种。它用瓷挡板固定和分开线芯，其内部线芯包绕和扎锁与铸铁终端头一样，漏斗内充以绝缘胶，其结构如图 11-5 所示。铁皮漏斗终端头的优点是体积小、重量轻、成本低、施工操作方便，发生故障时不易爆炸；缺点是密封性差，容易漏油。但随着环氧树脂电缆头的出现，该终端头在 6～10kV 电压等级中已很少使用，而在 3kV 及以下电压等级中使用还较多。

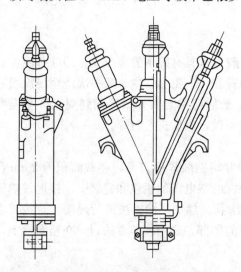 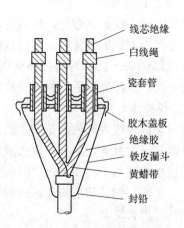

图 11-4 铸铁终端头外形　　　　　　　图 11-5 铁皮漏斗终端头结构

3. 铅手套终端头

铅手套终端头是以铅皮外壳代替铸铁盒，其圆筒形袖口部分同电缆铅包焊在一起，手指部分则靠机械方法和电气绝缘芯线卡紧，内部充以绝缘胶。铅手套具有体积小，密封性能好的优点；主要缺点是结构单薄，机械强度差。当铅手套制作厚薄不均时，导致漏油。此外，在手套分叉处电场集中，加之芯线离外壳距离较近及手指末端绝缘易受损伤，容易发生击穿事故。

4. 瓷手套终端头

瓷手套终端头采用陶瓷外壳和橡皮压装密封结构，与铅手套终端头相比，其电气绝缘性能有很大提高；但由于瓷外壳机械强度很差，容易破碎，而橡皮压装密封结构的耐油橡皮易老化造成漏油。因此，瓷手套终端头已极少采用。

5. 塑料手套终端头

塑料手套终端头有聚氯乙烯塑料手套和聚乙烯热压塑料手套两种。前者采用聚氯乙烯套管切割制成，后者用聚乙烯热压成整体。塑料手套经端头的线芯用聚氯乙烯软管紧套，胶管两端接合处用聚氯乙烯带包绕，手套的袖口用聚氯乙烯漆液密封。塑料手套终端头具有施工简单，成本低的优点。其主要缺点是密封性能差，易漏油渗水，耐热性差，在热状态下容易变形老化，长期运行其机械、电气性能都将下降；三岔口易发生电晕，致使该处绝缘老化发脆，在短路电动力作用下开裂。

6. 干包式终端头

干包式终端头的基本结构形式有包涂式和手套干包式两类。前者用聚氯乙烯带涂过氯乙烯漆液黏附密封线芯，三岔口和接线端子下端用蜡线扎紧，后者在三岔口用车制式手套套包，芯线用聚氯乙烯管及聚氯乙烯带密封。

干包式终端头的优点是体积小、重量轻、施工较方便、成本低廉，在终端头制作完成后能立即投入运行，因此能缩短故障处理时间。缺点是机械强度差，短路时易发生三岔口开裂，且三岔口存在游离现象，散热不良，容易积灰和发生电晕；聚氯乙烯带耐油、耐热性能差，聚氯乙烯中的增韧剂会在运行温度下逐渐失去弹性而老化，并且密封强度低，容易漏油。

7. 塑料外壳式终端头

塑料外壳式终端头采用尼龙外壳、橡皮压装密封结构，盒内灌绝缘胶，出线用聚氯乙烯软管式耐油橡胶管套入，壳盖出线口和线芯端部采用聚氯乙烯带及尼龙绳绑扎达到堵油的目的。这种电缆终端头具有施工方便、电气性能良好、结构简单、造型美观等优点；主要缺点是密封强度低，漏油严重。

8. 环氧树脂终端头

环氧树脂终端头是将环氧树脂、固化剂、填充剂、稀释剂等组成的环氧复合物注入模具，固化成型为电缆头，按复合物的配制可分为热浇注型和冷浇注型；按终端头的密封结构可分为采用耐油橡胶管的直接出线和采用扎锁管的间接出线。由于该终端头直接出线结构简单，施工方便，成本较低并具有足够的密封强度，因而得到广泛采用。

环氧树脂终端头的主要优点是具有足够的机械强度，能满足短路热稳定性和电动稳定性的要求，即使在事故状态也不会像铸铁终端头那样发生爆炸，因而故障影响范围小，比较安全；同时，电气绝缘性能优良，密封性能可靠。其不足之处是热浇注型环氧树脂终端头在制作过程中需现场配制浇注剂，配制工艺不易掌握，且固化剂的毒性有害于人体健康；冷浇注型环氧树脂终端头的涂料可用时间不易掌握，浇注剂的包装也存在易受潮变质的问题。

二、环氧树脂终端头的制作

由于环氧树脂终端头所具有的特点，使其在电力工程中得到了广泛的应用。在工程实际中，环氧树脂终端头的安装方法，可采用金属模具现场浇铸，也可采用预制外壳浇铸。预制外壳可用高温固化剂生产的环氧树脂外壳，也可用聚丙烯外壳。环氧树脂终端头的通用制作程序如下：

1. 准备材料与工具

制作电缆头前，需把所用的材料和工具准备齐全，材料要符合质量要求，工具需清洗干净，保持清洁。同时还要进行电缆校潮，即在电缆末端用清洁干燥的工具将贴近铅包的统包绝缘纸及贴近线芯的绝缘纸撕下几条作为试样，将撕下的绝缘纸用火点燃或浸入150～160℃的电缆油中，如有嘶声或出现白色泡沫，则表明绝缘已经受潮。如绝缘已受潮，应逐段将受潮部分的电缆割除，直至没有潮气为止。此外，还应测量绝缘电阻，用绝缘电阻表测量线芯之间和线芯对地的绝缘电阻，并校对相序，按 U、V、W 三相分别在线芯上做好记号，与电源相序一致。

2. 确定剥切尺寸并剥铠装和内垫层

根据规定确定电缆剥切尺寸后，先用锯在钢带切割处做上记号，再用浸有汽油的抹布把由此向下50mm处一段铠装上的沥青混合物擦净，再用砂布或锉刀打磨，使其表面显出金属光泽。用直径为 2mm 经退火的铜线在铠装上顺钢带缠绕方向绑扎三圈（见图 11-6 中扎线Ⅰ），距扎线向下 50mm 处用同样方法再绑装扎线（见图 11-6 中扎线Ⅱ）。用钢锯沿扎线Ⅰ的电缆末端一侧的铠装圆周锯一环痕，其深度约为铠装厚度的 1/2。挑起锯痕处的韧带尖角，用钳子夹住逆原缠绕方向把钢带撕下，然后向电缆末端方向剥去铠装，最后用锉刀修钢带切口，使其圆滑无刺，见图 11-6。

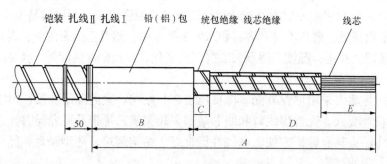

图 11-6　电缆终端头切剥尺寸

之后，再用喷灯将内垫层均匀烘烤，使沥青软化。然后用刀割下黄麻，下刀的方向应向外，使黄麻割断时刀口不致伤及铅包。随后再用喷灯微火烘烤铅包上的沥青防腐纸，逐层撕去并用浸有汽油的纱布或棉纱擦干净，使铅包团露出金属光泽。

3. 焊接地线

先将两道扎线之间的铠装和被焊区的铅包擦拭干净，然后用末端除去氧化层并焊锡后的 25mm² 软铜线排列在铠装和铅包上，其端头伸到铅包的长度约为 15mm。然后，在两道扎线之间用铜线绑扎接地线扎线三圈。之后，在将铠装、铅包的被焊面及接地线用喷灯稍稍加热后，在铠装上涂焊锡膏，在铅（铝）包上涂硬脂酸去除氧化层，再将已配制好的焊料用喷灯加热变软，在整个被焊面上反复涂擦，使其有一定的堆集量。然后用喷灯再行加热堆集的焊料，使之变软而不流淌，用浸有硬脂酸的抹布将软化了的焊料抹光，形似半个鸽蛋。上、下两层铠装均应焊牢。焊接时，速度要快，时间要短，以免损伤电缆内部纸绝缘。

4. 套进线套

按规范规定选择与电缆截面相适应的聚丙烯壳体，将其进线套用汽油擦拭干净，并根据铅（铝）直径剪取进线套，套在铅（铝）包上使其密贴。

5. 剖铅（铝）包

自扎线Ⅰ向电线末端量取 100mm，先用刀沿铅包圆周切一环痕，深度约为铅包厚度的 1/2。然后将内环痕向铠装方向量取 70mm 一段范围内的铅包打毛，并且包上聚氯乙烯带或白纱带作临时保护。

6. 胀喇叭口及撕屏蔽纸

在剖铅口处的屏蔽纸外，用聚氯乙烯带顺绝缘包组方向包绕作临时保护，然后用胀铅器将铅包口胀成喇叭形。胀口要圆滑、规整和对称。在胀铅包时，不要损伤绕包绝缘。

撕屏蔽纸时，拆去屏蔽纸外的临时保护带，将统包绝缘外的屏蔽纸撕到喇叭口以内，要撕得整齐，以免屏蔽纸边缘电场过分集中，并使其处于喇叭口改善电场分布作用范围以内。

7. 撕统包绝缘

由喇叭口至电缆末端方向的 25mm 范围内，用聚氯乙烯带顺绝缘包绕方向包绕 5～6 层，起始两层应深入喇叭口内，然后用刀轻轻沿聚氯乙烯带边缘的统包绝缘纸切一环痕并撕去至电缆末端的统包绝缘纸，最里面两层应用手撕，以免损伤线芯绝缘。

8. 分线芯

把电缆线芯逐相分开但不能过分弯曲，摘去线芯填充物及撕去厂标相序纸。注意摘填充物时刀口应向外，以免损伤线芯组织。分开线芯后，自喇叭口开始向线芯末端来回浇加温度达 150℃ 的电缆油，进行排砌，直到没有嘶嘶声或不产生白色泡沫为止。然后用透明聚氯乙烯带或黄蜡绸带由统包绝缘边缘向上 50mm 处，开始在线芯绝缘外自下而上顺绝缘包缠方向半叠包绕一层。

9. 套耐油橡胶管

按规范规定选择与线芯截面相适应的耐油橡胶管，检查橡胶管是否完好，制取所需长度，管两端外壁用锉打毛。在线芯绝缘外的聚氯乙烯带或黄蜡绸带上涂抹中性凡士林，然后将耐油橡胶管从线芯末端套入。套管时，一手扶住线芯，一手往下持，要防止因用力太大损坏线芯根部绝缘。橡胶管只需套到离线芯根部 20～25mm 处即可，以免几根橡胶管在根部相互挤压。橡胶管的上端应留出一定长度，以保证能盖住接线端子的第一个压坑。

10. 涂包根部堵油层及套壳体

根据需要确定环氧树脂冷涂料的一次配制量，用天平量取所需要的环氧树脂混合物和固化剂，充分混合至颜色基本一致，即可立即涂包。为了保证在制作电缆头时特别是在高温度环境下有足够的环氧涂包时间，可分两次配制涂料，即在涂包根部堵油层时配制一次，在涂包线芯端部堵油层时再配制一次。每次配制时，都不应改变原包装中固化剂和环氧树脂混合物的比例，否则会导致热固后的环氧树脂混合物性能变坏，影响电缆头的质量。

涂包根部堵油层前，拆除铅包上的临时保护带，将耐油橡胶管外壁用汽油擦拭干净，用无碱玻璃丝带自三岔口线芯根部起至壳体出线口外 30mm 处，顺线芯绝缘包绕方向涂包环氧树脂四层。包完后，在无碱玻璃丝带表面再均匀地刷一层环氧树脂涂料。在统包绝缘外的聚氯乙烯带上用无碱玻璃丝带涂包环氧树脂两层，然后用 1～2 个蘸有环氧树脂涂料的风车压紧三岔口。风车见图 11-7。压好风车后，再用无碱玻璃丝带从三岔口外至喇叭口以下 20mm 处涂包环氧树脂两层，压住风车带子并剪去多余的带子，然后继续将环氧树脂涂包两层。涂包完毕后，在三岔口内填满环氧树脂，见图 11-8。

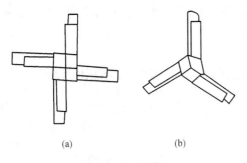

图 11-7　风车
(a) 四芯电缆风车；(b) 三芯电缆风车

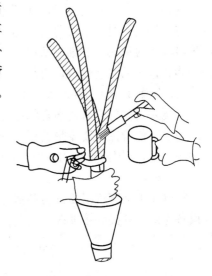

图 11-8　三岔口内填满环氧树脂

套壳体时，要用汽油将选好的聚丙烯壳体及壳盖擦拭干净，套到电线的铅包上，与进线套连为一化并用于净的棉纱头塞满，以防污物落入。

11. 剥线芯绝缘

先将线芯上的耐油橡胶管上口外翻，然后按确定的线芯绝缘剥切尺寸剥线芯绝缘。用电工刀切割线芯绝缘时，不应损伤线芯里面，两层绝缘纸应撕去，最后用没有汽油的抹布将线芯末端导体上的电缆油擦拭干净。

12. 安装接线端子

根据选择的与线芯截面相适应的接线端子，将接管外壁打毛，内壁和线芯端部擦拭干净，并清除氧化层和油渍，然后进行压接或焊接。

13. 涂包端部堵油层

将按前述方法将再次配制的环氧树脂冷涂料涂刷在接线端子接管部分的外壁上。用锡（铝）箔纸或蘸有环氧树脂涂料的无碱玻璃丝带填满压坑。在接线端子与耐油橡胶管之间的线芯裸露部分，用蘸有环氧涂料的无碱玻璃丝带勒绕填充至与线芯绝缘衬平，再将耐油橡胶管翻上，使其压住第一个压坑，并用电工刀切除多余的耐油橡胶管。最后从距接线端子接管以下 25mm 处的耐油橡胶管开始至接管部分顶端涂包环氧树脂四层。在涂包过程中，应注意无碱玻璃丝带层间必须均匀地涂上环氧树脂涂料，以保证绝缘强度。三岔口、喇叭口和线芯端部是保证密封的关键。

14. 装配聚丙烯外壳

把外壳内临时放的棉纱头取出，检查内壁应干净无污物，然后将继电终端盒壳体、壳盖及进线套向上移，使喇叭口高于壳体颈部 5mm，再用聚氯乙烯带将其缠绕固定，将壳盖继续上移一段距离以便浇注。

15. 浇注环氧树脂混合物

待线芯涂包层基本固化后，将袋装冷浇注剂的环氧树脂混合物揉捏均匀，再抽掉金属夹子内的塑料芯条，除去夹子，让两边材料流到一起，隔着塑料袋均匀揉捏，待其颜色基本一致且有微热发出时，即可剪去袋的一角，将环氧树脂混合物注入壳体。浇注时，先从壳体上口将冷浇注料形成一股细流状浇入，以便挤出空气，不致形成气孔，一直浇注到与壳体上口齐平为止，然后装上壳盖，再从壳盖的任一出线孔补浇，直至与出线孔口齐平。

16. 包绕线芯加固层和相色带

待浇入壳内的环氧树脂合物固化后，就可包绕线芯加固层。从壳盖上的出线孔开始至端部涂包层，包绕黑玻璃漆带两层、透明聚氯乙烯带两层，然后套上出线套。最后在接线端子下部 100mm 范围内包绕相色聚氯乙烯带两层。

17. 安装

将电缆头做直流耐压试验和泄漏电流测定并合格后，即可安装到指定位置，核对相位后与设备连接，并接好接地线。

第十二章 电力电缆试验

电力电缆与常用的电线不同,主要用于传输大功率电能。由于电缆常在高电压、大电流条件下工作,因此对其输电性能和耐热性能要求较高。为了确保电缆的安装质量,减少电力运行中的事故发生率,确保安全供电,必须对电缆的有关性能进行预防性试验。电缆试验的种类主要有绝缘电阻试验、直流耐压及泄漏电流试验和电缆线路核相。

第一节 绝缘电阻试验

绝缘电阻是反映电力电缆绝缘特性的重要指标,它与电缆能够承受电击穿或热击穿的能力、绝缘中的介质损耗和绝缘材料在工作状态下的劣化状态等有着紧密的关系。由于测量绝缘电阻可以发现施工工艺中的缺陷,比较电缆各相绝缘电阻值有助于判断绝缘状态的优劣,因此,测量绝缘电阻就成为判断电缆性能的重要依据之一。

一、绝缘电阻与泄漏电流

当电缆通电时,绝缘表面和绝缘内部均有微弱的电流通过,这些电流主要有以下四种:

1. 充电电流

充电电流是因介质极化而产生的电流,就是以导体和外电极(金属护套或屏蔽层)作为一对电极构成一个电容器的充电电流。该电流在初加电压时较大,其数值由绝缘物的电容量大小决定,随着时间变化按指数规律很快的衰减,一般在数毫秒时间内快速消失。

2. 不可逆吸收电流

这种电流是因绝缘材料中的电解电导而产生,约数秒钟后衰减至零。

3. 可逆吸收电流

这种电流是绝缘材料的位移电流,在施加电压的瞬间达最大值,慢慢趋向于位移稳定,约经数分钟后趋向于消失。

4. 电导电流

电导电流是由绝缘材料中自由离子及混杂导电杂质所产生的,与电压施加时间无关。在电场强度不太高时,电导电流变化规律符合欧姆定律,其值取决于介质在直流电场内的电导率,且随温度的增高而很快增加。电导电流的大小反映了绝缘质量的优劣。

电导电流又称为泄漏电流,严格说来,只有恒定的电导电流所对应的电阻才是绝缘电阻,它是测试的主要对象。所谓绝缘电阻试验,就是通过仪器测量出与时间无关的电导电流,并将这一电流值用绝缘电阻表示。当绝缘物受潮或开裂以后,绝缘物内离子增加,电导电流剧增,绝缘电阻值下降,所以通过测量绝缘电阻值的大小,可以初步了解电缆的绝缘情况。

二、试验方法

测试电缆绝缘电阻通常有三种方法,即直流比较法、兆欧表法和高阻计法。在施工中应用最多的是兆欧表法。

　　兆欧表法是用兆欧表来测量绝缘电阻的方法。兆欧表也称摇表或绝缘电阻测定仪，其计量单位是 MΩ。兆欧表具有操作简便、快速、便于携带的优点，但测量精度较低，对于绝缘层较厚，绝缘电阻较高的被试物，应选择较高的测量电压。在电缆绝缘电阻测量中规定：1000V 以下的电缆用 1000V 兆欧表，1000V 及以上的用 2500V 兆欧表。使用兆欧表测量绝缘电阻的方法如下：

　　（1）试验前，切断电缆的电源及一切连线，并将其接地放电，放电时间不得少于 1min，电容较大的电缆不得少于 2min，以保证安全及试验结果的准确性。

　　（2）用干燥、清洁的软布擦去电缆终端头套管或芯线及其绝缘表面的污垢，以减少表面泄漏。

　　（3）将兆欧表放置在平稳处，以免在操作时用力不均，使兆欧表晃动，致使读数不准。

　　（4）在空载情况下，转动兆欧表手柄达额定转速（120r/min）并调整指针至"∞"。

　　（5）对于多芯电缆，应分别测试每相芯线的绝缘电阻。此时，将被测芯线引出线接于兆欧表的接线端子（L）上，将其他芯线与地短接后接到兆欧表的接地端子（E）。为了避免电缆绝缘表面泄漏电流，还应利用兆欧表的屏蔽端子（G），把表面绝缘完全撇开到兆欧表的指示之外。对于尚未敷设的电缆，可在被测芯线两端加绕保护环，并把两个保护环安到兆欧表的屏蔽端子（G）上。对于已敷设好的电缆，可在被测芯线两端用金属软线加绕保护环，将两端的保护环与兆欧表的屏蔽端子相接，而利用另一电缆芯作为屏蔽线的回路。

　　（6）以恒定转速转动兆欧表把手（120r/min），使其指针逐渐上升。待 1min 后，记录其绝缘电阻值。之所以如此规定，是因为考虑到绝缘中存在着三种随时间变化而衰减的电流，从理论上讲，应该等到三种电流全部衰减完后，才可读出电导电流（即泄漏电流）的数值，以计算绝缘电阻。但因时间太长、测试工作量大及考虑到测试系统长时间的稳定性，因此在测试方法的标准中明确规定，在接通电流后达到 1min 时即可读数。这个规定既保证了非电导电流大部分已经消失，又使测试时间有了统一规定，并使测量值具有重复性和可比性，同时提高了测试效率。

　　还应指出，兆欧表 L 端引线的绝缘电阻是和电缆的绝缘电阻并联的，因此要求该引线的绝缘电阻较高并且不应拖在地上，也不要和 E 端引线靠在一起。如引线必须经其他支撑物和电缆芯线连接，则该支撑物必须绝缘良好，否则将影响测量的准确性。在测试过程中，兆欧表的转速应尽量保持稳定位，并维持均匀转速，转动速度不得低于额定转速的 80%。

　　三、绝缘电阻测试标准

　　电力电缆绝缘电阻的测试数值，虽然可以作为判断电缆绝缘状态的参数，但不能作为鉴定及淘汰电缆的依据。电缆是否可以投入使用，一般应由直流耐压试验决定。因此，对电缆绝缘电阻的测试标准未作统一规定。表 12-1 中列出了每千米电力电缆的绝缘电阻的最小值，以供参考。

表 12-1　　　　　　　　　　　　电力电缆绝缘电阻指标

电缆种类	额定电压（kV）	绝缘电阻（MΩ）	电缆种类	额定电压（kV）	绝缘电阻（MΩ）
油浸纸绝缘电缆	3 及以下	50	聚氯乙烯绝缘电缆	1	40
	6 及以上	100		3	50
油浸纸滴绝缘电缆	3 及以下	100		6	60
	6～10	200	交联聚乙烯绝缘电缆	6～10	1000
不滴流电缆	6～10	200		35	2500
聚氯乙烯绝缘电缆	0.5	30			

第二节　直流耐压及泄漏电流试验

电力电缆在制造、安装和运行过程中所进行的出厂试验、接交验收试验和预防性试验都要进行耐压试验。耐压试验是在电缆绝缘体上加上高于工作电压一定倍数的电压值，并保持一定的时间。在此条件下，要求被试品能经受这一试验而不被击穿。进行耐压试验的目的是检查电缆在工作电压下运行的可靠程度和发现绝缘中的严重缺陷。

耐压试验可分为交流和直流两种，电缆出厂时多进行交流耐压试验，而电缆线路的预防性试验和接交验收试验普遍采用直流耐压试验。采用直流耐压试验比交流耐压试验有以下优点：

（1）可以用较小容量的试验设备对长电缆线路进行高电压试验，因而成本较低。

（2）由于直流电压对绝缘造成的损坏比交流电压小，从而可以避免交流高电压对电缆绝缘产生永久性破坏。

（3）可以在低电压下发现电缆的缺陷，即发现局部缺陷的敏感性比交流耐压试验高。

（4）试验时间较短。进行直流耐压试验时，击穿电压与电压作用时间关系不大，一般缺陷在加压后 1min 即可发现。

在进行直流耐压试验的同时，一般还要进行泄漏电流的试验，以反映电缆的绝缘电阻，其试验原理与用兆欧表测量绝缘电阻完全相同。但泄漏电流试验中所用的直流电源是由高压整流设备供给的，试验电压较高，并可借调压器调节直流电压，较容易找出绝缘缺陷；在升压过程中，可以随时监视串接在高压侧或低压侧的微安表指示值，以了解被试品的绝缘情况；同时，由于微安表的量程可以在现场按泄漏电流大小进行选择转换，所以读数比兆欧表精确。由于电缆泄漏电流与试验电压成近似的直线关系，而绝缘体有缺陷或受潮的电缆其泄漏电流值将随试验电压的升高急剧增长，从而破坏了伏安特性的直线关系。因此，泄漏电流试验比绝缘电阻试验更容易发现绝缘的缺陷，是电缆试验中的重要项目。

一、接线方式

根据微安表及整流设备所处位置的不同，直流耐压试验和泄漏电流试验接线可以有多种接线方式，但按微安表所处位置区分只有两种，一种是微安表处于高压端，另一种是微安表处于低压端。

1. 微安表处于高压端

微安表处于高压端时，进行直流耐压试验所需的高压直流电源由高压试验变压器通过高压整流管整流产生。由于整流管较易损坏，而且在运行时发射 X 射线，因此试验人员应对其精心爱护并予以遮隔屏蔽。这种试验线路的优点是灯丝变压器处于低压端，对绝缘强度的要求大大降低；微安表处于高压侧，不受杂散电流的影响，测量结果较为准确。该试验线路的缺点是高压试验变压器必须有两个引出套管，而且其中的一个要能承受两倍的试验电压，另一个应能承受一倍的试验电压；由于微安表处于高压侧，对地需良好地绝缘，并且必须进行遮蔽，在试验中调整微安装的量程时，必须使用绝缘棒或尼龙线等，因而操作不方便。

在直流耐压试验中，采用高压硅堆代替整流管和灯丝变压器，其具有重量轻、体积小、机械强度高、稳定性好、结构简单、容量大等优点，因而使用较多。

2. 微安表处于低压端

当没有足够绝缘强度的灯丝变压器和高压硅堆时，也可采用微安表处于低压端的试验接线方法。这种接线的优点是灯丝变压器体积小，携带方便，试验时调整微安表量程方便，不需绝缘棒操作；缺点是由于微安表处于低压端，低压电源对地的寄生电流会通过微安表，这些杂散电流对测量结果虽无影响，但会使微安表指针抖动，读数困难。因此，在条件许可时，应尽量采用高压硅堆整流装置，并将其微安表置于高压端来测量泄漏电流。

二、试验方法

试验前，工作人员应先做好准备工作，如准备试验设备和工具、绘出试验接线图并接线、断开电缆与其他设备的一切连线并将电缆各芯线短路接地以充分放电等，并且在试验地点的周围做好防止闲人接近的措施。试验的具体方法如下：

(1) 根据电缆的电压等级确定试验电压，并选择适当的试验设备。进行泄漏电流测量所需的设备，如高压硅堆、高压试验变压器、调压器及保护电阻等，其规格及容量都必须满足使用要求。

(2) 绘制试验接线图并进行接线。接线时，注意连接到电缆端子上的引线应用短而绝缘良好的引线。如果采用的微安表处于高压端的接线，则支持微安表的绝缘支座应牢固可靠，以免操作时发生摇摆或倾倒现象。为了避免被试物击穿时损坏微安表，应在微安表两端并联一稳压晶体管或保护放电管。此外，为了使试验结果准确，在接线时必须用干燥清洁的软布擦去电缆头表面的污垢，并注意检查外观有无损伤。如对附近电力设备可能产生泄漏，应加以遮蔽。

(3) 接线完成后，必须经第二人复查，确认接线正确、接地可靠、调压器处于零位、微安表置于最大量程、周围安全措施均已做好才能开始试验。

(4) 测出仪器本身的泄漏电流值。先断开仪器与被试物的连线，合上低压电源，再接通灯丝电源回路，对灯丝进行预热，操作时应调节控制好灯丝电压的可变电阻，使灯丝电压由最小值调整到额定值。1min 后，也就是灯丝有足够的电子向阳极发射后，合上升压回路隔离开关，调节高压变压器电压，使其逐渐升高到 0.25、0.5、0.75、1.0 倍的试验电压，并分别在 4 个电压挡停留 1min 后读取泄漏电流值并记录。该电流就是测试工具及接线本身的泄漏电流。该电流过大时，会影响试验结果的准确性。记录好仪器本身的泄漏电流值后，应将调压器恢复到零位，断开电源，对地放电。

(5) 将仪器与被试电缆正式连线，合上电源开关，逐级升高电压，并在与前述相同的 4 个电压挡各停留 1min 后读取泄漏电流值，以便必要时绘制泄漏电流和直流试验电压的关系曲线。当加到额定试验电压时，应读取 1、2、3、4、5min 时的泄漏电流值。在每次读取泄漏电流值时，若微安表指针稍有摆动，则可读取摆动范围的平均值。在操作试验仪器时，应注意升压速度要平稳，一般控制在 1~2kV/s，以免充电电流过大而损坏试验设备，同时也可以防止因升压速度太快而引起的击穿电压降低，致使测试结果不准。升压时，如果微安表有过大指示数，则应查明原因（如微安表量程不对、试验回路有接地线等），经消除后，方可再次进行试验。如果被试电缆在升压过程中被击穿，则应立即将调压变压器恢复到零位。在额定试验电压下，经过规定的试验时间后，被试电缆如无异常现象发生，则可认为该相试验完毕，此时应先将调压器退回零位，然后切断调压器电源，再切断灯丝电源及总电源，这个操作顺序切不可颠倒。若在调压器电源切断之前切断灯丝电源，则整流管易损坏；若不将调压器退到零位而直接切断调压器电源，则会产生过电压而可能损坏电压表。

（6）每相试验完毕切断电源后，必须先对地放电然后再接地。分相屏蔽型电缆因相间距离较近，采取一相耐压而邻近相不接地时，则邻近相应放电接地后方可用手触摸。放电时，应使用绝缘棒并要戴绝缘手套。在进行改接线作业时，临时接地线要始终接在高压出线端，以保证人身安全。再次试验前，必须注意将接地线从高压引线上移开。

（7）试验全部完毕，经短路接地充分放电后，方能撤离另一端看守人员。

（8）填写试验记录时，将接有被试电缆时测得的在各级电压下的泄漏电流值减去试具本身在各级电压下的泄漏电流值，即为被试电缆的泄漏电流值。在记录试验数据的同时还应记录当时的气候条件。

三、试验结果分析

（1）电缆通过直流耐压试验而未造成击穿者，一般可认为该电缆的绝缘是合格的，可以投入运行。若在试验中出现问题，应进行分析并做出处理。

（2）若电缆经直流耐压试验后绝缘被击穿，则应立即探测出击穿点并进行处理。

（3）泄漏电流的电缆不能投入运行，应人为地施加高压将电缆击穿，然后探测出击穿点并进行处理。

（4）当泄漏电流三相不平衡系数大于 2 时，说明泄漏电流特别大的那一相电缆绝缘可能存在一定的缺陷，但不能忽视由于现场试验条件差或试验人员技术水平不一的原因而测得的泄漏电流值不准确的虚假现象。因此，当测得的不平衡系数偏大时，应首先设法消除外因，当确实证明是由电缆内部绝缘缺陷引起后，则可隔半年后监试。但如果泄漏电流的绝对值很小，即最大一相的泄漏电流对于 10kV 及以上的电缆小于 $20\mu A$、对于 6kV 及以下的电缆小于 10 微安时，则可投入运行，不必列入监试计划。

（5）泄漏电流偏差不大于 ±20% 以上的电缆，可能是电缆内部有微小空隙引起的，应隔半年进行一次监试。

（6）闪络次数不多并且间隔时间较长，若再进行试验后，不再出现闪络现象时，允许其投入运行，隔半年监试一次。

第三节　电缆线路核相与验收

在多相系统中，各相依其达到最大值的次序按相排列称为相序或相位。在电力系统中，相序与电动机旋转方向等设备直接相关。电力电缆线路在敷设完毕与电力系统接通之前，必须按照电力系统上的相位标志进行核相。若相位不对，则会产生很多问题，例如，当通过电缆线路联络两个电源时，相位不符会导致无法合环运行；当由电缆线路送电至用户时，两项相位不对会使用户的电动机倒转，三相相位全部接错会使有双电源的用户无法并用双电源；当由电缆线路送电至电网变压器时，会使低压电网无法合环并列运行等。因此，电缆线路在运行前，必须确认其与两端电力系统设备相位一致。

一、电缆线路核相方法

电缆线路核相的方法有很多种，目前较为通用又方便的方法是采用干电池和电压表法，其接线如图 12-1 所示。

电缆线路核相的具体方法是在电缆甲端认定相位后，将干电池盒的正极引线接 U 相端子，负极引线接 V 相端子，在乙端用表盘中央表示零位的，有适当测量范围的直流电压表可找到对应的两芯，即分别为 U 相和 V 相，第三相一般不需再核对。

对于运行中的电缆线路中间部分损坏修理时，可在线路两终端处分期接上极性相同的干电池盒，然后在修理接头处用表盘以中央表示零值的电压表找出对应的线芯后进行连接。

当缺乏以中央表示零值的电压表时，可用指示灯代替其接线，即以电缆铅护套为地，干电池接通一根相线，指示灯依次接通 U、V、W 三相线，指示灯发亮时，则表示该相与接通干电池的是一根线的两端属于一相；灯不亮时，则为异相。依次重复试验即可确定其他相位，如图 12-2 所示。

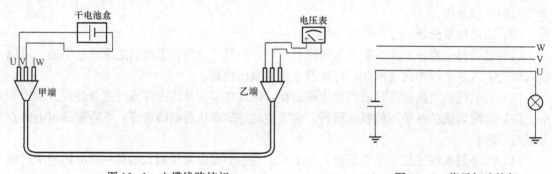

图 12-1　电缆线路核相　　　　　　　　　　图 12-2　指示灯法核相

二、电缆线路验收

电缆敷设工程完工后，施工单位应先组织内部技术员进行质量初验。初验合格后，向有关部门提出竣工验收交接申请报告，再由电缆运行部门、设计和施工安装部门的代表组成验收小组进行验收。

验收时，验收小组应对电缆线路进行实物检查，检查的内容包括电缆规格是否符合规定，排列是否整齐，有无机械损伤，标志牌应装设齐全、正确、清晰，电缆的固定、弯曲半径、有关距离及电力电缆金属护层的接线等是否符合要求，电缆终端头和电缆接头是否安装牢固，接地是否良好，电缆支架的金属部件是否油漆完好，相色是否正确，电缆沟内有无杂物，盖板是否齐全等。检查验收过程中，施工单位应将下列技术资料予以提交并被检查和验收：

（1）电缆线路设计图。

（2）电缆竣工图。

（3）施工方案和技术文件。

（4）电缆施工有关线路批准文件。

（5）制造厂提供的产品合格证。

（6）隐蔽工程记录。

（7）电缆线路的原始记录，包括电缆及电缆终端头和电缆接头的规格、型号及安装日期，电缆的实际敷设长度、高压绝缘胶型号等。

（8）电缆试验的记录资料。

工程验收完毕后，施工部门应认真编写工程总结，对工程中主要技术问题的解决方法、新技术、新工艺的特点、施工组织的改进意见、经验教训及工程成本、质量等做出分析评价，以便不断提高施工技术水平和管理水平。

第十三章 电气设备安装工程

电气设备安装是电力工程项目中一项重要的施工内容,它是在完成设备构筑物建造的基础上进行的项目。在电气设备安装工程中,常见的电气设备有控制箱、配电柜、变压器及这些设备的相关辅助配件与接地设施。尽管安装的电气设备种类繁多,方法不同,但一般来讲,电气设备的安装都需要通过前期准备、施工安装和收尾调试这几个步骤来完成。

一、前期准备

电气设备安装前的准备主要包含技术准备、组织准备和材料准备三个方面。

1. 技术准备

技术准备是指在设备安装前先熟悉和审查电气工程图纸和文件,了解电力工程有关土建情况,以便根据土建工程进度制定电气设备的施工方案和安装进度计划,编制施工预算。同时,为了确保电气设备的安装质量,还应熟悉有关电气设备的施工及验收规范,以保证安装工程符合规范的要求。

2. 组织准备

施工前,一般应组建管理机构,并根据电气安装项目配备相应的人员种类和数量,向参加施工的人员进行技术交底,使施工人员了解工程内容、施工方案、施工方法和安全施工条例与措施,必要时还应组织技术培训。

3. 材料准备

施工前,应按照设计或工程预算提供的材料单进行备料,并根据施工要求,准备施工设备和机具及安全技术措施等,以确保施工所需材料符合设计要求并满足相应的规范规定。

二、施工安装

当施工准备工作均已完成且具备施工条件后,即可进入安装工程的施工阶段。在施工阶段,由于电气设备的安装是在土建工程预先埋设的管道、支架、洞口或设备基础上进行的,因此,电气设备的安装就受到了较多的限制。为此,在电气设备安装过程中,要全面考虑设备的安装、管线的敷设、接地的方式及系统的连接顺序,使设备安装既科学高效,又安全可靠,且不破坏已建构筑物的结构、不损坏构筑物的外观。

三、收尾调试

当各电气设备设施安装完成后,为了确保安装的设备符合要求并可安全稳定的有效运行,还需要进行系统的检查和调整,如线路、开关、用电设备的相互连接情况,检查线路的绝缘和保护整定情况,动力装置的空载调试等,以便及时发现问题进行整改。检查合格后,应通电试运行,验证工程运行状态是否良好,是否可以交付使用。上述几项工作完成后,应填写竣工报告及有关施工资料,为今后对设备实施有效的管理提供依据。

第一节 配电柜及其安装

配电柜也称开关柜或配电屏,其外壳通常采用薄钢板和角钢焊制而成。根据用途和功能的需要，在配电柜内装设使用所需的各种电气设备，如隔离开关、自动开关、熔断器、接触器、互感器及各种检测仪表和信号装置等。该设备一般安装在预先制作好的配电柜底座上，其固定方式多采用螺栓紧固的方式来完成。

一、配电柜的检查和清扫

配电柜运达现场后，要进行开箱检查，并将配电柜上的灰尘及包装材料等杂物清扫干净。检查的内容主要有配电柜的型号规格、零配件和资料及配电柜的外观质量。

（1）型号规格。检查配电柜的规格型号是否与施工图相符，是否与安装基础的预埋螺栓尺寸相符合。开箱检查时应填写《设备开箱检查记录》。

（2）零配件和资料。检查配电柜的零配件和资料是否齐全有效，有无出厂图纸等有关技术说明书，产品的技术文件应齐全并与产品相符合。

（3）外观质量。检查配电柜内外的壳体及电气件有无损坏、受潮、柜体变形等问题，柜体的尺寸是否符合设计要求。

二、配电柜的底座制作与安装

配电柜一般安装在预先制作好的底座上，底座可以是混凝土浇筑的，也可以是采用型钢（如槽钢、角钢等）制作的，不论采用哪种方式，都应根据配电柜的尺寸和重量而定。因此，在配电柜安装前，配电柜的底座需先按照土建施工图制作基础，预埋好固定配电柜的地脚螺栓，同时安设扁钢接地网。

待配电柜基础完成后，应对配电柜基础进行验收并填写《设备基础验收记录》，基础的中心与标高符合配电柜设计需要，并且基础型钢顶部宜高出配电柜室内地面 10mm；基础型钢的垂直度和水平度的安装允许偏差应控制在 5mm 之内。

若配电柜基础符合设计要求，即可将配电柜按照施工图规定的顺序摆放在相应的位置上，并先粗略调整其水平度和垂直度。待确定配电柜位置准确无误后，用仪器校正其水平度和垂直度。如果不满足要求，可用薄铁片加垫，使其达到要求；调整好的盘柜，应盘面一致，排列整齐；水平度和垂直度校正完并符合要求后，即可将配电柜固定在槽钢底座上。

三、配电柜安装要求

对于由制造厂配置的成套配电柜，柜内开关电器等设备一般均已配套完整，安装时只需检查柜内电器是否符合设计要求，在此基础上进行接地母线、信号母线等线路的连接和检查。在配电柜安装过程中，为了确保配电柜安装达到设计要求，常在配电柜安装时要求需遵循有关电气设备操作规程，并具备以下相关条件：

（1）在配电柜安装前，配电柜所用的房屋应已完成屋面工程，地下接地扁钢也已埋设完成，室内地面的基层施工完毕，并在墙上标出地面标高。

（2）在配电柜投入运行前，建筑工程应安装完门窗、保护性网门、栏杆等安全设施，通风及消防装置也应安装完毕。

（3）配电柜安装时，可先把每个盘柜调整到大致的水平位置，然后再精确地调整第一面盘柜，并以第一面盘柜为标准将其他盘柜逐次调整；调整的顺序可从左到右或从右到左，也可以先调中间一面盘柜，然后左右分开调整拼装并逐柜调整和固定。

（4）配电柜之间应用螺栓拧紧，应无明显的缝隙；紧固件应用镀锌制品，并宜用标准件；配电柜柜内设备与各构件间应连接牢固。

（5）盘柜的接地应牢固良好，并应以裸软铜线与接地的金属构架可靠连接。

（6）配电柜安装完毕后，应保证柜面的油漆完整无损，并应标明柜正面及背面各电器的名称和编号，其标明的字迹应该清晰，工整且不易脱色。当高压配电柜在侧面进出线时，应装设金属保护网。

（7）抽屉式配电柜在安装完毕之后，抽屉推拉应该灵活轻便，无卡阻、碰撞现象，抽屉应能互换。抽屉的机械联锁或电气联锁装置应动作正确可靠。断路器分闸后，隔离触头才能分开。抽屉与柜体间的二次回路连接插件连接良好。抽屉与柜体间的接插件及柜架的接地应良好。

（8）手推车柜的安装应使车柜推拉应灵活轻便，无卡阻、碰撞现象，相同型号的手推车柜应能互换。手推车柜推入工作位置后，动触头与静触头应接触良好。安全隔板应开启灵活，并应标明其回路编号。字迹清晰，无损伤，字迹清晰、清楚，字迹清晰、与连接时，字迹清晰、与连接时，字迹清晰、与连接时，字迹清晰。手推车柜推入柜内时，其接地触头应比主触头先接触，拉出时接地触头比主触头后断开。

（9）柜内的电气元件质量良好，型号、规格应符合设计要求，固定牢固，密封良好。各电器应能单独拆装更换而不影响其他电器及导线束的固定。发热元件宜安装在散热良好的地方；两个发热元件之间的连线应采用耐热导线或裸铜线或裸铜线套管。信号灯、电铃、事故电钟应显示准确，工作可靠。

引入盘柜的电缆应排列整齐，编号清晰，避免交叉并应固定牢固，不得使所接的端子排受到机械应力。盘柜内的配线用的配线电流回路应采用不低于 500V 的铜芯绝缘导线，其截面积不应小于 2.5mm²，其他回路截面积不应小于 1.5mm²；对于弱电子元件回路，弱电回路采用锡焊连接时，在满足足载流量和电压值及有足够机械强度的情况下，可采用不小于 0.5mm² 截面积的绝缘导线。柜内用的导线不应有接头，导线芯线应无损伤；电缆芯线和所配导线的端部均应标明其回路编号，编号应正确，字迹清晰且不易脱色；配线整齐、美观，清晰。导线绝缘应良好，无损伤。用于连接门上的电器，与电器连接时，尚应采用多股软导线，敷设长度应有适当裕度；与电器连接时，端部应绞紧，并应加终端端附件，不得松散、断股，在可动部位两端应用卡子固定；铠装电缆应在进入盘柜后，应将钢带切断，切断处的端部应扎紧，并应将钢带接地。

四、配电柜的试验与交接

变配电所的高压配电装置应该按照规范规定进行试验，试验合格后才能交接和投入运行，试验项目可参照表 13-1 进行。

表13-1　成套配电装置试验项目

序号	试验项目	要求	说明
1	辅助回路和控制回路的试验电阻	绝缘电阻不低于 1MΩ	采用 1000V 兆欧表
2	辅助和控制回路交流耐压试验	试验电压为 2kV	
3	断路器速度特性	应符合制造厂规定	如制造厂无规定可不进行
4	断路器的合闸时间、分闸时间和三相分合闸的同期性	应符合制造厂规定	
5	互防性能检查	应符合制造厂规定	

序号	试 验 项 目	要 求	说 明
6	绝缘电阻试验	应符合制造厂规定	
7	断路器、隔离开关及隔离插头的导电回路电阻	运行时应不大于制造厂规定值的1.5倍；大修后应符合制造厂规定	
8	合闸接触器和分合闸电磁铁的绝缘电阻和直流电阻	绝缘电阻应大于2MΩ；直流电阻应符合制造厂规定	采用1000V兆欧表

除表 13-1 中项目外，盘柜二次回路交流工频耐压试验当绝缘电阻值大于 10MΩ 时，用 2500V 兆欧表测量 1min，应无闪络击穿现象；当绝缘电阻值在 1～10MΩ 之间时，做 1000V 交流耐压试验，时间为 1min，应无闪络击穿现象。盘柜间线路的线间和线对地绝缘电阻值，馈电线路必须大于 0.5MΩ，二次回路必须大于 1MΩ。

第二节　变压器及其安装

变压器是电力工程的主要设备之一，按工作环境和条件要求，变压器可安装在室内，也可安装在室外。

一、安装前的准备

一般来讲，安装在不同环境的变压器根据其条件的不同，所需要的工具和材料也不相同。变压器若被安装在室内，则在安装前，建筑工程中的变压器基础应达到允许安装的强度，按照图纸确认预埋件位置、数量、质量或预留孔是否符合设计要求；若安装在室外电杆上，则在安装前，应在确保电杆稳定安全的基础上，准备好固定变压器的槽钢、螺栓、垫片、接地扁钢、银粉漆等材料及安装变压器的电工用梯、撬棍、倒链、水平尺、氧气瓶、乙炔瓶、冲击电钻、钢丝绳、电焊机等工具。

二、安装前的检查

1. 开箱检查

变压器到现场后，应先进行开箱检查，即检查变压器包装及密封是否良好，变压器型号规格是否符合设计要求，设备有无损伤，附件备件是否齐全，产品的技术文件是否齐全。

2. 器身检查

在确保变压器符合规定的型号之后，还应检查变压器所有螺栓是否完好无损，绕组绝缘应完整，引出线绝缘应无破损，引出线与套管的连接应牢固，铁芯应无变形，铁扼与夹件间的绝缘垫应良好，冷却油位应符合要求，绕组的压钉应牢固，防松螺母应锁紧。

3. 变压器干燥

变压器是否需要进行干燥，应根据规范和设计规定进行综合分析后确定。设备进行干燥时，必须对各部分温度进行监控。在保持温度不变的情况下，绕组的绝缘电阻下降后再上升，110V 及以下的变压器持续 6h、220kV 及以上的变压器持续 12h 保持稳定，且无凝结水产生时，可认为干燥完毕。变压器干燥可以采用铁损干燥法或零序电流干燥法，变压器干燥时应填写《变压器干燥记录》。

三．变压器的安装

变压器就位前，要对变压器基础或支架进行验收，基础或支架的中心与标高需符合工程设计需要，轨道间距应与变压器底座间距相吻合，轨面设计标高的水平误差不应超过 5mm。

搬运变压器时，最好采用吊车和汽车，当条件较差时，也可采用倒链吊装、卷扬机托运、滚杠运输等方式进行安装，但在装卸和运输过程中不应有严重的冲击和振动。当利用机械牵引变压器时，牵引的着力点应在设备重心以下，运输倾斜角不得超过 15°。整体起吊变压器时，应将钢丝绳系在专供整体起吊的吊耳上，不得直接吊在变压器本体上，且吊索与铅垂线的夹角不宜大于 30°。变压器受力后要检查吊钩与变压器重心是否一致，在吊装前要特别注意保护好变压器的搭接头及绝缘子，吊索与变压器接触的地方要进行必要的包扎保护，防止损坏变压器。

变压器就位后，要特别注意检查高压线包是否有损坏和移位现象，高压绝缘子有无碰擦和损伤，湿控装置包括湿度显示仪表是否完好。变压器距周围尺寸应符合施工图规定，允许偏差为 ±25mm。图纸无标注时，纵向按轨道定位，横向距墙不小于 800mm，距门不小于 1m。装有气体继电器的变压器，应使其顶盖沿气体继电器气流方向有 1%～1.5% 的升高坡度。变压器的调压切换装置、冷却装置、储油柜、压力释放装置、测温装置、控制装置及一、二次连线、地线、控制线等设备的安装应符合验收规范的要求。

在变压器的安装过程中，接地接零是其重要安装内容之一。人工接地体一般有水平和垂直两种安装方式。垂直安装的接地体多采用角钢、钢管制作。角钢厚度不小于 4mm，钢管壁厚不小于 3.5mm，有效截面积不小于 48mm²。垂直接地体的长度一般为 3m 左右，其下端加工成尖形。角钢制作时，其尖端应在角钢的脊上，两个斜边要对称；钢管制作时，要单面削斜，保持一个尖端。凡用螺钉连接地线的，要先焊好螺钉孔。水平安装的接地体多采用直径为 16mm 的圆钢或 40mm×4mm 的扁钢。常见的水平接地体有带形、环形和放射形，埋设深度一般为 0.6～1m。

接地装置的主要技术指标是接地电阻，接地电阻包括接地线的电阻和接地体的流散电阻。由于接地线的电阻很小，一般可以忽略可不计，因此接地电阻主要是指接地体的流散电阻。一般规定，1kV 以下电力系统变压器低压侧中性点的接地电阻应在 4Ω 左右，保护接地电阻应为 4～10Ω，重复接地电阻应不大于 10Ω。低压线路钢筋混凝土杆、低压进户线绝缘子铁脚接地电阻不超过 30Ω，避雷针单独接地时，接地电阻应小于 10Ω。

零线是与变压器直接接地的中性点相连接的导线。零线的截面一般不小于相线截面的 1/2，选用连线的最小截面铜线不宜小于 4mm²，铝线不宜小于 6mm²。零线的连接应牢固可靠，零线与设备的连接应用螺栓连接，必要时加弹簧垫圈。为了防止腐蚀，零线表面应涂以防腐涂料。

四、变压器试验

在变压器交接和正式使用之前，应对变压器进行必要的试验，检查和测试绕组连同套管的直流电阻，检查所有分接头的变压比，检查变压器的三相接线组别和单相变压器引出线的极性，检查相位，测量噪声，测量绕组连同套管的绝缘电阻、吸收比或极化指数，测量与铁芯绝缘的各紧固件及铁芯接地线引出套管外壳的绝缘电阻等，以确保变压器处于正常状态。

但在试验之前，应确保变压器本体冷却装置及所有附件无缺陷、不渗油；变压器顶盖上无遗留杂物，储油柜、冷却装置、净油器等油路系统上的油门均应打开且指示正确；测温装置的指示应该正确，整定值符合要求；接地引下线及其主接地网的连接应满足设计要求，接地应可靠；分接头的位置应符合运行要求；有载调压切换装置的远动操作应动作可靠，指示正确；变压器保护装置整定值应符合规定；操作及联动试验应合格。

变压器第一次投入试运行时，可以全电压冲击合闸，如条件允许应从零升压；冲击合闸时，变压器宜由高压侧投入。变压器第一次空载运行时，应以全电压合闸 5 次，以考验变压器端部绝缘。变压器在第一次带电后，运行时间应不少于 10min，以便于监听变压器内部有无不正常杂声，如果有断续的爆炸声或突然发出剧烈的声音，应立即停电。变压器进行第一次冲击试验后，进行第二次冲击试验；冲击试验完毕，即可带负荷运行。冲击合闸时，励磁涌流应不引起保护装置的误动。

五、变压器的验收与交接

在完成变压器的试验并合格后，为了确保变压器的正常运行，还应对与变电器相配套的高低压开关柜、模拟屏、直流屏、控制屏、主变调压屏、计量屏、母联开关柜及电力电缆、电压互感器、断路器、并联电容器等主要设备进行检查和调试。变压器的调试内容包括测量绕组的直流电阻、检查所有分接头的变压比与制造厂铭牌数据相比有无明显差别、测量绕组的绝缘电阻及吸收比与产品出厂值相比有无明显差别、测量绕组的直流泄漏电流等是否合格。

电压互感器调试包括测量绕组的绝缘电阻、测量一次绕组及二次绕组的直流电阻、检查互感器的三相接线组别和单相互感器的引出线的极性、测量绕组的励磁特性、检查互感器变比、绕组对外壳的工频耐压试验。

电流互感器调试包括测量绕组的绝缘电阻、测量电流互感器的励磁特性曲线、检查互感器的三相线组别和单相互感器引出线的极性、检查互感器变比、绕组连同套管对外壳的工频耐压试验。

断路器调试包括测量绝缘拉杆的绝缘电阻和有机物制成的绝缘拉杆的绝缘电阻、测量分合闸线圈的直流电阻和绝缘电阻、测量每相导电回路的直流电阻、测量断路器的分闸时间、测量断路器主触头分合闸的同期性、测量断路器合闸时触头的弹跳时间、测量断路器分合闸线圈的最低动作值。

并联电容器调试包括测量绝缘电阻、测量电容器的电容值、工频耐压试验。

氧化锌避雷器调试包括测量绝缘电阻、测量直流电流为 1mA 时的实测电压、测量在75％实测电压下的泄漏电流、测量在交流运行电压下电导的电流。

绝缘子调试包括测量绝缘电阻、工频耐压试验。

完成这些与变电器相配套设备的检测和调试后，便可进行变压器的验收与交接。交接的验收的内容一般包括提供制造厂的产品说明书、设计图纸、工程施工资料、试验记录、试验报告、备品备件清单等资料。同时，在确保变压器合格的前提下，与变压器后期运行相关的通风及消防装置应安装完毕，保护性网门、栏杆等安全设施应齐全，事故排油设施应完好，消防设施齐全，变压器的支架或外壳接地可靠有效。

第三节　常用低压电器安装

常用低压电器是电力工程中使用频率较高的设备，了解和掌握这些设备的安装方法不仅有利于正确使用这些设备，而且也有利于设备的安全保障。

一、刀开关

刀开关也叫闸刀开关，刀开关结构简单、用途广泛，由手柄、动触头、静触头、绝缘板座组成，如图 13-1 所示。

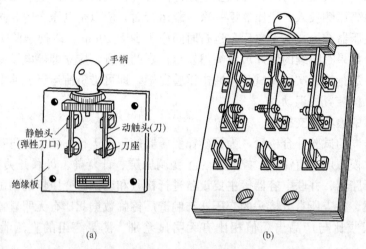

图 13-1　闸刀开关
(a) HD 系列刀开关；(b) HS 系列刀形转换开关

刀开关必须垂直地安装在开关板上，不准横装和倒装，静触头应在动触头上方。接线时，电源进线应接在静触头接线端，负荷引出线须接在动触头接线端，要把螺钉拧紧，使导线与触头接触紧密。三相刀开关合闸时，要保持三相触头同时接触良好。

刀开关作隔离开关使用时，合闸顺序是先合上刀开关，再合上其他控制负荷的开关。分断负荷时，应尽快抢闸，以减少电弧的影响。无灭弧罩的刀开关不允许作负荷的分断开关，避免造成电路短路、开关烧坏等现象。

二、开启式负荷开关

开启式负荷开关又称胶盖瓷底闸刀开关，该开关设有专门的灭弧装置，它利用胶木盖来防止电弧的烧伤。开启式负荷开关结构如图 13-2 所示。安装时，必须使开启式负荷开关的电源进线孔在上方，出线孔在下方，瓷底板安装在控制板或开关箱内并与地面垂直。此外，刀片和夹座要保持良好的接触，不得发生歪扭现象，紧固螺钉必须拧紧，更换熔丝时必须将闸刀拉开，新换上的熔丝规格应和原来的相同。

三、自动空气开关

自动空气开关也叫自动开关，它是低压电路中担负分、合电路及作电气设备的过载、短路、失压的保护电器。安装自动空气开关时，应垂直安装，其上下接线端连接导线。裸露在箱体外部容易触及的导线端子应加绝缘保护。自动空气开关与熔断器配合使用时，熔断器应尽可能安装于自动空气开关之前。电动操作机构的接线应正确，触头在闭合断开过程中，可动部分与灭弧的零件不应有卡阻现象；触头接触面应平整，合闸后应接触良好；脱扣器电磁铁工作面的防锈油脂应清除。自动空气开关的外形见图 13-3。

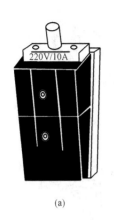
(a)

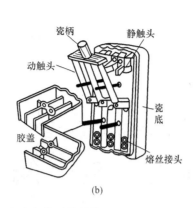

瓷柄　　　静触头
动触头
胶盖
瓷底
熔丝接头
(b)

图 13-2　开启式负荷开关结构
（a）二极外形；（b）三极结构

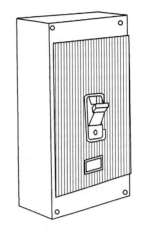

图 3-3　自动空气开关的外形

四、熔断器

熔断器是在低压电路及电动机控制电路中用作过载和短路保护用的电器，主要由熔体和安装熔体的容器所组成。熔体的材料一般有两种：一种是铅锡等合金制成的低熔点材料；另一种是铜制成的高熔点材料。常用的几种熔断器如图 13-4 所示。

安装熔断器时，应将电源线接到瓷底座的下接线端，熔断器应垂直安装在配电柜内；应使熔体和接线端、熔体和插刀及插刀和刀座接触良好，且不应受到机械损伤；更换熔丝时，应切断电源，并应换上相同规格的熔丝。

五、交流接触器

交流接触器是通过电磁机构，频繁地远距离接通和分断主电路或控制大容量电路的电动操作开关，其结构由主触头、辅助动合触头、辅助动断触头、电磁吸引线圈等主要部件组成，见图 13-5。交流接触器主要用于电力拖动中异步电动机的启动，其额定电流应大于或等于电动机的额定电流。

交流接触器安装时，应先检查交流接触器的型号、技术数据是否符合使用要求，再将铁芯极面上的防锈油擦净，然后检查各活动部分有无卡阻、歪扭现象，各触头是否接触良好。安装时，要求交流接触器与地面垂直，倾斜度不超过5°。

六、继电器

继电器的种类很多，按其作用不同，可分为控制继电器和保护继电器两大类。控制继电器有中间继电器、时间继电器和速度继电器；保护继电器有热继电器、欠压继电器和过电流继电器等。中间继电器一般是用来控制各种电磁线圈，使信号得到放大或将信号同时传给几个控制元件。热继电器主要用于电动机及电气设备的过载保护，常与交流接触器配合组成磁力启动器，见图 13-6。

当热继电器和其他电气设备安装在一起时，应将热继电器安装在其他电器下方，以免受到其他电器发热的影响，产生误动作。安装过电流继电器时，需将电磁线圈串联于主电路中，动断触头串接于控制电路中，与接触器连接，起到保护作用。调节延时继电器时，必须在断开电磁铁线圈电源后才能进行。

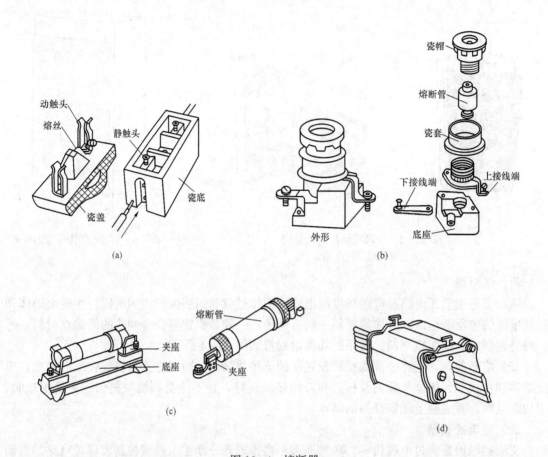

图 13-4　熔断器

(a) 瓷插式熔断器；(b) 螺旋式熔断器；(c) 无填料封闭管式熔断器；(d) 有填料封闭管式熔断器

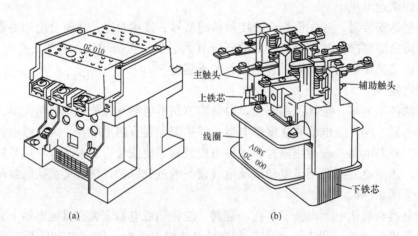

图 13-5　交流接触器

(a) 外形；(b) 结构

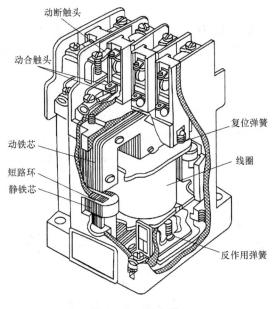

动断触头

动合触头

复位弹簧

动铁芯

线圈

短路环

静铁芯

反作用弹簧

图 13 - 6　继电器

第四节　室内配线及其安装

配线是电气工程中经常进行的施工内容之一，特别是在室内安装配电设备时，室内配线的方式方法都与电气设备的安装与配置有关，正确地为电气设备进行室内配线不仅是电气设备正常运行的前提和基础，而且是电气设备安全运行的保障。

一、室内配线的基本要求

空内配线一般分为明线敷设和暗线敷设。将导线显露布置于墙壁、天花板、桁架及梁柱等处的布线称为明线敷设。将导线埋设在墙内、地坪内或装设在顶棚内的布线称为暗线敷设。不论是明线敷设还是暗线敷设，一般都需遵循以下规定：

（1）室内配线应使线路布局合理、整齐、牢固。

（2）所配导线额定电压应大于线路的工作电压。

（3）导线绝缘状况应符合线路安装方式和环境敷设条件。

（4）导线截面应满足供电负荷和机械强度要求，在导线的分支处，应避免受机械力的作用。

（5）配线时，应尽量减少导线接头。穿管导线和槽板配线中间不允许有接头。若必须存在接头，需将接头放置在接线盒或分线盒内。

（6）导线穿墙时，应加装保护管。保护管伸出墙面的长度不应小于 10mm，并保持一定的倾斜度。

（7）导线穿越楼板时，应将导线穿入钢管或硬塑料管内保护，保护管上端口距地面不应小于 1.8m，下端口到楼板下为止。

（8）导线通过建筑物的伸缩缝或沉降缝时，敷设导线应稍有余量。敷设线管时，应装设补偿装置。导线相互交叉时，为避免相互碰触，应在每根导线上加套绝缘管，并将套管在导线上固定牢固。

二、槽板配线

槽板配线就是将导线敷设在槽板的线槽内，上部用盖板将导线盖住。常用的槽板有木槽板和塑料槽板，线槽有双线和三线之分。槽板配线适用于室内的明配线路，其施工应在抹灰层干透后进行。

1. 槽板的拼接

拼接槽板时，拼接形式及方法有对接、拐角连接和分支拼接三种。

槽板对接时，底板和盖板均应支成45°角的斜口进行连接，如图 13-7 所示。拼接要紧密，底板的线槽要对齐、对正；底板与盖板的接口应错开，错开的距离不应小于 20mm。

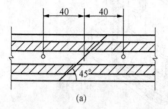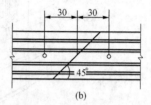

图 13-7　槽板对接

（a）底板对接；（b）盖板对接

连接槽板拐角时，应把两槽板的端部各锯成45°角的斜口，并把拐角处的线槽内侧削成弧形，以利于布线并避免碰伤导线，如图 13-8 所示。

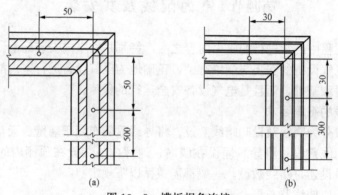

图 13-8　槽板拐角连接

（a）底板拐角；（b）盖板拐角

槽板分支 T 形拼接时，应在拼接点上把底板的筋锯掉铲平，使导线在线槽中能宽松通过，如图 13-9 所示。

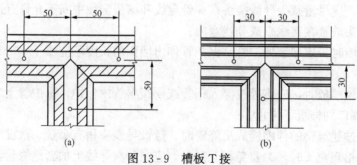

图 13-9　槽板 T 接

（a）底板拼接；（b）盖板拼接

2. 槽板的固定

在砖和混凝土结构上固定槽板时，可将槽板底板用钉子钉在预埋的木块或木条上。在混凝土结构上，可使用塑料胀管和木螺钉固定。当抹灰层允许时，可用铁钉直接固定。中间固定点间距不应大于 500mm，且要均匀；起点或终点的固定点应在距起点或终点 30mm 处。三线槽板应用双钉交错固定。在板条顶棚上固定时，应将底板直接用铁钉固定在龙骨或板条上。

三、线管配线

将绝缘导线穿在管内的敷设称为线管配线，常用的管材有水煤气钢管、聚氯乙烯管和塑料管。这种配线方式使导线在管内受到保护，不易受到机械损伤，较为安全可靠，并且可避免灰尘和腐蚀性气体的侵蚀，提高了供电可靠性。

1. 线管的敷设

线管配线有两种敷设方式：①将线管直接敷设在墙上或其他明露处，称明管配线（明设）；②把线管埋在墙、楼板或地坪内及其他看不见的地方，称暗管配线（暗设）。在工业厂房中，多采用明管配线；在易燃易爆等危险场所必须采用暗管配线。明设线管要做到横平竖直、整齐美观。在宾馆饭店、文教设施等装饰性要求较高的场所，宜采用暗管配线。

明线管的敷设方式有沿墙敷设、吊装敷设和管卡槽敷设，其基本方法如图 13 - 10 所示。明线管敷设时，先确定出电器与设备的位置，划出管路走向的中心线和管路交叉位置并埋设木榫或其他预埋件和紧固件，然后根据管线的实际所需长度，将线管按照建筑物的结构形状进行弯曲和切断，将管子、接线盒等连接成整体并将之固定。在连接过程中，为防杂物进入线管，凡是向上的管口均用木塞堵住。最后还要在适当处将线管接地，以确保安全。

配暗线管时，先确定出各类电气设备的安装位置，并根据量测线管实际长度加工配管；然后进行管间及管盒的连接并穿入引线钢丝，将箱、盒、管连接成整体，预埋在墙壁、地坪、楼板或模板上，管口均堵上木塞，盒内填满废纸或木屑，防止水泥砂浆和杂物进入；最后还要在适当处将线管接地，以确保安全。

在将导线穿入线管时，不同电压和回路的导线不应穿入同一根管内。若穿线管为硬塑料管，则当硬塑料管与蒸汽管道平行敷设时，管间净距不应小于 500mm。硬塑料管的配线安装均应采用相应配套的塑料制品开关盒和接线盒。当硬塑料管在砖墙内剔槽敷设时，必须用强度大于 100 号的水泥砂浆抹面，其保护层厚度不应小于 15mm。硬塑料管敷设在易受机械损伤的场所时，应采用套管保护。

2. 管材的清扫

管内如有杂物、油污等，会使穿线困难，同时导线也易受损伤，所以在配管前，应对管材进行去除污垢和杂物的工作。消除方法是在钢丝刷两头各绑一根铁丝，将其穿过管子并在管子两头来回拉动铁丝，将管内铁锈及油物清除干净，或采用压缩空气，利用其压力将管内脏物吹出。清除管子外壁的铁锈时，可采用钢丝刷或使用电动除锈机。若管子有裂缝、瘪、陷等缺陷，应将其锯掉。

3. 弯管

为了便于穿线，应尽量减少弯头，管子弯曲处也不应出现凹凸和裂缝现象。如果需要弯曲管子，应在管内灌满砂，两端堵上木塞，或者用弯管器、电动顶弯机弯制。弯制塑料管时，热塑性塑料管一般采用热弯法。煨弯时，先将管子放入烘箱内或放在电炉、喷灯上加

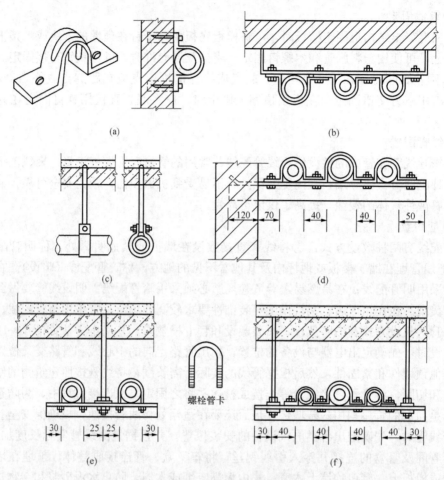

图 13 - 10　明配线管的敷设方式

（a）管卡沿墙敷设；（b）多管垂直敷设；（c）单管吊装敷设；（d）支架沿墙敷设；
（e）双管吊装；（f）三管吊装

热。加热时，应均匀转动，不得将管烤伤、变色及有显著的凹凸现象，到适当温度后立即将
管子放在平板或模具上煨弯。煨弯后，可浇水冷却。

　　4. 装设补偿装置

　　当线管经过建筑物的沉降伸缩缝时，为防止建筑物伸缩沉降不均而损坏设备，需在变形
缝处安装补偿装置。当为明配线管时，可采用金属软管补偿；当为暗配线管时，可采用金属
盒补偿。

附录 A 建筑工程施工质量验收统一标准

1 总 则

1.0.1 为了加强建筑工程质量管理，统一建筑工程施工质量的验收，保证工程质量，制订本标准。

1.0.2 本条是编制统一标准和建筑工程质量验收规范系列标准的宗旨，仅限于施工质量的验收。设计和使用中的质量问题不属于本标准的范畴。

1.0.3 本标准适用于建筑工程施工质量的验收，并作为建筑工程各专业工程施工质量验收规范编制的统一准则。

1.0.4 本标准依据现行国家有关工程质量的法律、法规、管理标准和有关技术标准编制，建筑工程各专业工程施工质量验收规范必须与本标准配合使用。另外，本标准规范体系的落实和执行，还需要有关标准的支持，其支持体系见附图 A-1。

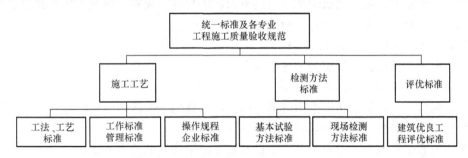

附图 A-1 标准支持体系

2 术 语

2.0.1 建筑工程 building engineering

为新建、改建或扩建房屋建筑物和附属构筑物设施所进行的规划、勘察、设计、施工及竣工等各项技术工作和完成的工程实体。

2.0.2 建筑工程质量 quality of building engineering

反映建筑工程满足相关标准规定或合同约定的要求，包括其在安全、使用功能及其在耐久性能、环境保护等方面所有明显的隐含能力的特性总和。

2.0.3 验收 acceptance

建筑工程在施工单位自行质量检查评定的基础上，参与建设活动的有关单位共同对检验批及分项、分部、单位工程的质量进行抽样复验，根据相关标准以书面形式对工程质量达到合格与否做出确认。

2.0.4 进场验收 site acceptance

对进入施工现场的材料、构配件、设备等按相关标准规定要求进行检验，对产品达到合格与否做出确认。

2.0.5 检验批 inspection lot

按同一生产条件或按规定的方式汇总起来供检验用的、由一定数量样本组成的检验体。

2.0.6 检验 inspection

对检验项目中的性能进行量测、检查、试验等，并将结果与标准规定要求进行比较，以确定各项性能是否合格所进行的活动。

2.0.7 见证取样检测 evidential testing

在监理单位或建设单位监督下，由施工单位有关人员现场取样，并送至具备相应资质的检测单位所进行的检测。

2.0.8 交接检验 handing over inspection

由施工的承接方与完成方双方共同检查并对可否继续施工做出确认的活动。

2.0.9 主控项目 dominant item

建筑工程中的对安全、卫生、环境保护和公众利益起决定性作用的检验项目。

2.0.10 一般项目 general item

除主控项目以外的检验项目。

2.0.11 抽样检验 sampling inspection

按照规定的抽样方案，随机地从进场的材料、构配件、设备或建筑工程检验项目中，按检验批抽取一定数量的样本所进行的检验。

2.0.12 抽样方案 sampling scheme

根据检验项目的特性所确定的抽样数量和方法。

2.0.13 计数检验 counting inspection

在抽样的样本中，记录每一个个体有某种属性或计算每个个体中的缺陷数目的检查方法。

2.0.14 计量检验 quantitative inspection

在抽样检验的样本中，对每个个体测量其某个定量特性的检查方法。

2.0.15 观感质量 quality of appearance

通过观察和必要的量测所反映的工程外在质量。

2.0.16 返修 repair

对工程不符合标准规定的部位采取整修等措施。

2.0.17 返工 rework

对不合格的工程部位采取的重新制作、重新施工等措施。

3　基　本　规　定

3.0.1　施工现场质量管理应有相应的施工技术标准，健全的质量管理体系、施工质量检验制度和综合施工质量水平等考核制度。

3.0.2　建筑工程应按下列规定进行施工质量控制：

1　建筑工程采用的主要材料、半成品、成品、建筑构配件、器具和设备应进行现场验收。凡涉及安全、功能的有关产品，应按各专业工程质量验收规范规定进行复验，并应经监理工程师（建设单位技术负责人）检查认可。

2　各工序应按施工技术标准进行质量控制，每道工序完成后，应进行检查。

3 相关各专业工种之间，应进行交接检验，并形成记录，且经监理工程师（建设单位技术负责人）检查认可。

3.0.3 建筑工程施工质量应按下列要求进行验收：

1 建筑工程质量应符合本标准和相关专业验收规范的规定。

2 建筑工程施工应符合工程勘察、设计文件的要求。

3 参加工程施工质量验收的各方人员应具备规定的资格。

4 工程质量的验收均应在施工单位自行检查评定的基础上进行。

5 隐蔽工程在隐蔽前应由施工单位通知有关单位进行验收，并应形成验收文件。

6 涉及结构安全的试块、试件及有关材料，应按规定进行见证取样检测。

7 检验批的质量应按主控项目和一般项目验收。

8 对涉及结构安全和使用功能的重要分部工程应进行抽样检测。

9 承担见证取样检测及有关结构安全检测的单位应具有相应资质。

10 工程的观感质量应由验收人员通过现场检查，并应共同确认。

3.0.4 检验批的质量检验，应根据检验项目的特点在下列抽样方案中进行选择：

1 计量、计数或计量—计数等抽样方案。

2 一次、二次或多次抽样方案。

3 根据生产连续性和生产控制稳定性情况，尚可采用调整型抽样方案。

4 对重要的检验项目当可采用简易快速的检验方法时，可选用全数检验方案。

5 经实践检验有效的抽样方案。

3.0.5 在制定检验批的抽样方案时，对生产方风险（或错判概率 α）和使用方风险（或漏判概率 β）可按下列规定采取：

1 主控项目：对应于合格质量水平的 α 和 β 均不宜超过 5%。

2 一般项目：对应于合格质量水平的 α 不宜超过 5%，β 不宜超过 10%。

4 建筑工程质量验收的划分

4.0.1 建筑工程质量验收应划分为单位（子单位）工程、分部（子分部）工程、分项工程和检验批。

4.0.2 单位工程的划分应按下列原则确定：

1 具备独立施工条件并能形成独立使用功能的建筑物及构筑物为一个单位工程。

2 建筑规模较大的单位工程，可将其能形成独立使用功能的部分作为一个子单位工程。

4.0.3 分部工程的划分应按下列原则确定：

1 分部工程的划分应按专业性质、建筑部位确定。

2 当分部工程较大或较复杂时，可按材料种类、施工特点、施工程序、专业系统及类别等划分为若干分部工程。

4.0.4 分项工程应按主要工种、材料、施工工艺、设备类别等进行划分。

4.0.5 分项工程可由一个或若干检验批组成，检验批可根据施工及质量控制和专业验收需要按楼层、施工段、变形缝等进行划分。

4.0.6 室外工程可根据专业类别和工程规模划分单位（子单位）工程。

室外单位（子单位）工程、分部工程可按本标准附录 C（略）采用。

说明：4.0.6 的这两条具体给出了建筑工程和室外工程的分部（子分部）、分项工程的划分。

5　建筑工程质量验收

5.0.1　检验批合格质量应符合下列规定：

1　主控项目和一般项目的质量经抽样检验合格。

2　具有完整的施工操作依据、质量检查记录。

5.0.2　分项工程质量验收合格应符合下列规定：

1　分部工程所含的检验批均应符合合格质量的规定。

2　分项工程所含的检验批的质量验收记录应完整。

5.0.3　分部（子分部）工程质量验收合格应符合下列规定：

1　分部（子分部）工程所含工程的质量均应验收合格。

2　质量控制资料应完整。

3　地基与基础、主体结构和设备安装等分部工程有关安全及功能的检验和抽样检测结果应符合有关规定。

4　观感质量验收应符合要求。

5.0.4　单位（子单位）工程质量验收合格应符合下列规定：

1　单位（子单位）工程所含分部（子分部）工程的质量均应验收合格。

2　质量控制资料应完整。

3　单位（子单位）工程所含分部工程有关安全和功能的检测资料应完整。

4　主要功能项目的抽查结果应符合相关专业质量验收规范的规定。

5　观感质量验收应符合要求。

5.0.5　建筑工程质量验收记录应符合下列规定：

1　检验批质量验收可按本标准附录 D（略）进行。

2　分项工程质量验收可按本标准附录 E（略）进行。

3　分部（子分部）工程质量验收应按标准附录 F（略）进行。

4　单位（子单位）工程质量验收，质量控制资料核查，安全和功能检验资料核查及主要功能抽查记录，观感质量检查应按本标准附录 G（略）进行。

5.0.6　当建筑工程质量不符合要求时，应按下列规定进行处理：

1　经返工重做或更换器具、设备的检验批，应重新进行验收。

2　经有资质的检测单位检测鉴定能够达到设计要求的检验批，应予以验收。

3　经有资质的检测单位检测鉴定达不到设计要求，但经原设计单位核算认可能够满足结构安全和使用功能的检验批，可予以验收。

4　经加固处理的分项、分部工程，虽然改变外形尺寸，但仍能满足安全使用要求，可按技术处理方案和协商文件进行验收。

5.0.7　通过返修或加固处理仍不能满足安全使用要求的分部工程、单位（子单位）工程，严禁验收。

6 建筑工程质量验收程序和组织

6.0.1 检验批及分项工程应由监理工程师（建设单位项目技术负责人）组织施工单位项目专业质量（技术）负责人等进行验收。

6.0.2 分部工程应由总监理工程师（建设单位项目负责人）组织施工单位项目负责人和技术、质量负责人等进行验收；地基与基础、主体结构分部工程的勘察、设计单位工程项目负责人和施工单位技术、质量部门负责人也应参加相关分部工程验收。

6.0.3 单位工程完工后，施工单位应自行组织有关人员进行检查评定，并向建设单位提交工程验收报告。

6.0.4 建设单位收到工程报告后，应由建设单位（项目）负责人组织施工（含分包单位）、设计、监理等单位（项目）负责人进行单位（子单位）工程验收。

6.0.5 单位工程有分包单位施工时，分包单位对所承包的工程按本标准规定的程度检查评定，总包单位应派人参加。分包工程完成后，应将工程有关资料交总包单位。

6.0.6 当参加验收各方对工程质量验收意见不一致时，可请当地建设行政主管部门或工程质量监督机构协调处理。

6.0.7 单位工程质量验收合格后，建设单位应在规定时间内将工程竣工验收报告和有关文件，报建设行政管理部门备案。

附录 B 大型起重机械安全管理规定

第一条 为加强大型起重机械的全面管理，确保起重机械的安全使用，特制定本规定。

第二条 本规定适用于电力建设施工企业的大型起重机械的安全管理。大型起重机械是指起重量在 30t 以上的塔式起重机、门座式起重机、铁路式起重机、履带式起重机、轮胎式起重机、汽车式起重机和龙门式起重机。其他起重机械的安全管理可参照执行。

第三条 各施工企业新购和在用的大型起重机械必须由具有设计许可证的单位设计，具有制造许可证的单位制造，并具有"起重机械安全技术监督检验合格证书"的产品，对原有不符合上述要求的起重机械必须经上级主管部门认可的检验单位鉴定认可后，方可使用。

新购的大型起重机械使用单位必须根据产品说明书等有关技术资料（外文资料需及时译成中文）及国标起重机安全规程等规定，制定针对本起重机的安全操作和保养制度并组织学习贯彻，在此之前不得使用。

第四条 各施工企业的大型起重机械，按集中管理、统一调度、专业维修的原则向使用单位提供服务，以保证大型起重机械的使用安全。

第五条 机械管理部门对起重机械的技术状况、维修保养、安全操作和执行制度的情况，实行监督管理和考核。各工地、站、队单位的领导和操作人员，要接受检查，对机械管理部门提出的问题，要在限期内认真解决。

第六条 使用单位的负责人，对起重机械的完好、可靠、安全负全面责任，明确操作、指挥、维修、监护的岗位责任。日常机务管理要设置专职机械员，大型起重机械实行机长负责制，机长负责起重机的全面工作，并组织做好检查、保养、润滑、记录、监测等工作。大型起重机械必须配备专职技术人员负责技术工作。

第七条 起重机械要严格执行定人、定机、定岗位制度，起重机械调动时，应执行机调人随的规定，并且使用、保养、维修等有关资料必须要随机调动。

第八条 起重机械操作人员，必须经培训取得省电力局发放的《机械操作证》方具有操作资格，经定机任命后才具有操作权力。操作人员不仅要熟悉安全操作规程，还必须掌握机械的性能、结构、原理和用途。必须严格按《安全技术操作规定》、《电力建设安全工作规程》和随机出厂的有关《安全规定》使用起重机。

第九条 操作大型起重机械要严格遵守下述规定：

（1）经司机全面检查，确认起重机已具备安全可靠使用条件，并做好保养作业和检查记录，方可按指挥信号作业。

（2）对违章指挥，司机有权拒绝执行。

（3）起重机发生异常要及时报告处理，严禁带故障作业。

（4）司机操作时要集中精力，注意信号和作业场区，避免发生过卷和碰撞。起重机起落臂杆、行走、回转时要注意观察周围情况，另一司机负责监护。

（5）操作室应有操作规程、润滑图表、操作保养责任制及机长、值班司机挂牌，操作室内其他人员不准进入。

（6）检查保养起重机时必须停止作业。

（7）起重机轨道和电缆要符合规定，经常检查并做好记录。

（8）安全保护装置要齐全、灵敏、可靠。

（9）实行多班作业要认真执行交接班制度，做好记录和检查工作。

（10）DBO 系列起重机和起重量在 100t 及以上的（针对进口的特大型起重机械）起重机的操作人员必须经过针对本机性能的专门培训。

（11）坚持做到"十不吊"：①超过额定负荷不吊；②指挥信号不明、重量不明不吊；③吊索和附件捆绑不牢、不符合安全要求不吊；④吊车吊重物直接进行加工的不吊；⑤歪拉、斜吊不吊；⑥工件上站人或工件上浮放有活动物不吊；⑦氧气瓶、乙炔发生器等危险物品无安全措施不吊；⑧带棱角、刃口物件未垫好（防止钢丝绳磨断）不吊；⑨埋在地下的物件不拨、不吊；⑩非起重指挥人员指挥时不吊。

（12）高架型式的起重机必须严格执行本机的有关防风措施和规定。

第十条 专业单位的大型起重机械的使用、维护保养、修理记录要认真填写，齐全准确，交机械管理部门归档。

第十一条 使用单位要根据 JB/T 7976—2010《轮廓法测量表面粗糙度的仪器 术语》起重机安全规程和有关部门颁发的起重机安全监察规定要求，做好起重机的检查和检验工作。

（1）班前日常检查。由司机在班前、班后进行，多班作业由交接班司机共同按规定的项目进行检查。

（2）经常性检查。使用单位的机械员同司机共同对起重机的主要部位和润滑保养情况进行检查，对查出的问题组织处理，每月不得少于一次。

（3）定期检查。使用单位负责人、技术人员、机械员、司机和维修人员共同参加，每年必须对起重机进行一次全面的检查。检查内容包括：

1）起重机正常工作的技术性能。

2）安全保护装置和仪器的可靠性。

3）传动机构、制动系统、液压系统、电气线路及电器元件的使用状态。

4）金属结构的变形、裂纹、腐蚀及焊接、铆接、螺栓的连接情况。

5）钢丝绳的磨损、变形和尾端固定情况。

对检查发现的问题要立即组织修复，并将经常性检查和定期检查情况向机械管理部门提出处理报告。

（4）检验。除按定期检查的内容进行外，还要对起重机的技术性能、安全保护装置做全面试验。此项工作由能源部认可的检测部门承担。同时规定：

1）正常工作的起重机，每两年进行一次。

2）经过大修、新安装及改造过的起重机，交付使用前应进行检验。

3）闲置时间超过一年的起重机，在重新使用前应进行检验。

4）经过暴风、重大事故后，可能使强度、刚度、构件的稳定性、机构的重要性能受到损害的起重机。

第十二条 起重机的指挥人员应经过专业知识和起重机常识的培训，应有关管理部门颁发的技术证件，指挥时应带有明显标志并保证起重机行走通道没有障碍物。

第十三条 使用单位要加强对钢丝绳的管理，经常检查，按规定选用钢丝绳，严格执行钢丝绳报废技术标准。

第十四条 经常检查润滑油，按使用说明书规定要求添加、更换润滑油、脂。

第十五条 起重机的工作场地、轨道基础和轨道铺设，要符合本机型的技术要求，严格执行质量检查验收制度。起重机轨道设专人维护和清理杂物。

第十六条 起重机的超负荷作业要严格管理，以确保安全。

（1）必须超负荷作业时（不得超过额定负荷的10%），由使用单位提供可靠的计算依据，制定合理的作业方案（包括安全措施和出现险情时的抢救方案），办理超负荷工作票，经公司总工批准，由安全、机械、施工部门共同监督实施，各负其责。

（2）超负荷作业前，使用单位必须组织对起重机全面检查，确认起重机机况良好，方可作业，起重机如有故障，不得作业。

（3）超负荷作业后，使用单位组织对起重机全面检查，并将超负荷作业和检查情况记入本机档案。

第十七条 两机以上联动作业，由使用单位提出作业方案，经公司总工批准方可进行。

第十八条 新购、大修后或移装的起重机，在安装前由安装技术负责人组织有关人员对起重机进行技术检查，对由于运输不当或保管不善所产生的变形、开焊等缺陷，要认真进行检修、校正，做好记录，达到技术要求后方可安装。

第十九条 所有电器保护装置和各部位的安全设施，在安装前均应认真检查，证明其完整无损并灵敏可靠时，方可安装。

第二十条 大型起重机的拆卸和安装，要制定拆装工艺规程（包括安全防护措施方案），并经机械、安全管理部门和公司总工审查批准。拆装单位（必须取得安全认可证的单位）要严格遵守拆装程序，对参加拆装的人员要进行安全技术交底，拆装时要有技术负责人在场指导。

第二十一条 大型起重机安装毕后，要按规定进行调试，对各部位的安全装置要进行可靠性试验，对整机进行负荷试验。安装、调试、负荷试验记录等交机械管理部门归档保存。验收工作由安装单位组织，机械管理部门和使用单位参加，验收合格后安装单位可向使用单位办理交接手续。

第二十二条 起重机的结构、技术参数和电器控制系统不得任意修改，必须改装时应提出计算资料、施工图纸和改装方案，在不改变原机构性能时，由机械管理部门同意，公司总工批准。改变性能时应经公司总工审核报主管局批准后执行，改装后的系统必须经过试验由机械管理部门按规定经过六个月试运后办理验收，改装的资料归档保管。

第二十三条 起重机械不准擅自拆卸零部件、切割、施焊。

第二十四条 使用单位要认真执行《技术保养规程》，保养作业由使用单位领导组织进行，并将保养执行情况报机械管理部门，使用单位要明确规定保养责任制。

第二十五条 对违反本规定造成不良后果，出现重大机械事故的单位和个人，要根据情节轻重按有关规定分别给予行政处分和经济处分，直至追究刑事责任。

第二十六条 各单位可根据本单位情况制定实施细则及奖罚办法。

参 考 文 献

[1] 李惠玲. 土木工程施工技术. 大连：大连理工大学出版社，2009.

[2] 北京土木建筑学会. 钢结构工程. 北京：中国建筑工业出版社，2008.

[3] 李伟. 建筑工程施工技术. 北京：机械工业出版社，2006.

[4] 杜运兴. 土木建筑工程绿色施工技术. 北京：中国建筑工业出版社，2010.

[5] 张铟，郭诗惠. 建筑工程施工技术. 上海：同济大学出版社，2009.

[6] 李博之. 电力工程地基处理技术规程. 北京：中国电力出版社，2005.

[7] 郭朝元. 电力电缆施工. 北京：中国铁道出版社，2008.

[8] 韩宁. 建筑弱电工程及施工. 北京：中国电力出版社，2003.

[9] 隋淼. 电力内外线施工. 北京：北京理工大学出版社，2010.

[10] 黄华英. 电力工程施工. 北京：中国水利水电出版社，2005.

[11] 彭新春. 电力工程建设施工监理. 北京：中国电力出版社，2004.

[12] 北京电力公司. 电力基建工程施工工艺. 北京：中国电力出版社，2007.

[13] 张辉. 高压架空输电线路施工技术. 北京：中国电力出版社，2008.

[14] 东北电力设计院. 电力工程高压送电线路. 北京：中国电力出版社，2003.